华为高校人才培养指定教材

华为ICT认证系列丛书

数据库原理与技术
——基于华为GaussDB

华为技术有限公司 编著

DATABASE
PRINCIPLE AND
TECHNOLOGY
BASED ON HUAWEI
GAUSSDB

人民邮电出版社
北京

图书在版编目（CIP）数据

数据库原理与技术：基于华为GaussDB / 华为技术有限公司编著. -- 北京：人民邮电出版社，2021.6
（华为ICT认证系列丛书）
ISBN 978-7-115-56016-2

Ⅰ. ①数… Ⅱ. ①华… Ⅲ. ①关系数据库系统 Ⅳ. ①TP311.138

中国版本图书馆CIP数据核字(2021)第028959号

内 容 提 要

随着"互联网+"、大数据、AI和数据挖掘等技术的不断发展，数据库技术和产品日新月异，云端数据库已经成为一种重要的数据库类型。本书分8章来介绍数据库技术，内容包括数据库的发展史、数据库基础知识、SQL 语法入门、SQL 语法分类、数据库安全基础、数据库开发环境、数据库设计基础和华为云数据库产品 GaussDB 的使用。

本书可作为高校数据库课程的教材，也适合作为 HCIA-GaussDB V1.5 认证考试的参考书。书中使用的华为 GaussDB(for MySQL)是一款华为云端高性能、高可用的关系型数据库，该数据库全面支持开源数据库 MySQL 的语法和功能。本书的所有实验都可在此数据库平台上运行。

◆ 编　著　华为技术有限公司
　　责任编辑　邹文波
　　责任印制　王　郁　马振武
◆ 人民邮电出版社出版发行　北京市丰台区成寿寺路11号
　邮编 100164　电子邮件 315@ptpress.com.cn
　网址 https://www.ptpress.com.cn
　北京盛通印刷股份有限公司印刷

◆ 开本：787×1092　1/16
　印张：15　　　　　　　　　　　　　　2021年6月第1版
　字数：322千字　　　　　　　　　　　2024年12月北京第3次印刷

定价：69.80 元

读者服务热线：(010)81055256　印装质量热线：(010)81055316
反盗版热线：(010)81055315
广告经营许可证：京东市监广登字 20170147 号

丛书序一

以互联网、人工智能、大数据为代表的新一代信息技术的普及应用不仅改变了我们的生活，而且改变了众多行业的生产形态，改变了社会的治理模式，甚至改变了数学、物理、化学、生命科学等基础学科的知识产生方式和经济、法律、新闻传播等人文学科的科学研究范式。而作为这一切的基础——ICT及相关产业，对社会经济的健康发展具有非常重要的影响。

当前，以华为公司为代表的中国企业，坚持核心技术自主创新，在以芯片和操作系统为代表的基础硬件与软件领域，掀起了新一轮研发浪潮；新一代E级超级计算机将成为促进科技创新的重大算力基础设施，全新计算机架构"蓄势待发"；天基信息网、未来互联网、5G移动通信网的全面融合不断深化，加快形成覆盖全球的新一代"天地一体化信息"网络；人类社会、信息空间与物理世界实现全面连通并相互融合，形成全新的人、机、物和谐共生的计算模式；人工智能进入后深度学习时代，新一代人工智能理论与技术体系成为占据未来世界人工智能科技制高点的关键所在。

当今世界正处在新一轮科技革命中，我国的科技实力突飞猛进，无论是研发投入、研发人员规模，还是专利申请量和授权量，都实现了大幅增长，在众多领域取得了一批具有世界影响的重大成果。移动通信、超级计算机和北斗系统的表现都非常突出，我国非常有希望抓住机遇，通过自主创新，真正成为一个科技强国和现代化强国。在ICT领域，核心技术自主可控是非常关键的。在关键核心技术上，我们只能靠自己，也必须靠自己。

时势造英雄，处在新一轮的信息技术高速变革的时期，我们都应该感到兴奋和幸福；同时更希望每个人都能建立终身学习的习惯，胸怀担当，培养自身的工匠精神，努力学好ICT，勇于攀登科技新高峰，不断突破自己，在各行各业的广阔天地"施展拳脚"，攻克技术难题，研发核心技术，更好地改造我们的世界。

由华为公司和人民邮电出版社联合推出的这套"华为ICT认证系列丛书"，应该会对读者掌握ICT有所帮助。这套丛书紧密结合了教育部高等教育"新工科"建设方针，将新时代人才培养的新要求融入内容之中。丛书的编写充分体现了"产教融合"的思想，来自华为公司的技术工程师和高校的一线教师共同组成了丛书的编写团队，将数据通信、大数据、人工智能、云计算、数据库等领域的最新技术成果融入书中,将 ICT 领域的基础理论与产业界的最新实践融为一体。

这套丛书的出版,对完善 ICT 人才培养体系,加强人才储备和梯队建设,推进贯通 ICT 相关理论、方法、技术、产品与应用等的复合型人才培养,推动 ICT 领域学科建设具有重要意义。这套丛书将产业前沿的技术与高校的教学、科研、实践相结合,是产教融合的一次成功尝试,其宝贵经验对其他学科领域的人才培养也具有重要的参考价值。

倪光南 中国工程院院士

2021 年 5 月

丛书序二

从数百万年前第一次仰望星空开始，人类对科技的探索便从未停止。新技术引发历次工业革命，释放出巨大生产力，推动了人类文明的不断进步。如今，ICT 已经成为世界各国社会与经济发展的基础，推动社会和经济快速发展，其中，数字经济的增速达到了 GDP 增速的 2.5 倍。以 5G、云计算、人工智能等为代表的新一代 ICT 正在重塑世界，"万物感知、万物互联、万物智能"的智能世界正在到来。

当前，智能化、自动化、线上化等企业运行方式越来越引起人们的重视，数字化转型的浪潮从互联网企业转向了教育、医疗、金融、交通、能源、制造等千行百业。同时，企业数字化主场景也从办公延展到了研发、生产、营销、服务等各个经营环节，企业数字化转型进入智能升级新阶段，企业"上云"的速度也大幅提升。预计到 2025 年，97%的大企业将部署人工智能系统，政府和企业将通过核心系统的数字化与智能化，实现价值链数字化重构，不断创造新价值。

然而，ICT 在深入智能化发展的过程中，仍然存在一些瓶颈，如摩尔定律所述集成电路上可容纳晶体管数目的增速放缓，通信技术逼近香农定理的极限等，在各行业的智能化应用中也会遭遇技术上的难题或使用成本上的挑战，我们正处于交叉科学与新技术爆发的前夜，亟需基础理论的突破和应用技术的发明。与此同时，产业升级对劳动者的知识和技能的要求也在不断提高，ICT 从业人员缺口高达数千万，数字经济的发展需要充足的高端人才。从事基础理论突破的科学家和应用技术发明的科研人员，是当前急需的两类信息技术人才。

理论的突破和技术的发明，来源于数学、物理学、化学等学科的基础研究。高校有理论人才和教学资源，企业有应用平台和实践场景，培养高质量的人才需要产教融合。校企合作有助于院校面向产业需求，深入科技前沿，讲授最新技术，提升科研能力，转化科研成果。

华为构建了覆盖 ICT 领域的人才培养体系，包含 5G、数据通信、云计算、人工智能、移动应用开发等 20 多个技术方向。从 2013 年开始，华为与"以众多高校为主的组织"合作成立了 1600 多所华为 ICT 学院，并通过分享最新技术、课程体系和工程实践经验，培养师资力量，搭建线上学习和实验平台，开展创新训练营，举办华为 ICT 大赛、教师研讨会、人才双选会等多种活动，面向世界各地的院校传递全面、领先的ICT方案，致力于把学生培养成懂融合创新、能动态成长，既具敏捷性、又具适应性的新型ICT人才。

高校教育高质量的根本在于人才培养。对于人才培养而言，专业、课程、教材和技术是基础。通过校企合作，华为已经出版了多套大数据、物联网、人工智能及通用ICT方向的教材。华为将持续加强与全球高等院校和科研机构以及广大合作伙伴的合作，推进高等教育"质量变革"，打造高质量的华为ICT学院教育体系，培养更多高质量ICT人才。

华为创始人任正非先生说："硬的基础设施一定要有软的'土壤'，其灵魂在于文化，在于教育。"ICT是智能时代的引擎，行业需求决定了其发展的广度，基础研究决定了其发展的深度，而教育则决定了其发展的可持续性。"路漫漫其修远兮，吾将上下而求索"，华为期望能与各教育部门、各高等院校合作，一起拥抱和引领信息技术革命，共同描绘科技星图，共同迈进智能世界。

最后，衷心感谢"华为ICT认证系列丛书"的作者、出版社编辑以及其他为丛书出版付出时间和精力的各位朋友！

马悦

华为企业BG 常务副总裁

华为企业BG 全球伙伴发展与销售部总裁

2021年4月

前言 FOREWORD

数据库技术已经从早期单纯对数据文件的保存和处理，发展为以数据建模和数据库管理系统为核心的一门内容丰富的综合性学科，成为现代计算机应用系统的基础和核心。互联网时代，传统数据库系统难以应对大数据的存储需求，企业客户迫切需要新的数据库产品，这些产品需要具备动态扩缩容量、高吞吐量、低成本等特点。云数据库开始崛起，云化、分布式、多模处理是未来发展的主要趋势。

本书基于华为的 GaussDB(for MySQL)云数据库，重点介绍了基于云的数据库的各种云特性和应用场景。全书共 8 章，各章内容安排如下。

第 1 章主要介绍数据库，内容包括数据库技术概述、数据库技术发展史、关系型数据库架构、关系型数据库主流应用场景。

第 2 章主要讲授数据库基础知识，内容包括数据库管理的主要职责和内容，并对一些常见的、重要的数据库的基本概念进行了介绍。

第 3 章主要讲授 SQL 语法入门，内容包括 GaussDB(for MySQL)的数据类型、系统函数及操作符，帮助初学者掌握 SQL 入门级的基础语法。

第 4 章主要讲授 SQL 语法分类，按照语法分类对 SQL 语句进行讲解，内容包括数据查询、数据更新、数据定义和数据控制。

第 5 章主要讲授数据库安全基础，内容包括数据库中采用的基本安全管理技术，如访问控制、用户管理、权限管理、对象权限、云审计服务，将从基本概念、使用方法以及应用场景 3 个方面详细阐述。

第 6 章主要讲授数据库开发环境，内容包括 GaussDB(for MySQL)的所有工具的使用，以方便用户学习和查看。

第 7 章主要讲授数据库设计基础，按照新奥尔良设计方法对需求分析、概念设计、逻辑设计和物理设计几个阶段的具体工作进行了详细说明，最后结合相关案例对数据库设计的具体实现手段进行了介绍。

第 8 章主要介绍 GaussDB 数据库的特性，内容包括华为关系型数据库、华为 NoSQL 数据库。

本书由华为技术有限公司编著，马瑞新承担了具体的编写和统稿工作。由于编写时间有限，书中难免存在不足之处，欢迎读者批评指正。

本书配套资源可在人邮教育社区（www.ryjiaoyu.com）下载。读者可扫码下方二维码学习更多相关课程。

华为技术有限公司
2021 年 1 月

目录 CONTENTS

第1章 数据库介绍 ………………… 1

1.1 数据库技术概述 ………………… 1
- 1.1.1 数据 ………………… 2
- 1.1.2 数据库 ………………… 2
- 1.1.3 数据库管理系统 ………………… 3
- 1.1.4 数据库系统 ………………… 4

1.2 数据库技术发展史 ………………… 4
- 1.2.1 数据库技术的产生与发展 ………… 4
- 1.2.2 数据管理3个阶段的比较 ………… 5
- 1.2.3 数据库的优势 ………………… 6
- 1.2.4 数据库的发展特点 ………………… 7
- 1.2.5 层次模型、网状模型与关系模型 …… 7
- 1.2.6 结构化查询语言 ………………… 10
- 1.2.7 关系型数据库特性 ………………… 10
- 1.2.8 关系型数据库产品历史回顾 ……… 11
- 1.2.9 其他数据模型 ………………… 13
- 1.2.10 数据管理技术的新挑战 ………… 14
- 1.2.11 NoSQL 数据库 ………………… 14
- 1.2.12 NewSQL 数据库 ………………… 16
- 1.2.13 数据库排名 ………………… 17

1.3 关系型数据库架构 ………………… 17
- 1.3.1 数据库架构的发展 ………………… 17
- 1.3.2 单机架构 ………………… 18
- 1.3.3 分组架构——主备 ………………… 19
- 1.3.4 分组架构——主从 ………………… 19
- 1.3.5 分组架构——多主 ………………… 20
- 1.3.6 共享存储多活架构 ………………… 21

- 1.3.7 分片架构 ………………… 21
- 1.3.8 无共享架构 ………………… 22
- 1.3.9 大规模并行处理架构 ……………… 23
- 1.3.10 数据库架构特点对比 ……………… 24

1.4 关系型数据库主流应用场景 ………… 24
- 1.4.1 联机事务处理 ………………… 24
- 1.4.2 联机分析处理 ………………… 25
- 1.4.3 数据库性能衡量指标 ……………… 25

1.5 本章小结 ………………… 27
1.6 课后习题 ………………… 27

第2章 数据库基础知识 ………………… 29

2.1 数据库管理概述 ………………… 29
- 2.1.1 数据库管理及其工作范围 ………… 29
- 2.1.2 对象管理 ………………… 31
- 2.1.3 备份恢复管理 ………………… 32
- 2.1.4 安全管理 ………………… 35
- 2.1.5 性能管理 ………………… 38
- 2.1.6 运维管理 ………………… 40

2.2 数据库重要概念 ………………… 43
- 2.2.1 数据库和数据库实例 ……………… 43
- 2.2.2 数据库连接和会话 ……………… 44
- 2.2.3 Schema ………………… 45
- 2.2.4 表空间 ………………… 46
- 2.2.5 表 ………………… 47
- 2.2.6 表的存储方式 ………………… 48
- 2.2.7 分区 ………………… 49
- 2.2.8 数据分布 ………………… 51

2.2.9	数据类型	52
2.2.10	视图	53
2.2.11	索引	55
2.2.12	约束	56
2.2.13	事务	57

2.3 本章小结 …………………………… 61
2.4 课后习题 …………………………… 62

第3章 SQL 语法入门 …………… 63

3.1 SQL 语句概述 ……………………… 64
   3.1.1 了解 SQL 语句 …………………… 64
   3.1.2 SQL 语句综合运用 ……………… 65
3.2 数据类型 …………………………… 65
   3.2.1 常用数据类型 …………………… 65
   3.2.2 非常用数据类型 ………………… 68
   3.2.3 数据类型案例 …………………… 68
3.3 系统函数 …………………………… 69
   3.3.1 数值计算函数 …………………… 69
   3.3.2 字符处理函数 …………………… 71
   3.3.3 时间日期函数 …………………… 74
   3.3.4 类型转换函数 …………………… 75
   3.3.5 系统信息函数 …………………… 77
3.4 操作符 ……………………………… 77
   3.4.1 逻辑操作符 ……………………… 77
   3.4.2 比较操作符 ……………………… 78
   3.4.3 算术操作符 ……………………… 78
   3.4.4 测试操作符 ……………………… 79
   3.4.5 其他操作符 ……………………… 81
3.5 本章小结 …………………………… 82
3.6 课后习题 …………………………… 82

第4章 SQL 语法分类 …………… 83

4.1 数据查询 …………………………… 83

4.1.1 简单查询 …………………………… 83
4.1.2 去除重复值 ………………………… 84
4.1.3 查询列的选择 ……………………… 85
4.1.4 条件查询 …………………………… 87
4.1.5 连接查询 …………………………… 89
4.1.6 子查询 ……………………………… 93
4.1.7 合并结果集 ………………………… 95
4.1.8 差异结果集 ………………………… 97
4.1.9 数据分组 …………………………… 97
4.1.10 数据排序 ………………………… 99
4.1.11 数据限制 ………………………… 99
4.2 数据更新 …………………………… 100
   4.2.1 数据插入 ………………………… 100
   4.2.2 数据修改 ………………………… 102
   4.2.3 数据删除 ………………………… 103
4.3 数据定义 …………………………… 104
   4.3.1 数据库对象 ……………………… 104
   4.3.2 创建表 …………………………… 105
   4.3.3 修改表属性 ……………………… 107
   4.3.4 删除表 …………………………… 108
   4.3.5 索引 ……………………………… 108
   4.3.6 视图 ……………………………… 111
4.4 数据控制 …………………………… 112
   4.4.1 事务控制 ………………………… 112
   4.4.2 提交事务 ………………………… 113
   4.4.3 回滚事务 ………………………… 113
   4.4.4 事务保存点 ……………………… 114
4.5 其他 ………………………………… 115
   4.5.1 SHOW 命令 ……………………… 115
   4.5.2 SET 命令 ………………………… 116
4.6 本章小结 …………………………… 117
4.7 课后习题 …………………………… 117

第5章 数据库安全基础 …… 120

5.1 数据库安全功能概述 …… 120
- 5.1.1 了解数据库安全管理 …… 120
- 5.1.2 数据库安全框架 …… 120
- 5.1.3 数据库安全功能总览 …… 121

5.2 访问控制 …… 121
- 5.2.1 了解 IAM …… 121
- 5.2.2 IAM 功能 …… 121
- 5.2.3 IAM 授权 …… 123
- 5.2.4 IAM 与 GaussDB(for MySQL) 使用的关系 …… 124
- 5.2.5 IAM 使用 GaussDB(for MySQL) 流程 …… 124
- 5.2.6 SSL 详解 …… 125

5.3 用户权限控制 …… 125
- 5.3.1 权限概念 …… 125
- 5.3.2 用户 …… 126
- 5.3.3 用户的修改 …… 127
- 5.3.4 用户的删除 …… 128
- 5.3.5 角色 …… 128
- 5.3.6 授权 …… 129
- 5.3.7 权限回收 …… 130

5.4 云审计服务 …… 132
- 5.4.1 了解云审计服务 …… 132
- 5.4.2 支持云审计服务的关键操作 …… 132

5.5 本章小结 …… 134
5.6 课后习题 …… 134

第6章 数据库开发环境 …… 135

6.1 GaussDB 数据库驱动 …… 135
- 6.1.1 了解驱动 …… 135
- 6.1.2 JDBC …… 136
- 6.1.3 ODBC …… 138
- 6.1.4 其他 …… 144

6.2 数据库工具 …… 146
- 6.2.1 DDM …… 146
- 6.2.2 DRS …… 151
- 6.2.3 DAS …… 155

6.3 客户端工具 …… 163
- 6.3.1 zsql …… 164
- 6.3.2 gsql …… 171
- 6.3.3 Data Studio …… 174
- 6.3.4 MySQL Workbench …… 175

6.4 本章小结 …… 176
6.5 课后习题 …… 177

第7章 数据库设计基础 …… 178

7.1 数据库设计概述 …… 178
- 7.1.1 数据库设计的困难 …… 179
- 7.1.2 数据库设计的目标 …… 179
- 7.1.3 数据库设计的方法 …… 179

7.2 需求分析 …… 180
- 7.2.1 需求分析的意义 …… 180
- 7.2.2 需求分析阶段的任务 …… 180
- 7.2.3 需求分析的方法 …… 181
- 7.2.4 数据字典 …… 181

7.3 概念设计 …… 182
- 7.3.1 概念设计和概念模型 …… 182
- 7.3.2 E-R 方法 …… 182

7.4 逻辑设计 …… 184
- 7.4.1 逻辑设计和逻辑模型 …… 184
- 7.4.2 IDEF1X 方法 …… 184
- 7.4.3 逻辑模型中的实体和属性 …… 184
- 7.4.4 范式理论 …… 189

7.4.5 逻辑设计注意事项 …… 194
7.5 物理设计 …… 195
　7.5.1 物理设计和物理模型 …… 195
　7.5.2 物理模型反范式化处理 …… 196
　7.5.3 维护数据完整性 …… 198
　7.5.4 建立物理化命名规范 …… 198
　7.5.5 表和字段的物理化 …… 199
　7.5.6 使用建模软件 …… 200
　7.5.7 物理模型产物 …… 201
7.6 数据库设计案例 …… 201
　7.6.1 场景说明 …… 201
　7.6.2 正则化处理 …… 202
　7.6.3 数据类型和长度 …… 204
　7.6.4 反范式化 …… 205
　7.6.5 索引选择 …… 206
7.7 本章小结 …… 207
7.8 课后习题 …… 207

第8章 华为云数据库产品GaussDB 介绍 …… 209

8.1 GaussDB 数据库概述 …… 209
　8.1.1 GaussDB 数据库家族 …… 209
　8.1.2 典型的企业 OLTP 和 OLAP 数据库 …… 210
8.2 关系型数据库产品及相关工具 …… 211
　8.2.1 GaussDB(for MySQL) …… 211
　8.2.2 GaussDB(openGauss) …… 217
　8.2.3 GaussDB(DWS) …… 219
　8.2.4 Data Studio …… 222
8.3 NoSQL 数据库产品举例 …… 224
　8.3.1 GaussDB(for Mongo) …… 224
　8.3.2 GaussDB(for Cassandra) …… 226
8.4 本章小结 …… 227
8.5 课后习题 …… 227

第1章 数据库介绍

> **本章内容**
> - 数据库技术概述
> - 数据库技术发展史
> - 关系型数据库架构
> - 关系型数据库主流应用场景

数据库技术是计算机科学中发展较早的一门技术,从 20 世纪 60 年代初诞生至今,已有将近 60 年的历史。现在,数据库技术已经从早期单纯对数据文件的保存和处理,发展为以数据建模和数据库管理系统为核心的一门内容丰富的综合性学科。数据库技术已经成为现代计算机应用系统的基础和核心。伴随近年来"互联网+"、大数据、AI 和数据挖掘等技术的不断发展,数据库技术和产品日新月异。本章将对数据库基本知识和概念进行简单介绍。

1.1 数据库技术概述

数据库技术是数据管理的有效技术,它研究如何对数据进行科学管理,从而为人们提供可共享的、安全的、可靠的数据。这里有 4 个相关的重要概念,如图 1-1 所示。下面分别介绍这 4 个概念。

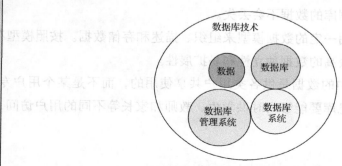

图 1-1 数据库技术的 4 个重要概念

1.1.1 数据

数据（Data）是指未经过处理的原始记录。一般而言，数据缺乏组织及分类，无法明确地表达事物代表的意义，它可能是一堆杂志、一大叠报纸、数种开会记录或是整本病历。早期的计算机系统主要用于科学计算，处理的数据是数值型数据。数值型数据也就是广义概念数据里面的数字，例如，1、2、3、4、5……这些都是整数，而3.14、100.34、-25.336这些都是浮点数。

现代计算机系统的数据概念是广义的。广义的数据有多种形式，如数字、文字、图形、图像、音频、视频等。它们都可以经过数字化存入计算机，如图1-2所示。

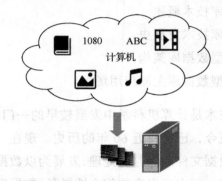

图1-2 信息数字化为数据后存储在计算机中

数据除了表现形式之外，还有语义，也就是数据的意义、含义。数据和数据的语义密切相关，例如，88是一个数据，它可以表示一个部门内员工的总人数为88，也可以表示某个学生一门课的考试成绩为88分，还可以表示某件商品的价格为88元或一个人的体重为88kg。

1.1.2 数据库

数据库（Database）是长期存储在计算机内，有组织的、可共享的大量数据的集合。数据库具有以下3个特点。

（1）长期存储：数据库要提供数据长期存储的可靠机制，在系统出现故障以后，能够进行数据恢复，保证存入数据库的数据不会丢失。

（2）有组织：这是指用一定的数据模型来组织、描述和存储数据。按照模型存储可以让数据具有较小的冗余度、较高的数据独立性和易扩展性。

（3）可共享：数据库中的数据是供各类用户共享使用的，而不是某个用户专有的。

图1-3所示的学生信息库要能够同时供学生、教师和家长等不同的用户访问，且他们彼此之间没有排他性。

第1章 数据库介绍

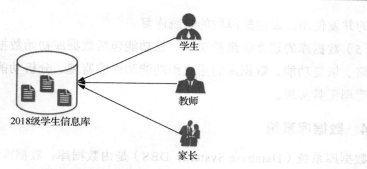

图 1-3 数据库

1.1.3 数据库管理系统

数据库管理系统（Database Management System，DBMS）是一个能够科学地组织和存储数据、高效地获取和维护数据的系统软件，是位于用户与操作系统之间的数据管理软件。

数据库管理系统和操作系统一样，是计算机系统的基础软件，如图 1-4 所示。

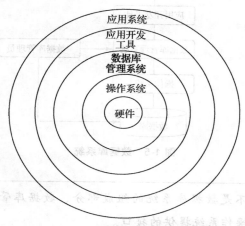

图 1-4 计算机系统层次结构图

数据库管理系统的主要功能如下。

（1）数据定义功能。数据库管理系统提供数据定义语言（Data Definition Language，DDL），用户通过它可以方便地对数据库中的数据对象的组成与结构进行定义。

（2）数据组织、存储和管理功能。数据库管理系统要分类组织、存储和管理数据，此功能涉及数据字典、用户数据、数据的存取路径等。数据库管理系统还要确定以何种文件结构和存取方式在存储空间中组织这些数据，以及如何实现数据之间的联系。数据组织和存储的基本目标是提高存储空间利用率、方便进行数据存取，以及提供多种数据存取方式来提高存取效率。

（3）数据操纵功能。数据库管理系统还提供数据操纵语言（Data Manipulation Language，DML），用户可以使用它操纵数据，实现对数据的基本操作，如查询、插入、删除和修改等。

（4）数据库的事务管理和运行管理功能。数据库在建立、运行和维护时，由数据库管理系统统一管理和控制，以保证事务的正确运行，保证数据的安全性、完整性，保证多用户对

3

数据的并发使用及发生故障后的系统恢复。

（5）数据库的建立和维护功能。该功能包括数据库初始数据的输入和转换功能，数据库的转储、恢复功能，数据库的重组织功能和性能监视、分析功能等。这些功能通常由一些程序或管理工具实现。

1.1.4 数据库系统

数据库系统（Database System，DBS）是由数据库、数据库管理系统及其应用开发工具、应用程序和数据库管理员组成的存储、管理、处理和维护数据的系统。

在图 1-5 中，用户和操作系统之外的就是数据库系统的组成部分。

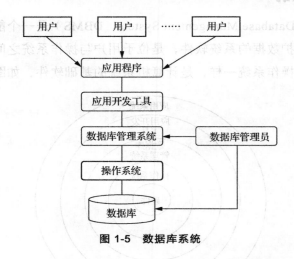

图 1-5 数据库系统

操作系统不是数据库系统的组成部分，数据库管理系统在访问数据库的时候，需要调用操作系统提供的接口。

1.2 数据库技术发展史

1.2.1 数据库技术的产生与发展

数据库技术应数据管理任务的需要而产生。数据管理是指对数据进行分类、组织、编码、存储、检索和维护，是数据处理的核心。

数据管理的发展经历了 3 个阶段，如图 1-6 所示。

（1）人工管理阶段（从计算机出现到 20 世纪 50 年代中期）。在 20 世纪 50 年代中期以前，没有相应的软件系统负责数据管理工作。如果要在计算机上进行数据计算，需要程序员自己设计程序。在应用程序中不仅要规定数据逻辑结构，还要设计物理结构，包括存储结构、存取方法等。程序员负担非常重，而非程序员无法使用计算机系统。

第1章 数据库介绍

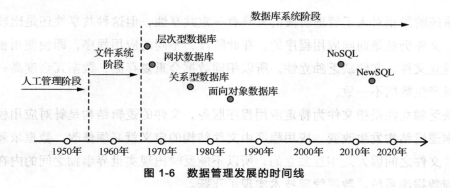

图 1-6 数据管理发展的时间线

（2）文件系统阶段（20世纪50年代后期到20世纪60年代中期）。在这个阶段，数据被组织成独立的数据文件，以按文件名访问、按记录进行存取的方式进行数据管理，由文件系统提供文件打开、关闭、存取支持。

（3）数据库系统阶段（20世纪60年代后期至今）。在20世纪60年代后期，出现了数据库系统（专有的软件系统）来进行大规模的数据管理。在这个阶段，随着历史的发展，先后涌现了层次型数据库、网状数据库，以及经典的关系型数据库。最近20年左右，还出现了新兴的 NoSQL、NewSQL 等数据库。

1.2.2 数据管理3个阶段的比较

数据管理3个阶段的比较如表1-1所示。

表 1–1 数据管理3个阶段的比较

		人工管理阶段	文件系统阶段	数据库系统阶段
背景	应用背景	科学计算	科学计算、数据管理	大规模数据管理
	硬件背景	无直接存储设备	磁盘、磁鼓	大容量磁盘、磁盘阵列
	软件背景	无操作系统	有文件系统	有数据库管理系统
特点	处理方式	批处理	联机实时处理、批处理	联机实时处理、分布处理、批处理
	数据管理者	用户（程序员）	文件系统	数据库管理系统
	数据面向的对象	某一应用程序	应用程序	现实世界（个人、部门、企业等）
	数据的共享程度	不可共享，冗余度极高	共享性差，冗余度高	共享性高，冗余度低
	数据的独立性	不独立，完全依赖于程序	独立性差	具有高度的物理独立性和一定的逻辑独立性
	数据的结构化	无结构	记录内有结构，整体无结构	整体结构化，用数据模型描述
	数据控制能力	应用程序控制	应用程序控制	由数据库管理系统保证数据安全性、完整性，提供并发控制和数据恢复能力

在这3个阶段里面，人工管理阶段是最原始的阶段，且数据不具有共享性。因为面向应用程序的一组数据对应一个程序，多个应用程序处理相同数据时必须各自定义，无法互相利用，所以程序之间有大量的冗余数据。另外，数据缺乏独立性，也就是说，数据的逻辑结构和物理结构发生变化后，必须对应用程序做出相应的修改，数据完全依赖于应用程序。

文件系统阶段相对人工管理阶段而言具有一定共享性，但这种共享性还是比较差，冗余度也较高，文件仍然是面向应用程序的。在此阶段，不同的应用程序，即使使用相同数据也必须各自建立文件。文件缺乏独立性，所以相同数据会重复存储，数据冗余度高；各自管理的方式容易产生数据不一致。

文件缺乏独立性是指文件为特定应用程序服务，文件的逻辑结构是针对应用程序来设计的。若数据逻辑结构发生改变，应用程序中文件结构的定义就必须修改，数据依赖于应用程序。另外，文件之间因为是相互独立的，所以不能反映出现实世界事物之间的内在联系。从文件系统到数据库系统，数据管理技术实现了飞跃。

在数据库系统阶段，数据库技术大规模应用于数据管理，可以利用大容量磁盘和磁盘阵列存储数据；有专用的数据库管理系统，可以进行联机实时处理、分布处理和批处理。数据的共享性好、冗余度低，数据文件具有高度的物理独立性和一定的逻辑独立性。数据的整体结构可以用数据模型描述，数据库系统具备保证数据安全性、完整性，提供并发控制和数据恢复的能力。

1.2.3 数据库的优势

数据库具有以下优势。

（1）整体数据结构化。数据结构是面向整个组织的，而不是针对某一个应用的，记录的结构和记录之间的联系由数据库管理系统维护，从而减少了程序员的工作量。

（2）数据共享程度高，易扩充。数据可以被多个应用程序共享，减少了数据冗余，节约了存储空间。数据共享能够避免数据之间的不相容和不一致。易扩充是因为要考虑系统的整体需求，形成有结构的数据，所以数据库系统弹性高，易于扩充，可以满足多种要求。

（3）数据独立性强。在物理独立性方面，数据的物理存储特性由数据库管理系统管理，应用程序不需要了解；应用程序只需要处理逻辑结构，数据的物理存储特性改变时应用程序不用做出变化。在逻辑独立性方面，数据库的数据逻辑结构发生改变时，应用程序可以不变。数据独立性简化了应用程序的开发，大大降低了应用程序的复杂度。将数据从应用程序中独立出来，实际上就是把数据和应用程序解耦，原来的强耦合方式灵活性太低，开发量大，维护任务繁重。

（4）统一管理和控制。用户使用数据库系统便于对数据进行统一管理和控制，这些管理和控制包括数据的安全性保护、数据的完整性检查、并发控制、数据恢复等。数据的安全性保护是指保护数据以防止不合法使用而造成的数据泄密或被破坏。数据的完整性检查指的是检查数据的正确性、有效性和相同性。完整性检查将数据控制在有效的范围内，并保证数据之间满足一定的关系。并发控制是指多个用户同时访问数据库时，为避免相互干扰，影响访问得到的结果，对多个用户的并发访问操作加以控制和协调。数据恢复是指在数据库系统发生硬件故障、软件故障、操作失误等情况时，数据库管理系统将数据库从错误状态恢复到某一已知的正确状态的功能。

1.2.4 数据库的发展特点

数据库已经成为计算机信息系统和智能应用系统的重要基础和核心技术之一,如图 1-7 所示。

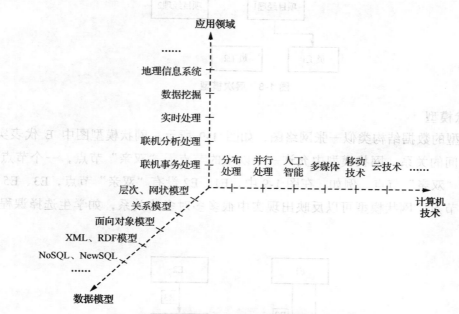

图 1-7 数据库系统的应用领域和相关技术、模型

数据库系统的发展有以下 3 个特点。

(1) 数据库的发展集中体现在数据模型的发展上。数据模型是数据库系统的核心和基础,所以数据库系统的发展和数据模型的发展密不可分,数据模型的划分维度是数据库系统划分的一个重要标准。

(2) 与其他计算机技术交叉、结合。新计算机技术层出不穷。和其他计算机技术交叉、结合,是数据库系统发展的一个显著特征,如与分布式处理技术结合产生的分布式数据库、与云技术结合产生的云数据库等。

(3) 面向应用领域发展新数据库技术。通用数据库在特定领域无法满足应用需求,需要根据相关领域的特定需求来研发特定的数据库系统。

1.2.5 层次模型、网状模型与关系模型

历史上出现了三大经典数据模型——层次模型、网状模型和关系模型。

1. 层次模型

层次模型的数据结构就是一棵树的结构,如图 1-8 所示。它有以下两个非常典型的特征。

(1) 有且只有一个节点没有"双亲"节点,该节点被称为根节点(root)。

(2) 根节点以外的其他节点有且只有一个"双亲"节点,常见的组织架构往往都采用这种层次模型。

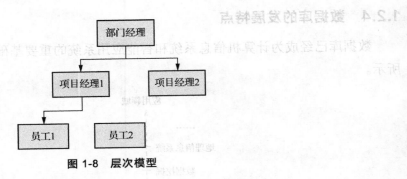

图 1-8 层次模型

2. 网状模型

网状模型的数据结构类似一张网络图，如图 1-9 所示。网状模型图中 E 代表实体，R 代表实体之间的关系。网状模型中允许一个以上的节点无"双亲"节点，一个节点可以有多于一个的"双亲"节点。例如，在图 1-9 中，E1、E2 没有"双亲"节点，E3、E5 都有两个"双亲"节点。网状模型可以反映出现实中很多多对多的关系，如学生选择课程、教师授课等。

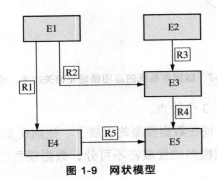

图 1-9 网状模型

3. 关系模型

关系模型是建立在严格的关系概念基础上的，关系必须是规范化的，关系的分量必须是一个不可分的数据项，如图 1-10 所示。

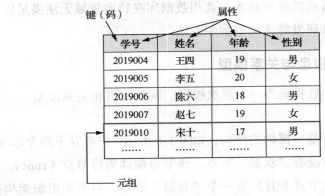

图 1-10 关系模型

解释 　1970 年，IBM 公司的研究员埃德加·弗兰克·科德（E.F.Codd）博士在刊物 *Communication of the ACM* 上发表了一篇名为 *A Relational Model of Data for Large Shared Data Banks* 的论文，提出了关系模型的概念，奠定了关系模型的理论基础。Codd 博士相继发表多篇文章，论述了范式理论和衡量关系系统的 12 条标准，用数学理论奠定了关系模型的基础。

关系模型是建立在集合代数基础上的，由一组关系组成，每个关系的数据结构都是一张规范化的二维表。以图 1-10 所示的学生信息表为例，一个关系通常对应一个表。其中，元组表示表中的一行（一行表示一个元组），属性表示表中的一列（一列表示一种属性）；键也称为码，域是一组相同数据类型的值的集合，关系模型是关系名(属性 1,属性 2,属性 3,…,属性 n)，如例子中的关系就是：学生(学号,姓名,年龄,性别)。

4．3 种模型的比较

表 1-2 所示为 3 种模型的比较。

表 1–2　层次模型、网状模型、关系模型的比较

特点	层次模型	网状模型	关系模型
数据结构	格式化模型，树形结构简单清晰	格式化模型	符合规范化的模型要求
数据操作	没有"双亲"节点，不能插入"子女"节点；删除"双亲"节点时，"子女"节点同时被删除	增加和删除节点时，也要在"双亲"节点中增加或删除相应的信息（如指针）	数据的操作都是集合操作，操作对象和结果都是关系。数据操作必须满足关系的完整性约束
数据联系	存取路径反映了数据之间的联系	存取路径反映了数据之间的联系	通过关系反映数据之间的联系
优点	1．数据结构简单清晰； 2．查询效率高； 3．提供良好的完整性支持	1．能够更为直接地描述现实世界，可以反映多对多关系； 2．具有良好的性能，存取效率较高	1．建立在严格的数学理论基础上； 2．概念单一，用关系来表示实体和实体之间的联系； 3．存取路径对用户透明，具有较高的独立性和保密性； 4．简化了程序员的开发工作
不足	1．现实世界存在的很多非层次性联系不适合用层次模型表示； 2．表示多对多关系的时候会产生很多冗余数据； 3．由于结构严密，层次命令趋于程序化	1．结构复杂，随着应用扩大，结构会变得极为复杂； 2．对象定义和操作语言复杂，需要嵌入高级语言（COBOL、C 语言），用户不易掌握，不易使用； 3．存在多种路径，用户必须了解系统结构细节，增加了编写代码的负担	1．存取路径的隐蔽导致查询效率不如格式化模型； 2．需要对用户的查询进行优化

网状模型和层次模型都属于格式化模型，格式化模型中数据结构的基本单位是基本层次联系。基本层次联系指的是两个记录以及它们之间的一对多（包括一对一）联系，它是单记录的操作方式。 格式化模型中实体用记录表示，实体的属性对应记录的数据项（或字段），实体之间的联系在格式化模型中会被转换成记录之间的联系。数据联系是通过存取路径来反

映的。反映联系的意思是任何一个给定的记录值,只能按其存取路径查看,没有一个"子女"记录值能够脱离"双亲"记录值而独立存在。而关系模型不是通过存取路径来反映数据联系的,而是通过关联关系,所以更能够反映出真实世界的事物之间的联系。

层次模型和网状模型查询效率高,是因为数据之间的联系在应用程序中通常使用指针来实现,沿着指针指向的路径就能很快找到记录值。虽然存取效率高,但是因为查询一般都需要用到高级语言或者程序化语言,对一般用户来说使用并不方便,所以层次模型和网状模型对一般用户来说体验并不好。从早期来看,关系模型查询效率相对较低,但随着硬件的发展,这种效率上的缺陷已经逐渐被克服,并被关系模型较高的灵活性和独立性所掩盖。关系模型提供的结构化查询语言能够大大减少程序员的开发工作量,也降低了一般用户的使用门槛。所以关系模型能够迅速取代层次和网状模型,成为近年的主流数据模型。

关系数据库中每个元组应该是可区分的、唯一的,这依靠实体完整性来实现。

(1)实体完整性:简单地说就是主键不能为空。

(2)参照完整性:简单地说就是主键和外键的关系。

(3)用户定义完整性:针对某一具体的约束条件,例如唯一值。

1.2.6 结构化查询语言

结构化查询语言(Structured Query Language,SQL)是一种高级的非过程化编程语言,允许用户在高层数据结构上工作,不要求用户指定数据存放方法,也不需要用户了解具体的数据存取方式。底层结构完全不同的各种关系型数据库,可以使用相同的 SQL 作为数据操作和管理的接口。所以 SQL 成为事实上的关系型数据库的通用语言,甚至持续到现在。考虑到 SQL 庞大的用户群体,很多 NoSQL 产品也会开发出兼容 SQL 的接口形式,便于广大用户使用。

SQL 不仅可以嵌套,还可以通过高级对象实现过程化编程,具有很强的灵活性和丰富的功能,被称为事实上的关系型数据库的通用语言标准。SQL 标准的发展时间线如图 1-11 所示。

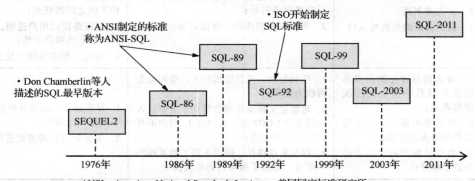

ANSI:American National Standards Institute,美国国家标准研究所
ISO:International Standards Organization,国际标准化组织

图 1-11 SQL 标准的发展时间线

1.2.7 关系型数据库特性

关系型数据库的 ACID 特性如下。

（1）原子性（Atomicity）。事务是数据库的逻辑工作单元；事务中的操作，要么都做，要么都不做。

（2）一致性（Consistency）。事务的执行结果必须是使数据库从一个一致性状态转到另一个一致性状态。例如，如果 A 用户给 B 用户转账 100 元是一个事务的话，那么一定要保证 A 账户减少了 100 元，B 账户同时增加了 100 元，绝对不能 A 账户减少了钱，但 B 账户的钱没有增加，这种情况就违反了一致性。

（3）隔离性（Isolation）。数据库中一个事务的执行不能被其他事务干扰，即一个事务的内部操作及使用的数据与其他事务是隔离的，并发执行的各个事务间不能相互干扰。

（4）持久性（Durability）。事务一旦提交，对数据库中数据的改变是永久的。提交后的操作或者故障不会对事务的操作结果产生任何影响。

1.2.8 关系型数据库产品历史回顾

关系模型的提出，是数据库发展史上具有划时代意义的重大事件。关系理论研究和关系型数据库管理系统研发的巨大成功，进一步促进了关系型数据库的发展。近 40 年是关系型数据库最"辉煌"的 40 年，诞生了许多成功的数据库产品，对社会的发展和我们的生活有较大影响，部分关系型数据库产品如图 1-12 所示。

（1）Oracle 是美国甲骨文公司的数据库产品，也是世界上最热门的关系型数据库之一。1977 年劳伦斯·埃里森与同事鲍勃·迈纳创立公司——"软件开发实验室"（Software Development Labs，SDL），他们基于 Codd 博士发表的论文，用汇编语言开发出第一版 Oracle 系统（于 1979 年对外发布）。

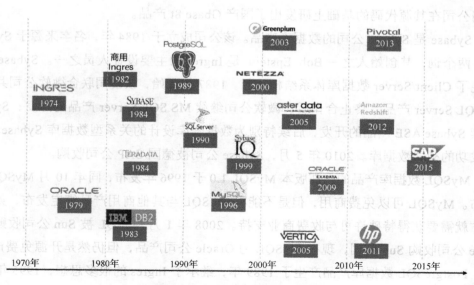

图 1-12 部分关系型数据库产品

Oracle 取得成功的几个原因如下。

① 开放性高。能够在当时所有主流平台上运行，完全支持各种工业标准，兼容性强。

② 安全性高。提供多重安全性保护，包括用于评估风险、防止未授权的数据泄露、检测和报告数据库活动，以及通过数据驱动的安全性在数据库中实施数据访问控制的功能等。

③ 性能强。在开放平台下，该数据库专业测试成绩常年领先。在 20 世纪 80～90 年代，其始终紧跟并引领关系型数据库的技术趋势，另外，甲骨文公司在 2009 年发布了 Oracle EXADATA 一体机产品，以争夺高端联机分析处理（Online Analytical Processing，OLAP）市场。

（2）Teradata 是美国天睿公司的数据库产品。美国天睿公司成立于 1979 年，该公司于 1984 年发布的第一台数据库计算机 DBC/1012，是最早采用大规模并行处理（Massively Parallel Processing，MPP）架构的数据库专用平台。Teradata 数据库早期主要以一体机的形式出现，定位是大型数据仓库系统；因为拥有专有的软、硬件，所以具备优异的 OLAP 性能，但是价格非常昂贵。

（3）DB2 是美国 IBM 公司的数据库产品。IBM 公司于 1983 年发布的 DB2 只能在 MVS 操作系统（IBM 公司在 20 世纪 80 年代生产的一种大型主机操作系统）上使用。DB2 是 IBM 公司主推的关系型数据库产品，刚开始仅为 IBM 的大型机和小型机服务，在 1995 年开始支持 Windows、UNIX 等多个平台；叫 DB2 是因为 DB1 是层次型数据库。

（4）Ingres。Ingres 原本是加利福尼亚大学伯克利分校于 1974 年开始的一个关系型数据库研究项目。Ingres 的代码是可以免费获得的，所以在它的基础上产生了很多商业数据库软件，包括 Sybase、Microsoft SQL Server、Informix，以及后继项目 PostgreSQL，可以说 Ingres 是历史上最有影响力的计算机研究项目之一。

（5）Informix 是 1982 年出现的第一版商业 Ingres 产品，但是后来因为其所属公司管理方面的失误，在 2000 年被 IBM 公司收购。其后 Informix 的源代码被授权给了南大通用公司。南大通用公司在其源代码的基础上研发出了国产 Gbase 8t 产品。

（6）Sybase 是 Sybase 公司的数据库产品。该公司成立于 1984 年，名字来源于 System 和 Database 两个词，其创始人之一 Bob Epstein 是 Ingres 的主要设计人员之一。Sybase 首先提出并实现了 Client/Server 数据库体系结构思想。1987 年开始，该公司联合微软公司共同开发 Sybase SQL Server 产品。终止合作后，微软公司继续 MS SQL Server 产品的开发；Sybase 公司则继续 Sybase ASE 产品的开发，后续特别为数据仓库设计的关系型数据库 Sybase IQ 是一款非常成功的列式数据库。2010 年 5 月，Sybase 公司被德国 SAP 公司收购。

（7）MySQL 数据库产品的内部版本 MySQL 1.0 于 1996 年发布，同年 10 月 MySQL 3.11.1 正式发布。MySQL 可以免费商用，但是不能将 MySQL 与其他商用产品绑定发布，如果需要绑定发布就需要获得特殊许可与收费商业支持。2008 年 1 月 MySQL 被 Sun 公司收购，2009 年 Oracle 公司收购 Sun 公司，现在 MySQL 为 Oracle 公司产品，但仍然是开源免费产品。

（8）PostgreSQL 数据库产品产生于 1989 年，继承了 Ingres 的很多思想，1995 年其 SQL 引擎被修改后正式社区化。Greenplum、Netezza、Amazon Redshift、GaussDB(DWS)这些数据库都是基于 PostgreSQL 版本开发的。

（9）Greenplum、Netezza 都是 MPP 架构的分布式数据库，基于 PostgreSQL 8.x 版本。

Greenplum 是纯软件版本，该产品被 EMC 公司收购后，Greenplum 和其他产品一起组成 Pivotal 系列产品，Greenplum 是里面的关系型数据库产品。

（10）Netezza 是软、硬件结合的一体机产品，有专有的硬件优化技术，该产品后被 IBM 公司收购。

（11）Aster Data 是一款基于 Greenplum 的关系型数据库产品，和 Greenplum 类似，其主要特点是提供基于 SQL 的数据发掘算法和强大的统计分析函数，该产品后被 Teradata 公司收购。

（12）Amazon Redshift 是亚马逊云端关系型数据库，基于 PostgreSQL 开发而成。

（13）SAP HANA 是 SAP 公司自己开发的内存数据库产品，采用列式存储、数据压缩、并行处理技术。

（14）Vertica 是列式数据库，适用于 OLAP。

1.2.9 其他数据模型

随着数据库领域的扩展以及数据对象的多样化，传统的关系型数据库模型开始暴露出许多弱点，如对复杂对象的标识能力差，语义表达能力较弱，对文本、时间、空间、声音、图像和视频等数据类型的处理能力差等。例如，多媒体数据在关系型数据库中基本上都以二进制数据流形式存放，但对于二进制数据流，通用的数据库标识能力差，语义表达能力差，不利于检索、查询。

为此人们提出了许多新的数据模型来适应新的应用需求，具体有如下几种。

（1）面向对象数据模型（Object Oriented Data Model，OODM）。该模型将语义数据模型和面向对象编程方法结合起来，用一系列面向对象的方法和新概念构成模型基础。但是面向对象数据库操作语言过于复杂，增加了企业系统升级的负担，用户也难以接受这么复杂的使用方式。所以面向对象数据库产品除了适用于一些特定应用市场外，没有获得关系型数据库那样普遍的认可。

（2）XML 数据模型。随着互联网的迅速发展，出现了大量的半结构化和非结构化数据源，可扩展标记语言（Extensible Markup Language，XML）成为互联网上交换数据的常用数据模型，并成为数据库的研究热点，相应地出现了半结构化数据的 XML 数据模型。纯 XML 数据库基于 XML 节点树模型，可以支持 XML 数据管理，但是同样要解决传统关系型数据库面临的各种问题。

（3）RDF 数据模型。互联网中的信息没有统一表达方式，万维网联盟（World Wide Web Consortium，W3C）提出用资源描述框架（Resource Description Framework，RDF）来描述和注解互联网资源。RDF 是描述互联网资源的标记语言，其基础架构是一个包含资源（Subject）、属性（Predicate）、属性值（Object）的三元组（Triple）。这样的三元组又叫作声明（Statement），其中属性值也可以是一个资源（要么是资源，要么是文字，文字只能是原子值，如数字、日期等）；属性描述了资源和属性值之间的关系。也可以用图来表示一个声明：一条有向边从声明的资源指向属性值，边上是属性；一个声明的属性值可以是另一个声明的资源。

1.2.10 数据管理技术的新挑战

虽然不断涌现了许多数据模型，但是这些数据模型都因为缺乏便捷性和通用性等问题，未能替代关系型数据库模型成为通用的数据库产品的基本模型。

数据管理技术面临的新挑战如下。

（1）随着数据获取手段的自动化、多样化和智能化，数据量急剧增加，数据库产品需要具有高度的可扩展性和可伸缩性。

（2）需要能处理多样化的数据类型。数据类型包括结构化数据与半结构化、非结构化数据，具体如文本、图形、图像、音频、视频等多媒体数据，流数据、队列数据等，多样化的数据类型需要数据库产品具备处理多种数据类型的能力和异构处理的能力。

（3）传感、网络和通信技术的发展对数据采集和处理在实时性方面提出了更高的要求。

（4）大数据时代来临，海量异构、形式繁杂、高速增长、价值密度低的数据问题对传统关系型数据库提出了全面挑战。NoSQL 技术顺应大数据发展的需要蓬勃发展。大数据具有4V 特性，如图 1-13 所示。

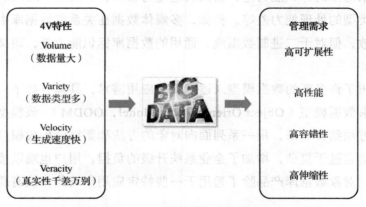

图 1-13　大数据的 4V 特性

4V 首先是 Volume（数据量大）。大数据处理的数据量极为庞大，已经从传统的 TB 级别上升到了 PB 级别。其次是 Variety（数据类型多）。大数据处理的数据类型繁多，除了传统的结构化数据，还包括互联网的网络日志、视频、图片、地理位置信息等；半结构化数据、非结构化数据都是需要处理的数据类型。然后是 Velocity（生成速度快）。在物联网（Internet of Things, IoT）领域应用中表现得尤为显著，具体表现为处理速度快，要求做到实时处理。最后是 Veracity（真实性千差万别）。大数据处理追求高质量数据，需要从海量数据中将有价值的数据挖掘出来，数据里边存在大量的噪声、低价值数据；由于数据价值密度低，因此需要挖掘出高价值信息。

1.2.11 NoSQL 数据库

为了应对大数据时代的挑战，许多新的模型和技术逐渐涌现，典型的如 NoSQL 数据库技术。NoSQL 数据库技术最早出现于 1998 年，是一个轻量的、开源的、不提供 SQL 功能的非关系型数据库技术。到了 2009 年，这个概念再次被提出，但是和原本的概念相比已经发生了翻天覆地的变化，现在被广泛接受的 NoSQL 技术的意思是不仅是 SQL 技术，也就是 Not Only SQL。

经过多年的发展，很多不同类型的 NoSQL 数据库产品出现，虽然它们各有特点，但是都具备统一的特性：非关系型的、分布式的，不保证满足 ACID 特性。

在技术上，NoSQL 数据库具备以下 3 个特点。

（1）对数据进行分区（Partition），能够将数据分布在集群的多个节点上，利用大量节点并行处理的方式来获得高性能；同时能够支持横向扩展方式，便于集群的扩展。

（2）降低 ACID 一致性约束，允许暂时不一致，接受最终一致性约束，遵循的是 BASE 原则。

解释

BASE 原则包含以下 3 层意思。
Basically Available：基本可用，指可以容忍数据短期不可用，并不强调全天候服务。
Soft state：柔性状态，指状态有一段时间不同步，存在异步的情况。
Eventual consistency：最终一致，指最终数据一致，而不是严格的完全一致。

（3）各数据分区提供备份。一般遵循三备份原则（在当前节点、同一个机架不同节点、不同机架不同节点上保存 3 份数据，用以避免节点故障和机架故障问题。备份数量越多，数据冗余量越大，综合考虑安全性和冗余性，3 份数据是最合理的设定）来应对节点故障，从而提高系统可用性。

4 类常见的 NoSQL 数据库技术是按照存储模型划分的，包括键值（Key-Value）数据库、图数据库（Graph DB）、列分组（Column Family）数据库和文档（Document）数据库，如图 1-14 所示。

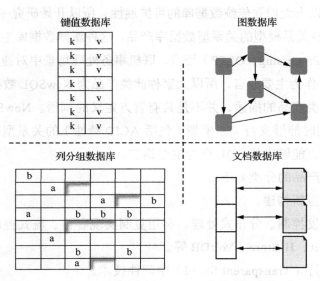

图 1-14　4 类常见的 NoSQL 数据库技术

主要 NoSQL 数据库简介如表 1-3 所示。键值数据库通过 Key 指向 Value，一般基于哈希表（Hash Table）实现；把键值存放在内存中，能够实现极为高效的基于键（码）的查询和写入操作，适用于缓存用户信息、会话信息、配置文件、购物车等应用场景。其他列分组数据库、文档数据库、图数据库这些产品也各有特点。不过本书主要是针对关系型数据库的介绍，在这里就不详细讲解了。

表 1-3 主要 NoSQL 数据库简介

分类	代表产品	典型应用场景	数据模型	优点	限制性
键值数据库	Redis MemCahed	缓存用户信息、会话信息、配置文件、购物车等	Key 指向 Value，通常基于 Hash Table 实现	查找速度快	数据无结构化，如字符串或者二进制数据
列分组数据库	HBase Cassandra	日志、博客平台	列族式存储	查找速度快、可分布式扩展	不适合随机更新，不适合做有删除和更新的实时操作
文档数据库	DouchDB MongoDB	日志，可以存储不同模式的日志信息；基于弱模式的数据分析	和 Key 指向 Value 类似，但对 Value 的数据结构要求不严格，无须预先定义表结构	表结构可变、扩展性好、适合非结构化对象	有些产品不支持事务操作
图数据库	Neo4j Infinite Graph	推荐引擎、关系图谱	图结构	借助图论算法处理特定领域问题	非图领域的应用受限

NoSQL 并不是为了取代关系数据库管理系统（Relational DBMS，RDBMS）而生的，NoSQL 的优势显著，缺点也较为明显，旨在与 RDBMS 一起构建完整的数据生态系统。

1.2.12 NewSQL 数据库

NoSQL 这种高可扩展性的产品出来以后，大家发现这个特性很好用，如果在传统的数据库中应用上，那么可以大大增强传统数据库的可扩展性，所以开始研究一种既具备 NoSQL 的可扩展性，又能够支持关系模型的关系型数据库产品。这种新型数据库主要面向联机事务处理（On-Line Transaction Processing，OLTP）场景，联机事务处理场景中对速度和并发量有很高的要求，同时使用 SQL 作为主要语言，所以大家称此类产品为 NewSQL 数据库。

NewSQL 只是一类产品的描述，并不是具有官方定义的词语。NewSQL 数据库是指追求 NoSQL 可扩展性的同时能够支持关系模型（包括 ACID 特性）的关系型数据库系统，主要面向联机事务处理场景，能够支持 SQL 作为主要语言。

NewSQL 数据库产品的分类如下。

（1）采用新架构重新构建。

如采用多节点并发控制、分布式处理、利用复制实现容错、流式控制等技术架构。这类产品有 Google Spanner、H-Store、VoltDB 等。

（2）采用透明分片（Transparent Shard）中间件技术。

这类产品的数据分片过程对用户来说是透明的，用户的应用程序不需要做出变化。

这类产品有 Oracle、MySQL、Proxy、MariaDB MaxScale 等。

（3）数据库即服务（Database-as-a-Service，DaaS）。

云服务商提供的数据库产品一般都是这类具备 NewSQL 特性的数据库产品。

如 Amazon Aurora、阿里云的 Oceanbase、腾讯云的 CynosDB、华为的 GaussDB(DWS) 和 GaussDB(for MySQL)。

1.2.13 数据库排名

和编程语言有排行榜一样，数据库产品也有个流行度排行榜。其排名每月变更一次，有全部数据库的排名，也有不同分类的排名，如关系型数据库、Key-Value、时序数据库、图数据库等专项排名，如图 1-15 所示。从图中可以看出，在 2019 年 8 月，前 3 名还是牢牢地被传统的关系型数据库占据，前 10 名中出现了 4 个 NoSQL 数据库，前 20 名内，基本上是关系型数据库和 NoSQL 数据库平分秋色，关系型数据库也在扩展自己的功能和特性。

Rank Aug 2019	Rank Jul 2019	Rank Aug 2018	DBMS	Database Model	Score Aug 2019	Score Jul 2019	Score Aug 2018
1.	1.	1.	Oracle	Relational, Multi-model	1339.48	+18.22	+27.45
2.	2.	2.	MySQL	Relational, Multi-model	1253.68	+24.16	+46.87
3.	3.	3.	Microsoft SQL Server	Relational, Multi-model	1093.18	+2.35	+20.53
4.	4.	4.	PostgreSQL	Relational, Multi-model	481.33	-1.94	+63.83
5.	5.	5.	MongoDB	Document	404.57	-5.36	+53.59
6.	6.	6.	IBM Db2	Relational, Multi-model	172.95	-1.19	-8.89
7.	7.	↑8.	Elasticsearch	Search engine, Multi-model	149.08	+0.27	+10.97
8.	8.	↓7.	Redis	Key-value, Multi-model	144.08	-0.18	+5.51
9.	9.	9.	Microsoft Access	Relational	135.33	-1.98	+6.24
10.	10.	10.	Cassandra	Wide column	125.21	-1.80	+5.63
11.	11.	11.	SQLite	Relational	122.72	-1.91	+8.99
12.	12.	↑13.	Splunk	Search engine	85.88	+0.39	+15.39
13.	13.	↑14.	MariaDB	Relational, Multi-model	84.95	+0.52	+16.66
14.	14.	↓18.	Hive	Relational	81.80	+0.93	+23.86
15.	15.	↓12.	Teradata	Relational, Multi-model	76.64	-1.18	-0.77
16.	16.	↓15.	Solr	Search engine	59.12	-0.52	-2.78
17.	17.	↑19.	FileMaker	Relational	58.02	+0.12	+1.96
18.	↑20.	↑21.	Amazon DynamoDB	Multi-model	56.57	+0.15	+4.91
19.	↓18.	↓17.	HBase	Wide column	56.54	-1.00	-2.27
20.	↓19.	↓16.	SAP Adaptive Server	Relational	55.86	-0.79	-4.57

图 1-15　数据库排名

1.3 关系型数据库架构

1.3.1 数据库架构的发展

在早期数据量还不是很大的时候，数据库系统就采用一种很简单的单机服务，在一台专用的服务器上安装数据库软件，对外提供数据存取服务。但随着业务规模增大，数据库存储的数据量和承受的业务压力也不断增加。数据库的架构必须随之改变。图 1-16 所示的架构分类方法是一种按照主机数量来区分数据库架构的分类方式。

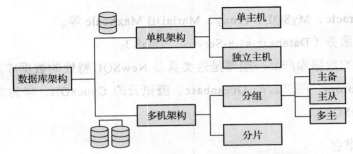

图 1-16　按照主机数量来区分数据库架构的方式

只有一个数据库主机的架构是单机架构，有多于一个数据库主机的架构是多机架构。单机架构里面的单主机把数据库应用和数据库都部署在同一个主机上。而独立主机则是把两者分开部署的，将数据库专门部署在独立的数据库服务器上。多机架构通过增加服务器数量来增强整个数据库服务的可用性和服务能力。多机架构按照数据是否拆分成分片状态分成两种。一种是分组，根据每台服务器拥有的角色不同进一步将它们划分为主备、主从和多主；无论采用哪种分组方式，多个数据库的结构都是相同的，多个数据库存储的数据也完全相同，本质上是利用同步技术在多个数据库之间进行数据复制。另一种是分片，该架构通过某种机制，把数据分片后分散放在不同主机里面。

1.3.2　单机架构

为了避免应用服务和数据库服务竞争资源，单机架构也从早期的单主机模式发展为数据库独立主机模式，把应用服务和数据服务分开。应用服务可以增加服务器数量，进行负载均衡，增强系统并发能力。单机部署形式在研发、学习以及模拟环境中具有灵活、部署方便等特点，如图 1-17 所示。

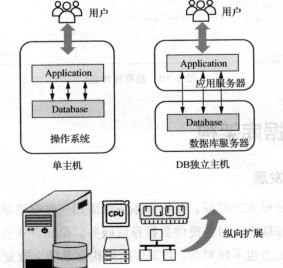

图 1-17　单机架构

早期的互联网 LAMP（Linux、Apache、MySQL、PHP）架构就是典型的单机架构应用，单机架构有以下几个明显的不足。

（1）可扩展性差。数据库单机架构扩展性只有纵向扩展，通过增加硬件配置来提升性能，但单台主机硬件可配置的资源会遇到上限。

（2）存在单点故障问题。单机架构扩容的时候，往往需要停机扩容，服务也会随之停止。另外，硬件故障容易导致整个服务不可用，甚至会出现数据丢失的情况。

（3）随着业务量的增加，单机势必会遇到性能瓶颈。

1.3.3 分组架构——主备

分组架构里面的主备架构实际上是单机架构自然而然衍生出来的架构，主要是为了解决单点故障问题，如图 1-18 所示。

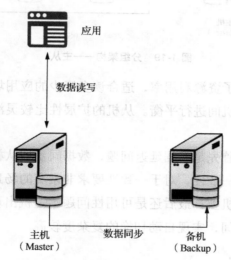

图 1-18 分组架构——主备

数据库部署在两台服务器上，其中承担数据读/写服务的服务器称为主机，另外一台服务器利用数据同步机制把主机的数据复制过来，称为备机。同一时间点，只有一台服务器对外提供数据服务。

这种架构的优点是应用不需要为了应对数据库故障而增加开发量，另外，相对单机架构而言，提高了数据容错性。

这种架构的缺点是浪费资源，备机和主机同等配置，而基本上备机资源会处于闲置状态；另外性能压力还是集中在单机上，无法解决性能瓶颈问题。当出现故障的时候，主、备机切换需要一定的人工干预或者监控。所以说主备机模式只是解决了数据可用性问题，无法突破性能瓶颈，性能依然受制于单台服务器的硬件配置，增加服务器数量无助于数据库性能的整体提升。

1.3.4 分组架构——主从

主从式架构部署模式和主备机模式相似，但备机上升为从机角色，也对外提供一定的数据服务。应用程序可以采用读/写分离方式，这时开发模式需要进行相应的调整，即写入、修改、删除这 3 种写操作在写库（主机）上完成，查询请求（读操作）分配到读库（从机）上完成，如图 1-19 所示。

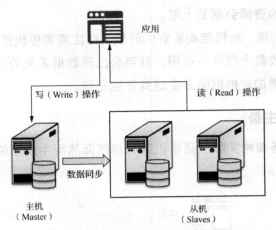

图 1-19　分组架构——主从

这种架构的优点是提高了资源利用率，适合读多写少的应用场景。另外，在高并发读的使用场景下，可以在多个从机间进行平衡。从机的扩展性比较灵活，扩容操作一般不会影响业务的进行。

但主从架构也有缺点：首先是数据延迟问题，数据同步到从机数据库时会有延迟，所以应用必须能够容忍短暂的不一致性，对于一致性要求非常高的场景是不合适的；其次是写操作的性能压力还是集中在主机上；最后还是可用性问题，主机出现故障，需要实现主、从切换时，人工干预需要响应时间，实现自动切换的复杂度较高。

1.3.5　分组架构——多主

多主架构也称为双活、多活架构。数据库服务器互为主从关系，同时对外提供完整的数据服务，如图 1-20 所示。

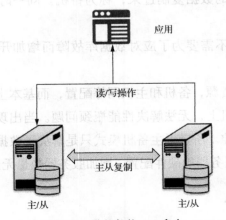

图 1-20　分组架构——多主

多主架构的优点是在保证资源利用率较高的同时降低了单点故障的风险；缺点是因为双主机都接受写入数据，所以要实现数据双向同步，但双向复制同样会带来延迟问题，极端情况下要考虑数据丢失的风险。从双主机变为多主机，数据库数量的增加会导致数据同步问题变得更为复杂，所以实际应用中多见双机模式。

1.3.6 共享存储多活架构

下面介绍一种特殊的多主架构——共享存储的多活架构（Shared Disk）。在这种架构下，数据库服务器共享存储数据，而多个服务器实现负载均衡，如图 1-21 所示。

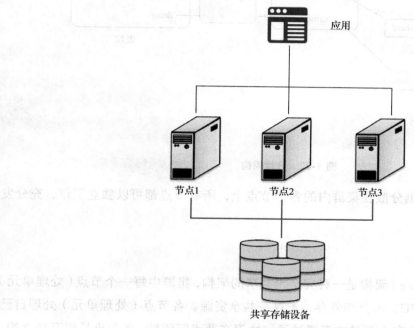

图 1-21 共享存储的多活架构

共享存储多活架构的优点是多个服务器能够同时对外提供高可用服务，从而整体上对外提供高级别的可用性、可伸缩性，避免了服务器集群的单点故障问题。这种架构能够比较方便地进行横向扩展，并通过横向扩展方式，增强整体系统的并行处理能力。

其缺点是实现技术的难度相当大。另外，当存储器接口带宽达到饱和的时候，增加节点并不能获得更高的性能，存储 I/O 容易成为影响整个系统性能的瓶颈。

1.3.7 分片架构

分片（Shard）架构的主要表现形式是水平数据分片架构，它是把数据分散在多个节点上的分片方案，每一个分片包括数据库的一部分，称为一个 shard。多个节点都拥有相同的数据库结构，但不同分片的数据之间没有交集，所有分片数据的并集构成数据总体。常见的分片算法有根据 List 值、Range 区间和 Hash 值进行数据分片，如图 1-22 所示。

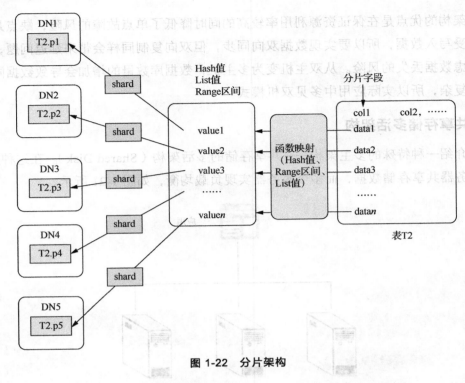

图 1-22　分片架构

这种架构的优点是数据分散在集群内的各个节点上，所有节点都可以独立工作，充分发挥集群的并行性的优势。

1.3.8　无共享架构

无共享（Shared-Nothing）架构是一种完全无共享的架构，集群中每一个节点（处理单元）都完全拥有自己独立的 CPU、内存和外存，不存在共享资源。各节点（处理单元）处理自己本地的数据，处理结果可以向上汇总或者通过通信协议在节点间流转。各节点是相互独立的，扩展能力强，所以整个集群拥有强大的并行处理能力，如图 1-23 所示。

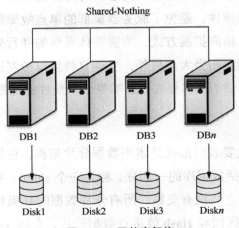

图 1-23　无共享架构

硬件发展到现在，一个节点或一个物理主机上可以部署多个处理单元，所以该架构的最小单元可能不是物理主机，而是逻辑上的虚拟处理单元。例如一个物理主机具有四核 CPU，部署的时候，可以部署 4 个数据库实例，也就是相当于拥有 4 个处理单元。

1.3.9　大规模并行处理架构

大规模并行处理（Massively Parallel Processing，MPP）架构将任务并行地分散在多个服务器和节点上，在每个节点上计算完成后，将各自部分的结果汇总在一起得到最终的结果，如图 1-24 所示。

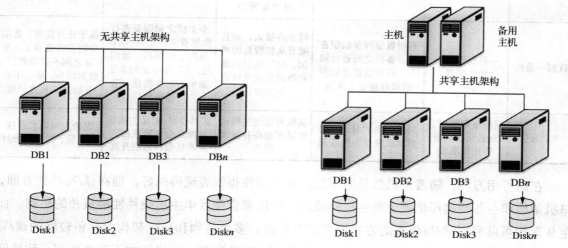

图 1-24　MPP 架构

MPP 架构的特点表现在任务并行执行，计算是分布式的。这里又有两种小的变形，一种是无共享主机架构，另一种是共享主机架构。无共享主机架构中所有节点对等，可以通过任意节点查询和加载数据，一般来说不存在性能瓶颈和单点风险，但是技术实现方面会较为复杂。

常见的 MPP 架构产品如下。

（1）无共享主机架构：Vertica、Teradata。

（2）共享主机架构：Greenplum、Netezza。

Teradata、Netezza 是软硬件一体机，GaussDB(DWS)、Greeplum、Vertica 是软件版 MPP 架构数据库。共享架构是无共享架构的基础，只有对数据进行分片才可能实现集群的无共享。

解释　　Shared-Nothing 概念是从资源独立性角度来描述架构的，Shard 则是从数据独立性角度来描述架构的，MPP 是从并行计算的角度来描述架构的，是并行计算技术在分布式数据库上的应用和体现。Shard、Shared-Nothing、MPP 3 个术语都可以看作分布式数据库架构的专有名词。

1.3.10 数据库架构特点对比

最后来对比一下几种数据库架构的特点,如表1-4所示。

表1-4 数据库架构特点对比

特点	单机	主备	主从	多主	分片
可用性	差	一般	较好	好	好
读/写性能	依赖于单主机的硬件性能	依赖于单主机的硬件性能	利用读/写分离方式,写性能受主机限制,读性能通过增加从机数量来提升并发能力	多个主机能够同时提供读/写服务,具有较高的读写能力	无共享架构提供了出色的分布式计算能力,具有强大的并行处理能力
数据一致性	不存在数据一致性问题	利用数据同步机制在主、备机之间进行同步,存在数据延迟问题和数据丢失风险	同主备模式,而且随着从机数量的增加,数据延迟问题和数据丢失风险将更为突出	多主机之间需要进行数据双向同步,所以容易产生数据不一致问题。但共享存储的多活架构不存在数据一致性问题	基于分片技术,数据分散在各节点上,节点之间不需要进行数据同步,所以不存在数据一致性问题
可扩展性	只能纵向扩展,会遇到单机硬件性能瓶颈	只能纵向扩展,会遇到单机硬件性能瓶颈	从机可以通过横向扩展来提高并发读能力	扩展性好,但是主机数量增加会导致数据同步的复杂性急剧升高	理论上可以实现线性扩展,扩展性最好

在高可用方面,随着主机数量的增加,高可用性也就表现得越好。而在读/写性能方面,单机架构和主备架构都依赖于单主机的硬件,所以都会受到单主机硬件性能瓶颈的影响。而主从架构可以利用读/写分离的方式增强读写性能;多主架构和分片架构都具备较好的读/写服务能力,能提供强大的并行处理能力。在数据一致性方面,单机架构不存在数据一致性问题,而主备架构、主从架构因为增加了主机的数量,所以会在多个主机之间进行数据同步,都有数据延迟和数据一致性的问题。多主机架构也会有数据一致性问题。但是共享存储的多活架构因为共享了存储,所以不存在数据一致性问题。分片架构里面,数据分散在各节点上,节点之间不需要进行数据同步,所以不存在数据一致性问题。最后是可扩展性,单机架构和主备架构只能纵向扩展,都会遇到单机、硬件性能瓶颈的问题。主从架构可以通过横向扩展来提高并发读能力,多主架构扩展性好,但是增加主机数量会导致数据同步的复杂性急剧升高;而分片架构理论上可以实现线性扩展,在这几种架构里面它的扩展性是最好的。

1.4 关系型数据库主流应用场景

1.4.1 联机事务处理

联机事务处理(On-Line Transaction Processing,OLTP)是传统关系型数据库的主要应用,面向基本的、日常的事务处理,例如银行储蓄业务的存取交易、转账交易等。

数据库事务是数据库执行过程中的一个基本逻辑单位,数据库系统要确保一个事务中的所有操作都成功完成且结果已永久保存在数据库中。

事务举例如下。某人要在商店使用电子货币购买 100 元的东西，其中至少包括两个操作：该人账户减少 100 元；商店账户增加 100 元。支持事务的数据库管理系统（Transactional DBMS）要确保以上两个操作（整个"事务"）都能完成，或一起取消；否则就会出现 100 元平白消失或出现的情况。但在现实情况下，失败的风险很高。在一个数据库事务的执行过程中，有可能会遇上事务操作失败、数据库系统或操作系统出错，甚至是存储介质出错等情况。这便需要数据库管理系统对一个执行失败的事务执行恢复操作，将其数据库状态恢复到一致状态（数据一致性得到保证的状态）。为了实现将数据库状态恢复到一致状态的功能，数据库管理系统通常需要维护事务日志以追踪事务中所有影响数据库数据的操作。

OLTP 的特点就是吞吐量大，具体表现为能支持大量的短在线事务（插入、更新、删除），能非常快速地查询处理，支持高并发与（准）实时响应。

OLTP 场景对响应的时效性要求非常高，要求数据库系统能对大量的并发事务操作进行快速的处理，每个事务的响应级别都是毫秒级，甚至更快；而且事务并发量很大，高并发是 OLTP 场景下最显著的特征之一。如网上的售票系统、零售系统和秒杀活动等，都是典型的 OLTP 应用场景。

1.4.2 联机分析处理

联机分析处理（On-Line Analytical Processing，OLAP）的概念最早是 E.F.Codd 于 1993 年相对于联机事务处理系统提出的，是指对数据的查询和分析操作。通常对大量的历史数据查询和分析时，涉及的历史周期比较长，数据量大，在不同层级上的汇总、聚合操作使得事务处理操作比较复杂。

OLAP 特点是侧重于复杂查询和解决一些"战略性"的问题。数据处理方面聚焦于数据的聚合、汇总、分组计算、窗口计算等"分析型"的数据加工和操作，从多维度去使用和分析数据。

常见的 OLAP 场景有报表系统、CRM（Customer Relationship Management，客户关系管理）系统、金融风险预测预警系统、反洗钱系统、数据集市、数据仓库等。报表系统是产生固定周期报表或上报固定格式报表数据的平台或系统，如日报、周报、月报，为经营决策提供电子化报表数据。CRM 系统是提供维护客户、对客户相关信息进行存储、对客户行为进行分析、响应客户和管理市场活动等服务的综合性业务系统平台。数据集市一般是面向一个组织中某个部门级别需求的应用，如信用卡部门的分析需求。数据仓库是面向企业级别的，为构建整个企业分析处理环境而产生的分析类平台系统。

1.4.3 数据库性能衡量指标

不同的数据库，针对不同的场景都会有比较特殊的架构设计和实现方式。所以要评价不同场景下的不同数据库的优劣，就需要有一个较为权威的标准。事务处理性能委员会（Transaction Processing Performance Council，TPC）的职责是制定商务应用基准测试标准

（Benchmark）的规范、性能和价格度量，并管理测试结果的发布。制定的是标准规范而不是代码，任何厂家都可以依据规范最优地构造自己的系统并进行评测。TPC 推出了很多基准测试标准，其中针对 OLTP 和 OLAP 有如下两个规范。

（1）TPC-C 规范是面向 OLTP 系统的，包括流量指标 tpmC（tpm：transactions per minute，每分钟测试系统处理的事务）、性价比指标（Price（测试系统价格）/tpmC），后者是达到一个基本单位需要花费的成本。

（2）针对 OLAP 系统的是 TPC-H 规范，它的测试指标有流量指标 qphH（qph：query per hour，每小时处理的复杂查询）。TPC-H 规范需要考虑测试数据集合大小，针对不同的测试数据集，规范里边指定了 22 个查询语句，可以根据具体产品微调。测试场景包括数据加载、Power 测试和流量测试；具体的测试标准有测试规范文档进行说明，这些文档在网上都是公开的，有兴趣的读者可以去 TPC 网站查阅。

OLTP 和 OLAP 的对比分析如表 1-5 所示，在网络上也能看到类似的分析，它们大都参考数据仓库概念提出者 Iven 在 *build in the body to Y* 一书中描述的相关内容。在分析粒度上，OLTP 是细节分析，也就是每一个最基础的交易事件，而 OLAP 是综合分析，其综合的、汇总的分析更多。在实效性方面，OLTP 强调的是短暂技术性，交易完成后事务结束。在数据更新需求上，OLAP 一般情况下无须更新。

表 1-5 OLTP 和 OLAP 对比分析

分类	OLTP	OLAP
分析粒度	细节的	细节的、综合的或提炼的
时效性	在存取瞬间是准确的	代表过去的数据
数据更新需求	可更新	一般情况无须更新
操作可预知性	操作需求事先可知道	操作需求事先可能不知道
实时性	对性能要求高，响应级别为毫秒级、秒级	对性能要求相对宽松，响应级别为分钟级、小时级
数据量	一个时刻操作一条或几条记录，数据量小	一个时刻操作一个集合，数据量大
驱动方式	事务驱动	分析驱动
应用类型	面向应用	面向分析
应用场景	支持日常运营	支持管理需求
典型应用	银行核心系统、信用卡系统	分析型客户关系管理、风险管理

总的来说，无论是 OLTP 还是 OLAP 系统都遵循 ACID 原则，使用的数据库是关系型数据库，两者在功能上是相似的，都支持 SQL 语句，可以处理大量数据，都是强一致的事务性处理。但是对于应用场景来说，OLTP 更强调实质性要求，OLAP 更强调大数据量分析。一般情况下，由于二者在各自应用场景下追求的目标不同，如果替换使用，例如，用 OLTP 数据库做 OLAP 的分析应用，用 OLAP 作为对实时性要求极高的核心交易系统，目前来说都是不太合适的。但是现在新兴的一种混合事务和分析处理（Hybrid Transaction and Analytical Process，HTAP）数据库系统，它的目标是使用一套能同时承载 OLTP 和 OLAP 两种应用场

景的系统，已经不断有应用这种技术的相关产品出现，是 NewSQL 数据库技术发展的目标方向之一，有兴趣的读者可以阅读相关材料，自行扩展知识面。

1.5 本章小结

本章主要介绍了数据库和数据管理系统的基本概念，对数据库几十年的发展历史进行了回顾，详细介绍了数据库从早期的网状模型、层次模型发展到关系模型的历程，并对近年来新兴的 NoSQL 和 NewSQL 概念进行了介绍；对关系型数据库的主要架构进行了对比分析和介绍，对不同场景下各种架构的优缺点进行了简单说明；最后对关系型数据的主流应用场景 OLTP 和 OLAP 进行了介绍和对比说明。

本章的学习结束后，读者应能够描述数据库技术相关概念，列举主要的关系型数据库，区分不同关系型数据架构，描述并识别关系型数据库的主要应用场景。

1.6 课后习题

1. （多选题）存放在数据库中的数据的特点是（　　）。
   A. 永久存储　　　　　　　　B. 有组织
   C. 独立性　　　　　　　　　D. 可共享
2. （多选题）属于数据库系统这个概念范围的组成部分有（　　）。
   A. 数据库管理系统　　　　　B. 数据库
   C. 应用开发工具　　　　　　D. 应用程序
3. （判断题）数据库应用程序可以不经过数据库管理系统而直接读取数据库文件。(　　)
   A. True　　　　　　　　　　B. False
4. （多选题）数据管理的发展经历了哪几个阶段？（　　）
   A. 人工阶段　　　　　　　　B. 智能系统
   C. 文件系统　　　　　　　　D. 数据库系统
5. （单选题）允许一个以上节点无"双亲"节点，一个节点可以有多于一个的"双亲"节点，这些特性对应的是哪种数据模型？（　　）
   A. 层次模型　　　　　　　　B. 关系模型
   C. 面向对象模型　　　　　　D. 网状模型
6. （多选题）下面选项中属于 NoSQL 的是（　　）。
   A. 图数据库　　　　　　　　B. 文档数据库
   C. 键值数据库　　　　　　　D. 列分组数据库
7. （判断题）NoSQL 和 NewSQL 数据库的出现能够彻底颠覆和替代原有的关系型数据

库系统。( )

  A. True   B. False

8. （判断题）主备架构可以通过读/写分离方式来提高整体的读/写并发能力。( )

  A. True   B. False

9. （单选题）哪种数据库架构具有良好的线性扩展能力？( )

  A. 主从架构   B. 无共享架构

  C. 共享存储的多活架构   D. 主备架构

10. （判断题）分片架构的特点就是通过一定的算法使数据分散在集群的各个数据库节点上，利用集群内服务器数量的优势进行并行计算。( )

  A. True   B. False

11. （多选题）衡量 OLTP 系统的测试指标包括（ ）。

  A. tpmC   B. Price/tmpC

  C. qphH   D. qps

12. （多选题）OLAP 系统适用于下面哪些场景？( )

  A. 报表系统   B. 在线交易系统

  C. 多维分析，数据挖掘系统   D. 数据仓库

13. （判断题）OLAP 系统能够对大量数据进行分析处理，所以同样能够满足 OLTP 对小数据量的处理性能需求。( )

  A. True   B. False

第2章 数据库基础知识

📖 **本章内容**

- 数据库管理及其工作范围
- 对象管理
- 备份恢复管理
- 安全管理
- 性能管理
- 运维管理
- 数据库重要概念

数据库产品各有特点,但是在主要的数据库概念上具有一定的共同基础,都能实现各种数据库对象和不同层级的安全保护措施,都强调对数据库的性能管理和日常运维管理。

本章主要讲述数据库管理的主要职责和内容,并对一些常见的、重要的数据库的基本概念进行介绍,为下一阶段的学习做准备。学习完本章后,读者将能够描述数据库管理工作的主要内容,包括区分不同的备份方式、列举安全管理的措施及描述性能管理的工作,同时能够描述数据库的重要基础概念和各数据库对象的使用方法。

2.1 数据库管理概述

2.1.1 数据库管理及其工作范围

数据库管理工作是指对数据库管理系统进行管理和维护的工作,核心目标是保证数据库的稳定性、安全性、数据一致性,以及系统的高性能。

稳定性是指数据库的高可用性,利用主从、多主、分布式等不同的高可用架构来保证数据库系统的可用性和稳定性。

安全性是指数据库存储内容的安全性，避免数据内容被非法访问和使用。

数据一致性是指数据库自身会提供很多的功能来保证数据的一致性，例如表的外键约束、非空约束等。这里的数据库管理系统的数据一致性是指在构建主备系统、主从系统等多主机系统的时候，利用数据库提供的同步技术、复制工具等来保证多个数据库之间的数据一致性，这种保证性工作属于数据库管理工作的一部分。

系统的高性能主要涉及数据库管理工作里面的优化、监控、故障排除等工作。

数据库管理员（Database Administrator，DBA）是从事管理和维护数据库管理系统工作的相关人员的统称，并不是指某一个人，而是一个角色。也有公司把 DBA 称作数据库工程师（Database Engineer），两者的工作内容基本相同，都是保证数据库 7×24 小时稳定高效运转。

数据库管理工作包括数据库对象管理、数据库安全管理、备份恢复管理、性能管理和环境管理。

数据库对象管理实际上是对数据库内数据的管理，包括物理设计工作和物理实现工作。物理设计工作是指了解不同数据库对象提供的特征和功能，遵循合理的关系设计原则，把概念设计和逻辑设计中的数据模型转化成物理数据库对象。物理实现工作是指数据库对象的创建、删除、修改和优化。

数据库安全管理是指防止未授权访问，避免受保护的信息泄露，防止出现安全漏洞和不当的数据修改，确保数据只提供给授权用户使用。数据库安全管理工作包括但不限于系统安全性、数据安全性和网络安全性管理。企业数据库安全策略包括用验证、授权、访问、控制、恢复、分类以及分批管理的方式来打下坚实的基础；通过数据防御性保护措施进行加密和脱敏，在不影响程序应用功能的基础上保护关键信息和数据隐私；用审计监控和漏洞评估等方式创建数据库侵入侦查，同时制定安全策略和标准，保证角色分离和可用性。

备份恢复管理是指制定合理的备份策略，实现定期备份功能，保证灾难发生时数据库系统能够做到最快恢复和最小损失。

数据库性能管理是指对影响数据库性能的因素进行监控和优化，对数据库能使用的资源进行优化，从而增大系统吞吐量并减少竞争，最大可能地处理工作负载。数据库性能优化的因素包括工作负载、吞吐量、资源和竞争。其中工作负载对数据库而言就是用户提交的使用需求，有在线交易、批量作业、分析查询、即席查询等不同的形式。在不同时段数据库的工作负载是不同的，整体的工作负载对数据库性能有很大的影响。吞吐量是指数据库软件的整体处理能力，单位时间能处理的查询数量、交易数量。资源包括 CPU、I/O、网络、存储、进程、线程等一切数据库可获取和支配的硬件和软件对象。竞争是指多个工作负载在同一时间对同一资源的使用需求，因资源数量少于工作负载的需求量而产生的冲突。

数据库环境管理包括数据库的运行和维护管理，包括安装、配置、升级、迁移等确保数据库系统在内的 IT 基础设施正常运作的管理工作。

2.1.2 对象管理

数据库对象是数据库里用来存储和指向数据的各种概念和结构的总称，对象管理就是使用对象定义语言或者工具创建、修改或删除各种数据库对象的管理过程。基本数据库对象一般包括表、视图、索引序列、存储过程和函数，如表 2-1 所示。

表 2-1 基本数据库对象

对象	名称	作用
TABLE	表	用于存储数据的基本结构
VIEW	视图	以不同的侧面反映表中的数据，是一种逻辑上的"虚拟表"，视图本身不存储数据
INDEX	索引	索引提供指向存储在表指定列中的数据值的指针，如同图书的目录，能够加快表的查询速度
SEQUENCE	序列	用来产生唯一整数的数据库对象
STORE PROCEDURE、FUNCTION	存储过程、函数	一组为了完成特定功能的 SQL 语句集。存储过程、函数经过编译后，可以被重复调用，从而可以减少数据库开发人员的工作量

数据库产品本身没有严格的命名限制，但是随意为对象命名会导致系统的不可控和不可维护，甚至会导致整个系统的维护困难。制定命名规范是数据库设计的基本要求，有良好的命名规范意味着有良好的开端。

指定命名规范的几点建议如下。

（1）统一名称的大小写，名称的大小写可以以一个项目为单位进行规范，如全部大写、全部小写，或者首字母大写。

（2）利用前缀标识对象类型，如表名前缀为 t_、视图前缀为 v_、函数前缀为 f_ 等。

（3）命名尽量采用富有意义、易于记忆、描述性强、简短及具有唯一性的英文词汇，不建议使用汉语拼音。

（4）以项目为单位，采用名称词典制定一些公共的缩略词，如 amt 代表 amount（数量）。

有些商业数据库早期的版本对表名、视图名都有长度的限制，例如，不能超过 30 个字符。过长的名称也不便于记忆交流和编写 SQL 代码。可以以一些公开的数据库命名规范为蓝本，根据项目特点制定一些面向行业和项目的数据库命名规范，如表 2-2 所示。

表 2-2 数据库命名规范

不建议命名	建议命名	说明
Table_customer	t_customer	Table 是数据库保留关键词，不建议使用
t_001	t_customer_orders	原命名只有数字和无意义的字母，整体名称无法体现对象的含义
v@orders	v_orders	原命名含有非法字符
shitu_dizhi	v_address	避免使用汉语拼音

不建议命名	建议命名	说明
special_customer_account_total_amount	acct_amt	适当使用缩略词缩短名称长度
T_Customer_Orders, v_customer_orders	t_cust_orders, v_cust_orders	大小写规则要统一

2.1.3 备份恢复管理

导致数据丢失的可能原因有很多，主要有存储介质故障、用户的操作错误、服务器故障、病毒入侵、自然灾害等。备份数据库就是将数据库中的数据和保证数据库系统正常运行的有关信息另存起来，以备系统出现故障后恢复数据库时使用。

数据库备份的对象包括但是不限于数据本身和与数据相关的数据库对象、用户、权限、数据库环境（配置文件、定时任务）等。数据恢复是将数据库系统从故障或者瘫痪状态恢复到可正常运行并能够将数据恢复到可接受状态的活动。

对企业和单位来说，数据库系统和其他应用系统构成更大的信息系统平台，所以数据库备份恢复并不是独立的，要结合其他应用系统一并考虑整个信息系统平台的容灾性能，这就是企业级容灾。

灾难备份是指为了灾难发生后的恢复而对数据、数据处理系统、网络系统、基础设施、专业技术资料和运行管理资料进行备份的过程。灾难备份有两个目标，一个是恢复时间目标（Recovery Time Objective，RTO），另一个是恢复点目标（Recovery Point Objective，RPO）。RTO是灾难发生后信息系统或者业务功能从停顿到必须恢复的时间要求。RPO是灾难发生后系统和数据必须恢复的时间点要求。例如RPO的要求是一天，那么灾难发生后必须能够把系统和数据恢复到故障发生24小时之前的状态，24小时以内的数据存在丢失的可能性，在这个情况下是被允许的。但是如果数据只能够恢复到两天前，也就是说48小时之前的状态就不满足RPO=1天的要求。RTO强调的是服务的可用性，RTO越小服务损失就越少。RPO是数据丢失，RPO越小代表数据丢失就越少。典型的企业容灾目标是RTO<30分钟，数据零丢失（RPO=0）。

我国的《信息系统灾难恢复规范》将灾难恢复划分成了6个等级，如图2-1所示。

等级一：基本支持。要求数据备份系统能够保证每周至少进行一次数据备份，备份介质能够实现场外存放，对备份数据处理系统和备用网络系统没有具体的要求。例如能够把数据备份放到磁带上，磁带同城异地保存。

等级二：备用场地支持。在满足等级一的条件基础上，要求配备灾难恢复所需的部分数据处理设备，或灾难发生后能在预定时间内调配需要的数据处理设备到备用场地；要求配备部分通信线路和相应的网络设备，或灾难发生后能在预定时间内调配需要的通信线路和网络设备到备用场地。

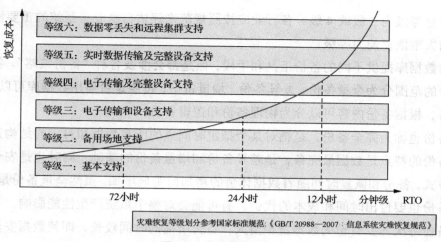

图 2-1 灾难恢复等级

等级三：电子传输和设备支持。要求每天至少进行一次完全数据备份，备份介质场外存放，同时每天多次利用通信设备将关键数据定时批量传送至备用场地，配备灾难恢复所需的部分数据处理设备、通信线路和相应的网络设备。

等级四：电子传输及完整设备支持。在等级三的基础上，要求配置灾难恢复所需的所有数据处理设备、通信线路和相应的网络设备，并且处于就绪或运行状态。

等级五：实时数据传输及完整设备支持。除要求每天至少进行一次完全数据备份，备份介质场外存放外，还要求采用远程数据复制技术，利用通信网络将关键数据实时复制到备用场地。

等级六：数据零丢失和远程集群支持。要求实现远程实时备份，数据零丢失；备用数据处理系统具备与生产数据处理系统一致的处理能力，应用软件是"集群的"，可实时无缝切换。

表 2-3 所示为我国标准规范——《信息系统灾难恢复规范》中给出的灾难恢复能力等级示例。

表 2-3 灾难恢复能力等级

灾难恢复能力等级	RTO	RPO
1	2 天以上	1 天至 7 天
2	24 小时以上	1 天至 7 天
3	12 小时以上	数小时至 1 天
4	数小时至 2 天	数小时至 1 天
5	数分钟至 2 天	0 至 30 分钟
6	数分钟	0

灾难恢复能力等级越高，对信息系统的保护效果越好，但同时成本也会急剧增加。因此，需要根据成本风险平衡原则（即在灾难恢复资源的成本与风险可能造成的损失之间取得平衡）确定业务系统的合理的灾难恢复能力等级。例如，金融核心业务系统规定的灾难恢复能力等级都为 6 级，非核心业务根据业务范围和行业标准一般会为 4 级或 5 级；电信行业里面短信

网的灾难恢复等级为 3 级或 4 级。各行业应按照规范来评估自身业务系统的重要性，从而确定各系统的灾难恢复能力等级。

不同的数据库提供不同的备份工具和手段，但是都会涉及各种"备份策略"。备份策略按照数据集合的范围分为全量备份、差异备份、增量备份，按照是否停用数据库可以分为热备、温备、冷备，根据备份内容可以分为物理备份和逻辑备份。

全量备份也称为完全备份，是指对某个指定时间点的所有数据和对应的结构进行完全备份。全量备份的特点是数据最完备，是差异备份和增量备份的基础，同时也是安全性最高的一种备份方式，备份和恢复时间随着数据体量的增加而明显增加。虽然全量备份是很重要的，但是全量备份也要付出时间和成本的代价，有可能会对整个系统产生性能影响。

全量备份每次需要备份的数据量相当大，备份所需的时间较长，即使数据安全性最高，也不宜频繁操作。差异备份是指相对于上一次全量备份之后，对发生变化的数据进行备份。增量备份是指相对于上一次备份之后，对发生变化的数据进行备份，如图 2-2 所示。

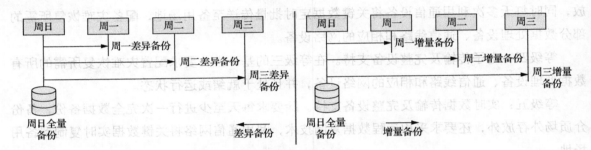

图 2-2 差异备份与增量备份

增量备份的优点是没有重复的备份数据，因此每次增量备份的数据量不大，备份所需的时间很短，但是必须保证每次备份的可靠性。例如，周四凌晨发生故障需要恢复系统，就必须把周日的全量备份、周一的增量备份、周二的增量备份以及周三的增量备份都准备好，并且按照时间顺序依次恢复。如果周二的增量备份文件损坏了，那么周三的增量备份也就无效了，数据只能够恢复到周一晚上 12 点的状态。

差异备份的优点和增量备份一样，每次备份的数据量不大、备份时间短，要保证系统数据的可用性，只需要拥有最后一次全量备份和最近一次的差异备份即可。例如周四凌晨发生故障需要恢复系统，只需要将周日的全量备份和周三的差异备份准备好，就可以将系统恢复。

从备份数据量来看，备份数据量最大的是全量备份，其次是差异备份，最后是增量备份。通常在备份时间窗口允许的条件下，推荐使用全量备份+差异备份的方式。如果差异增量数据量比较大，在允许备份的时间窗口内无法完成备份操作，可以采用全量备份+增量备份的形式。

热备指的是在数据库正常运行的情况下进行备份，备份期间可以对数据库进行读/写操作。

温备指的是在备份期间对数据库只能进行读操作，不能进行写操作，数据库可用性弱于热备。

冷备指的是在备份期间应用的读/写操作都不可进行,备份出的数据可靠性最高。

在数据库的应用不接受服务停止的情况下,均采用热备方案,但是无法保证数据的绝对准确性。在可以停止应用的读/写服务,且要求备份数据准确性的情况下,优先使用冷备方案。例如,常规的日常备份尽量采用热备方案,而在系统迁移的情况下,为保证数据的准确性,建议使用冷备方案。

物理备份是指直接备份数据库所对应的数据文件甚至整个磁盘。逻辑备份是指将数据从数据库中导出,并将导出的数据进行存档备份。二者的区别如表 2-4 所示。

表 2-4 物理备份与逻辑备份

类别	物理备份	逻辑备份
备份对象	数据库的物理文件(如数据文件、控制文件、归档日志文件等)	数据库对象(如用户、表、存储过程等)
可移植性	较弱,甚至不可移植	数据库对象级备份、可移植性较强
占用空间	占用空间大	占用空间相对较小
恢复效率	效率高	效率较低
适用场景	大型业务系统或者整个系统的容灾恢复、系统级全量备份	主备数据库间的增量数据备份、 不同业务系统之间的数据同步、 业务不中断升级过程中在线数据迁移

备份可移植性是指可以把数据库的备份结果恢复到不同版本、不同平台的数据库上。在恢复效率上,物理备份只需直接恢复数据块数据文件即可,效率高;逻辑备份恢复的时候相当于重新执行 SQL 语句,所以数据量大的时候系统开销大,效率低。相对于物理备份对日志物理格式的强依赖,逻辑备份仅基于数据的逻辑变化,应用更加灵活,可以实现跨版本复制、向其他异构数据库复制,以及在源、目标数据库表结构不一致时的定制支持。

逻辑备份只能备份成 SQL 脚本文件,物理备份在备份的时候是数据文件,所以相对而言,逻辑备份占用空间小。物理备份也可以只备份元数据,在这种备份方式下,备份结果占用的空间是最小的。

2.1.4 安全管理

从广义范围来看,数据库安全框架分为 3 个层次:网络层次安全、操作系统层次安全、数据库管理系统层次安全。

(1)网络层次安全。维护网络层次安全的技术主要有加密技术、数字签名技术、防火墙技术和入侵检测技术等。网络层次安全重点关注传输内容的加密,在通过网络传输前要对传输内容进行加密,接收方接收数据后要进行解密,保证数据在传输过程中的安全性。

(2)操作系统层次安全。操作系统层次安全的加密是对存储在操作系统中的数据文件进行加密,核心是保证服务器的安全,主要体现在服务器的用户账户、口令、访问权限等方面。数据安全主要体现在加密技术、数据存储的安全性、数据传输的安全性等方面,如 Kerberos、

IPsec、SSL 和 VPN 等技术。

Kerberos 是一种计算机网络授权协议，用来在非安全网络中对个人通信以安全的手段进行身份认证。其设计的初衷便是通过密钥系统为客户端（Client）和服务器（Server）应用程序之间提供强大的认证服务。在使用 Kerberos 认证的集群中，Client 不会直接和 Server 进行认证，而会通过密钥分配中心（Key Distribution Center，KDC）来完成互相的认证。

互联网安全协议（Internet Protocol Security，IPsec），是一个协议包，通过对 IP 地址的分组进行加密和认证来保护 IP 地址的网络传输协议族（一些相互关联的协议的集合）。

安全套接字层（Secure Sockets Layer，SSL）协议及其"继任者"安全传输层（Transport Layer Security，TLS）协议是为网络通信提供安全及数据完整性的一种安全协议。TLS 与 SSL 在传输层对网络连接进行加密。

（3）数据库管理系统层次安全。数据库管理系统层次安全的加密则主要是在读、写数据的过程通过自定义函数或者内置系统函数的方法来对数据进行加、解密，涉及数据库加密、数据存取访问控制、安全审计、数据备份。

总结一下，3 个层次的安全都涉及加密。网络层次安全重点专注对传输内容的加密，在通过网络传输前，发送方对传输内容加密，接收方收到信息后进行解密，保证传输安全。操作系统层次安全的加密是对存储在操作系统中的数据文件进行加密。数据库管理系统层次安全的加密则主要是在读、写数据的过程通过自定义函数或者内置系统函数的方法来对数据进行加、解密。

安全控制是指在数据库应用系统的不同层次提供对有意和无意损害行为的安全防范，例如：

（1）加密存取数据→有意非法活动；

（2）用户身份验证、限制操作权限→有意的非法操作；

（3）提高系统可靠性和数据备份→无意的损害行为。

图 2-3 所示的安全控制模型只是一个示意图，现在的数据库产品都有自己的安全控制模型。当用户需要访问数据库时，首先要进入数据库系统。用户向应用程序提供其身份，应用程序将用户身份提交给数据库管理系统进行验证，只有合法的用户才能进行下一步的操作。合法的用户在进行数据库操作时，数据库管理系统还要验证此用户是否具有这种操作权限。如果有操作权限才可以进行操作，否则会拒绝用户的操作。操作系统也有自己的保护措施，例如设置文件的访问权限，同时针对存储在磁盘上的文件进行加密存储。这样即使数据被窃取也无法被读取，此外还可以将数据文件保存多份，当意外发生的时候避免数据的损失。

数据库用户的身份验证是数据库管理系统提供的最外层安全保护措施，目的是阻止未经授权的用户的访问。

图 2-3　安全控制模型

由于数据库应用目前普遍采用的是用户名+密码验证模式，因此有必要增加密码强度，主要措施如下：

（1）采用长度较长的字符串，如 8~20 个字符；

（2）混合数字、字母和符号；

（3）定期更换密码；

（4）密码不能重复使用。

安全策略主要分为密码复杂度、密码重用、密码有效期、密码修改、密码验证这 5 个部分，并禁止密码明文出现。一般情况下，建议使用交互方式和实时输入密码方式进行登录；而一些固定运行的脚本或者代码，则应当部署在特定的、可信的服务器端，用户在服务器端设置特定的免密登录方式登录，允许特定服务器执行的代码和脚本通过免密方式进行数据库登录。

GaussDB（for MySQL）对在客户端新创建的数据库用户设置了密码安全策略。

密码长度为至少 8 个字符。

密码至少包含大写字母、小写字母、数字和特殊字符各一个。

定期更换密码。

访问控制是数据库安全管理中最有效的方法，也是最容易出现问题的地方。其基本原则是对不同的用户根据敏感数据的分类要求，给予不同的权限。

（1）最小权限原则。满足需求的最小范围权限，不要随意扩大权限授予范围。例如，用户需要查询数据，则只授予 SELECT 权限就可以了，不能够把 DELETE、UPDATE 这些权限也授予该用户。

（2）检查关键权限。对于 DROP、TRUNCATE、UPDATE、DELETE 这些会导致数据消失或者变更的权限要谨慎授予，还需要经常检查授予权限的用户是否继续使用。

（3）检查关键数据库对象的权限。对于系统表、数据字典、敏感数据库表的访问权限要严格进行检查。

对于大型数据库系统或者用户数据量多的系统，权限管理主要使用基于角色的访问控制（Role Based Access Control，RBAC）。

数据库"角色"就是一个或者一群用户在数据库内可执行操作的集合。角色可以根据不同的工作职责创建，然后将用户分配到相应的角色下，用户可以轻松地切换角色，也可以同时拥有多个角色。

RBAC 的出发点就是用户和数据库对象没有直接联系，权限分配在角色上，用户只有拥有对应的角色才能获取相应的权限访问相应的数据库对象。

例如，用户 A 想要查询表 T 的数据，可以直接授予用户 A 查询表 T 的权限；也可以创建角色 R，再把查看表 T 的权限授予角色 R，最后将角色 R 授予用户 A。

审计可以帮助数据库管理员发现现存架构及其使用过程中出现的漏洞，用户与数据库管理员审计就是对各种操作进行分析和报告，如创建、删除、修改实例，重置密码，备份恢复，创建、修改、删除参数模板等。

数据库审计的层次如下。

（1）访问及身份验证审计：分析数据库用户登入（Log in）、登出（Log out）的相关信息，如登入与登出时间、连接方式及参数信息、登入途径等。

（2）用户与数据库管理员审计：针对用户和数据库管理员执行的活动进行分析和报告。

（3）安全活动监控：记录数据库中任何未授权或者可疑的活动并生成审计报告。

（4）漏洞与威胁审计：发现数据库可能存在的漏洞和想要利用这些漏洞的"用户"。

数据库的加密包括了两个层次的加密：内核层和外层的加密。内核层加密是指数据在物理存取之前完成加、解密工作，其对数据库用户来说是透明的。若采用加密存储，加密运算在服务器端运行，在一定程度上会加重服务器的负载。外层加密是指开发专门的加、解密工具，或者定义加、解密方法，可以控制加密对象粒度，在表或者字段级别进行加、解密，用户只需要关注敏感信息范围。

当对高负载系统开启内核层加密功能时，因为是整个数据库管理系统层次的功能开启，所以要慎重考虑对性能的影响。

外层加密需要额外的开发时间，针对不同数据对象、不同数据类型，加、解密的算法都是比较复杂的，而且在对有些关键业务的数据加密之后还需要遵循一定的业务规则，例如，表的姓名加密之后，还能够进行关联等。所以实现一个好的加密引擎也是一个非常庞大的工程。

2.1.5 性能管理

资源都有处理能力的上限，例如，磁盘空间是有限的，CPU 主频、内存大小、网络带宽也是有上限的。资源分为供给类资源、并发性控制资源。供给类资源也称为基础资源，是计算机硬件对应的资源，也包括操作系统管理的资源，处理能力排序是 CPU>内存>>磁盘≈网络。并发性控制资源包括但不限于锁、队列、缓存、互斥信号等，也是数据库系统管理的资源。性能管理基本原则：充分利用资源、不浪费。

资源的供给是均匀的，但是资源的使用是不均匀的。例如，分布式系统如果选择的数据切片方式不合理，那么数据分布多的节点负载重，资源紧张，但是数据少的节点负载轻，资源相对"清闲"，如表 2-5 所示。

表 2–5 性能指标

指标	说明	时间/ns
L1 Cache reference	读取 CPU 的一级缓存	0.5
L2 Cache reference	读取 CPU 的二级缓存	7
Main Memory reference	读取内存数据	100
Compress 1k bytes with Zippy	用 Zippy 算法压缩 1k 字节	10000
Send 2k bytes over 1 Gbit/s Network	在千兆网下发送 2k 字节	20000
Read 1 MB sequentially from Memory	从内存中顺序读取 1MB 的数据	250000
Disk seek	磁盘搜索	10000000（10ms）
Read 1 MB sequentially from Network	从网络上顺序读取 1MB 的数据	10000000
Read 1 MB sequentially from Disk	从磁盘中顺序读出 1MB 的数据	30000000

注意

$1ns=10^{-9}s$

资源瓶颈是可以相互交换的,例如,I/O 性能低,内存充足的系统可以通过高内存、高 CPU 消耗来交换。一个网络带宽有限的系统也可以通过压缩传输,利用 CPU 处理压缩、解压缩来提高数据传输的效率。这就是用空间换时间,用时间换空间的优化思路。

对于数据库的使用,理想情况为资源是无限的,CPU 处理速度无限快、内存无限多、磁盘空间无限大、网络带宽无限大。但数据库实际上总是在有限的环境下运行,对资源的有效管理能够确保数据库系统在高峰时期满足用户对系统的性能要求,性能管理的意义在于对资源的高效使用。通过数据库提供的日志或者工具进行实时的系统性能监控,能够对系统出现的问题及时做出反应;能够根据历史性能数据分析出现有的一些问题,发现潜在的问题,以及根据发展趋势提出更好的预防措施。性能管理收集到的数据是进行系统容量规划及其他前瞻性规划的基础,其用事实而不是感觉说话。

关于性能管理,数据库系统的基本指标包括了吞吐量和响应时间。OLTP 和 OLAP 的性能管理目标实际上是应该区分对待的,而两个指标要联合起来看,在性能管理的时候不能够片面地追求某一个指标。OLTP 是在可接受的响应时间基础之上提供尽可能高的吞吐量,降低单位资源消耗,快速通过并发共享区域,减少瓶颈制约。OLAP 是在有限的资源内尽可能地缩短响应时间,一个事务应该充分利用资源来加速处理时间。以 SQL 为例,OLTP 的 SQL 优化要尽可能地减少 SQL 对资源的使用。OLAP 系统则要求在限定的范围内,让 SQL 尽可能地提高资源利用率。对 OLAP 系统来说,在处理批量作业的时候,资源利用率反而越高越好(需要在一定时间窗口内)。

性能优化工作的一些主要场景如下。

(1)上线优化或未达到期盼的性能优化。上线后发现性能未达到期望性能,这对 OLTP 系统来说,可能较为明显。因为开发环境、测试环境往往更注重功能开发,即便压力测试也是一些表单查询类型的 SQL 压力测试。而对于 OLAP 的批量作业来说，在全量数据或者历史数据的环境下，其性能表现会和在少量样本数据的场景有很大区别。

（2）上线一段时间后响应逐渐变慢的性能优化。由于数据量和业务的发展，系统数据的模型和规格已经相对初始的设计发生了偏差，性能也发生了变化，这种情况基本上都需要通过对性能数据的长时间积累来分析和发现与哪些因子的关系比较大。

（3）系统运行过程中突然变慢的系统优化（应急处理）。在应急处理场景中性能问题不会无缘无故发生，突然的性能变化往往是代码的变化引起的，如新开发的业务投产、新需求的变更、DDL 发生变化、意外的配置变化、数据库的升级等。一般这种问题紧迫度比较高，往往需要经验丰富的人员进行干预，并需要快速响应。

（4）系统突然变慢，持续一段时间以后又恢复正常的性能优化。这种情况一般是遇到了高峰时期的瓶颈问题，吞吐量被限制了。扩容是解决这种问题最简单的方法，但由于涉及额外投资和时间周期问题，需要有充分的资源来支持这种方法。更自然的解决方法是降低单位操作数量（并发控制）或降低单位操作的资源消耗。

（5）基于降低资源消耗的系统优化。这种场景一般是整个系统并没有出现明显的性能问题，从资源使用率的有效性角度出发，时间相对充裕，压力不大。例如，对系统应用中消耗资源最多、响应时间最长的前十项作业进行分析优化。

（6）预防性的日常巡检。巡检工作一般在整个系统并没有出现明显的性能问题时进行。

性能管理需要收集的数据包括 CPU 使用数据、空间使用率、使用数据库系统的用户和角色、心跳查询的响应时间、提交到数据库的以 SQL 为基本单元的性能数据、数据库工具提交的与作业相关的性能数据（如加载、卸载、备份、恢复等）。就采集数据的时间方面而言，可以进行一些日常数据的采集或者在一天内针对用户集中使用系统的时间段进行数据采集，或者在系统压力比较大的时间段对数据进行采集。

数据采集完成之后，需要生成相应的性能报表，可以生成定期性能报表或性能趋势分析报表。数据库系统内置了很多监控报表，可以提取与性能相关的数据建立定期性能报表（日报、周报、月报）；可以建立常见指标的性能趋势分析报表，对当前系统性能进行直观的展现；也可以生成特定趋势类型的报表，如基于异常事件的报表、消耗大量资源的 SQL 或作业报表、特定用户与用户群的资源消耗报表、特定应用的资源消耗报表。

系统是否内置资源视图或监控报表属于数据库提供的一些高级特性，有些数据库没有提供内置的资源视图和监控报表。

2.1.6 运维管理

1. 数据库安装

不同数据库产品的基本原理类似，但是每个产品都有自己的特点和注意事项，用户需要在安装之前进行了解和学习。

首先是数据库的安装，安装流程如图 2-4 所示。

安装数据库需要有一些基本准备，主要有以下几项。

（1）了解关系数据库理论。

（2）了解操作系统知识。

（3）了解数据库产品的特点及服务器架构。

软件架构就是数据库产品里面都提供了哪些组件，需要了解哪些是基本的、主要的、必须安装的，哪些是可选的。

网络架构一般来说要保证数据库服务器运行、管理网络和数据库网络的规划。

数据库网络指的是数据库、主机和备机、级联支架同步使用的内网。

管理网络一般是指管理模块和代理模块之间使用的通信网络。

了解服务器架构就是了解产品在单机模式、主备机模式、集群模式或者分布式模式下搭建的注意事项。

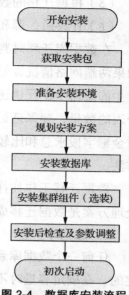

图 2-4 数据库安装流程

（4）了解并掌握目标数据库的专有名词和特定术语，在不同数据库产品中，同一个词的含义可能有很大的差异，不能一概而论。

（5）阅读安装手册，尤其是安装注意事项。

2. 数据库卸载

在数据库进行版本升级之前，需要对老版本的数据库进行卸载和清理。传统数据库卸载基本步骤如下。

（1）（可选）对数据库进行一次全量备份。

（2）停止数据库服务。

（3）卸载数据库。

云数据库卸载基本步骤如下。

（1）（可选）对数据库进行一次全量备份。

（2）从云平台删除数据实例。

不同架构场景下，单机、主备或一主多备的卸载方式都是类似的，需要在每个节点上执行相同的卸载操作。分布式集群的卸载一般使用专有的卸载工具。对一些用户而言，数据库卸载后需要对存储介质上的数据进行销毁处理，以保证数据不外泄。

3. 数据库迁移

数据库迁移需要依据不同的迁移场景需求设计不同的迁移方案，考虑的因素如下。

（1）迁移可以使用的时间窗口。

（2）迁移可以使用的工具。

（3）迁移过程中数据源系统是否停止写入操作。

（4）迁移过程中数据源系统和目标系统之间的网络情况如何。

（5）根据迁移的数据量估算备份恢复时间。

（6）迁移后，源和目标数据库系统之间的数据一致性稽核。

在数据库迁移时判断网络情况，主要是为决定是否能够使用数据直连的方式提供参考，如果两端网络情况良好，那么采用数据不落地的直接迁移方式能够提高效率，毕竟数据落地产生的磁盘 I/O 开销还是比较大的。数据一致性的稽核，通常快速比较方法是比较两边同一个表的数量，要保证记录数相同。也可以采用对特定列的聚合运算结果进行比较的方法，如对金额字段求总和比较结果、根据日期字段进行分组统计、统计每一天的记录数是否相同等方法。

数据迁移工作往往面临着在有限的时间里面完成巨量工作的挑战，设计多种方案及应急处理方案是数据迁移成功的前提。

4. 数据库扩容

任何一个数据库系统的容量都是在某个时间点对未来一段时间内的数据量进行估算后确定的，在确定容量时不仅要考虑数据存储量，还需要避免以下几点不足。

（1）计算能力不足（整个系统 CPU 日均繁忙程度>90%）。

（2）响应与并发能力不足（qps、tps 显著下降，无法满足 SLA）。

注意：SLA：Service Level Agreement，服务等级协议。在和客户签署合同时，一般会向客户做出一些性能方面的承诺，例如，提供的数据库系统应当能够满足 1 万次/s 的查询，单次查询响应时间不超过 30ms，等等，以及符合数据库相关的服务性指标。SLA 还可能包括 7×24 小时响应等不同方面的服务承诺。

（3）数据容量不足。对 OLTP 和 OLAP 来说，它们各自容量不足的指标是不一样的。

垂直扩容和水平扩容区别如下。

（1）垂直扩容。垂直扩容是指增加数据库服务器硬件，如增加内存、增大存储、提高网络带宽、提升单机硬件方面性能配置。这种方式相对简单，但是会遭遇单机硬件性能瓶颈。

（2）水平扩容。横向增加服务器数量，利用集群中服务器数量的优势来提高整体系统的性能。

停机扩容和平滑扩容区别如下。

（1）停机扩容。简单，但是时间窗口有限，若出现问题会导致扩容失败；而且如果时间过长，则不易被客户接受。

（2）平滑扩容。对数据库服务无影响，技术实现方案相对复杂，尤其在数据库服务器数量增多时，扩容的复杂程度将急剧上升。

5. 例行维护工作

例行维护工作应当为各项工作制订较为严格的工作计划，实现按计划执行，排查风险，保证数据库系统安全高效地运行。

数据库故障处理主要有以下内容。

（1）配置数据库监控指标和告警阈值。

（2）针对故障事件的等级设置告警通知流程。

（3）接收告警信息后，根据日志进行故障定位。

（4）对于遇到的问题，应详细记录原始信息。

（5）严格遵守操作规程和行业安全规程。

（6）对于重大操作，在操作前要确认操作可行性，做好相应的备份、应急和安全措施后，由有权限的操作人员执行。

数据库健康巡检主要有以下内容。

（1）查看健康检查任务。

（2）管理健康检查报告。

（3）修改健康检查配置。

2.2 数据库重要概念

2.2.1 数据库和数据库实例

数据库系统从诞生起就是管理数据的。数据库实际上就是数据的集合，表现出来就是数据文件、数据块、物理操作系统文件或磁盘数据块的集合，如数据文件、索引文件和结构文件。但是并非所有的数据库系统都是基于文件的，也有直接把数据写入存储器的形式。

数据库实例（Database Instance）指的就是操作系统中一系列的进程以及为这些进程所分配的内存块，是访问数据库的通道，通常来说一个数据库实例对应一个数据库，如图 2-5 所示。

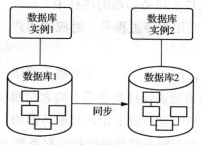

图 2-5 数据库实例

数据库是物理存储的数据，数据库实例就是访问数据的软件进程、线程和内存的集合。Oracle 是基于进程的，所以其实例指的是一系列进程；而 MySQL 的实例就是一系列线程和线程所关联的内存。

多实例就是在一台物理服务器上搭建运行多个数据库实例，每个实例使用不同的端口，通过不同的 Socket（套接字）监听，每个实例拥有独立的参数配置文件。利用多实例操作，可以更充分地利用硬件资源，让数据库的服务性能最大化。

分布式数据库对外都是统一的一个实例，一般不允许用户直接连接数据节点上的实例。分布式集群是一组相互独立的服务器，通过高速的网络组成一个计算机系统。每台服务器中都可能有数据库的一份完整副本或者部分副本，所有服务器通过网络互相连接，共同组成一个完整的、全局的，逻辑上集中、物理上分布的大型数据库。

多实例与分布式集群如图 2-6 所示。

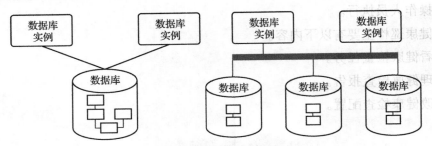

图 2-6　多实例与分布式集群

2.2.2　数据库连接和会话

数据库连接（Connection）属于物理层面的通信连接，指的是通过一个网络建立的客户端和专有服务器（Dedicated Server）或调度器（Shared Server）之间的网络连接。在建立连接的时候需要指定连接的参数，如服务器主机名、IP 地址、端口号、连接的用户名和口令等。

数据库会话（Session）指的是客户端和数据库之间通信的逻辑连接，是通信双方从通信开始到通信结束期间的一个上下文（Context）。这个上下文位于服务器端的内存中，记录了本次连接的客户端、对应的应用程序进程号、对应的用户登录等信息。

会话和连接是同时建立的，两者是对同一件事情不同层次的描述，如图 2-7 所示。简单地说连接是物理上的客户端同服务器的通信链路，而会话指的是逻辑上用户与服务器的通信交互。在数据库连接中，专有服务器就是数据库服务器上的实例。调度服务器一般指的是分布式集群上的对外接口组件所在的服务器，在 GaussDB(DWS) 中对应的就是 Coordinator Node（CN）。

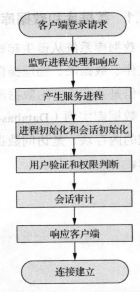

图 2-7　数据库建立连接流程示意

频繁地建立和关闭数据库连接是有代价的，会使得对连接资源的分配和释放成为数据库的瓶颈，从而降低数据库系统的性能。连接池就是用来对数据库连接进行复用的，负责分配、管理和释放数据库连接。它允许应用程序重复使用一个现有的数据库连接，而不是再重新建立一个，使得数据库连接可以得到高效、安全的复用。

连接池的基本思想是在系统初始化的时候，将数据库连接作为对象存储在内存中，当用户需要访问数据库时，不需要建立一个新的连接，而是从连接池中取出一个已建立的空闲连接对象，如图 2-8 所示。使用完毕之后，用户也不需要将连接直接关闭，而是将连接放回连接池中，供下一个用户请求使用。连接的建立和断开都由连接池自身来进行管理，同时还可以通过设置连接池的参数来控制连接池中的初始连接数、连接的上下限数及每个连接的最多使用次数、最长空闲时间等。也可以通过其自身的管理机制来监控数据库连接的数量、使用情况等。不同数据库产品的连接也不一样，Oracle 的连接开销较大，相对来说 MySQL 的连接开销比较小。对于高并发的业务场景，如果累积数量多的话，总体数据库的连接开销也是数据库管理人员需要进行综合考虑的。

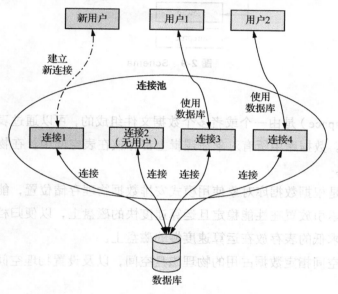

图 2-8　数据库连接池

2.2.3　Schema

Schema 是一组相关的数据库对象的集合，允许多个用户使用同一个数据库，而不互相干扰。Schema 把数据库对象组织成逻辑组，让它们更便于被管理，形成命名空间，避免对象的名字冲突。Schema 包含表、其他数据库对象、数据类型、函数、操作符等。

图 2-9 所示的 table_a 是名称相同的表，因为属于不同的 Schema，所以名称可以相同，而实际上它们可能存储不同的数据，具有不同的结构。在访问同名表时，需要指定 Schema 的名称来明确指向目标表。

Schema 可翻译为"模式"，从概念上讲，模式是一组相互关联的数据库对象。但是不同数据库会用不同的概念来反映 Schema。所以数据库用户一般不会用模式这个词，而是直接使用英文单词 Schema。

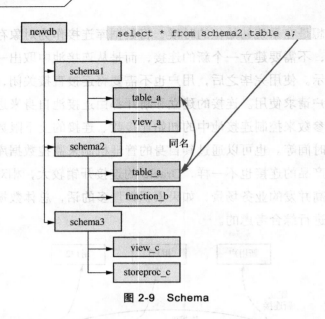

图 2-9　Schema

2.2.4　表空间

表空间（Tablespace）是由一个或者多个数据文件组成的，可以通过表空间定义数据库对象文件的存储位置。数据库中所有对象在逻辑上都存放在表空间中，在物理上存储在表空间所属的数据文件中。

表空间的作用是根据数据库对象使用模式安排数据物理存储位置，能够提高数据库的性能。将频繁使用的索引放置在性能稳定且运算速度快的磁盘上，以便归档数据；将使用频率低，对访问性能要求低的表存放在运算速度慢的磁盘上。

也可以通过表空间指定数据占用的物理磁盘空间，以及设置物理空间使用上限，避免磁盘空间被耗尽。

因为表空间和物理数据文件相对应，所以表空间实际上能把数据和存储关联起来。表空间用来指定数据库中表、索引等数据库对象的存储位置。数据库管理员创建表空间后，可以在创建数据库对象时引用它。

图 2-10 所示是 GaussDB(for MySQL)的表空间，创建时系统会预定义 6 个表空间，包括 SYSTEM 表空间、TEMP 表空间、TEMP2 表空间、TEMP2_UNDO 表空间、UNDO 表空间、USERS 表空间，如表 2-6 所示。

图 2-10　表空间

表 2-6 GaussDB(for MySQL)内的表空间

表空间	说明
SYSTEM	存放 GaussDB(for MySQL)的元数据
TEMP	当用户的 SQL 语句需要磁盘空间来完成某个操作时，GaussDB(for MySQL)数据库会从 TEMP 表空间中分配临时段
TEMP2	存放 NOLOGGING 表数据
TEMP2-UNDO	存放 NOLOGGING 表的 UNDO 数据
UNDO	存放 UNDO 数据
USERS	默认的用户表空间，创建新用户且没有指定表空间时，该用户的所有信息会放入 USERS 表空间

TEMP 表空间是 SQL 语句中间结果集，用户常见的临时表会使用到 TEMP 表空间。当执行 DML（INSERT、UPDATE 和 DELETE 等）操作时，会将执行操作之前的旧数据写入 UNDO 表空间中，UNDO 表空间主要用于实现事务回滚、数据库实例恢复、读一致、闪回查询。

2.2.5 表

在关系型数据库中，数据库表（Table）是一系列二维数组的集合，它代表了存储数据对象之间的关系。表中的每一行称为一个记录，由若干个字段组成。字段也叫作域，表中的每一列都可以称为一个字段，字段包括列名和数据类型这两个属性，如表 2-7 所示。

表 2-7 数据库表

作者编号	作者姓名	作者年龄	作者联系地址
001	张三	40	×××省×××市
002	李四	50	×××省×××市
……	……	……	……

GaussDB(for MySQL)支持创建临时表，临时表用来保存一个会话或者一个事务中需要的数据，当会话退出或者用户提交和回滚事务的时候，临时表中的数据会自动清空，但是表结构仍然存在。

临时表中的数据是临时的、过程性的，不需要像普通数据表那样永久保留。

使用 SHOW TABLES 命令无法显示临时表。

为了避免删除相同表名的永久表，执行删除表结构的时候可以使用 DROP TEMPORARY TABLE staff_history_session;命令。

临时表中的数据只在会话生命周期中存在，当用户退出会话和会话结束的时候，临时表中的数据会自动清除，如下所示。

```
CREATE  TEMPORARY TABLE staff_history_session
(
startdate DATE,
enddate DATE
```

);

不同的会话可以创建相同名称的临时表。临时表的名称可以和永久表的名称相同。

在 GaussDB(for MySQL)中创建临时表：

```
CREATE TEMPORARY TABLE test_tpcds(a INT, b VARCHAR(10));
```

2.2.6 表的存储方式

按照数据的存储方式，表的存储方式分为行存储和列存储，如图 2-11 所示。GaussDB(for MySQL)目前只支持行存储，GaussDB(DWS)支持行存储和列存储。行存储是默认的存储方式，行存储和列存储只是数据存储的不同方式而已。从表的展现形式上看，表中仍然是二维数据，都符合关系型数据库的关系理论。

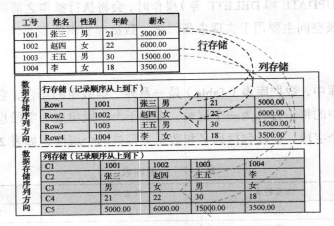

图 2-11 表的存储方式

行存储形式的表（行存表）存储不同列的同一行数据，执行 INSERT 和 UPDATE 操作的时候能够一次性写入记录；但是选择查询的时候，即便只查询其中的几列，所有数据也都会被读取。

列存储形式的表（列存表）在写入数据的时候，首先要将记录拆开，一行记录会被拆分成多列，然后将相同列的数据保存在临近的物理区域，所以在列存储模式下，一行记录的写入次数明显比行存储模式多，这种写入次数的增加导致在执行 INSERT 和 UPDATE 操作的时候，列存表相对行存表开销较大，性能相对差一些。但是在查询的时候，列存表只要扫描涉及的列，然后进行读取就可以，所以 I/O 扫描和读取范围都比行存表小很多。列存查询可以剔除无关的列，当只需查询少量列时，可以极大地减少查询的数据量，加快查询速度。另外对列存表来说，每一个行都是数据类型相同的数据，这种同类型数据在进行数据压缩的时候，可以采用轻量级的压缩算法，达到很好的压缩比，所以列存表占据的空间也相对比较小。

行存表则很难进行压缩，因为表的字段类型是不统一的，除非预先确认，否则无法动态地进行压缩。

在存储方式的选择上，行存储是默认存储方式。列存储适合的场景主要有统计分析类查询（GROUP、JOIN 多的场景）、OLAP、数据挖掘等有大量查询的应用查询。列存储的主要优点之一就是在读取过程中可以大幅降低系统的 I/O 占用，尤其是在进行海量数据查询时，I/O 向来是系统的主要瓶颈之一。行存储适合的场景是点查询（返回记录少、基于索引的简单查询），OLTP 这种轻量级事务，包含大量写操作、数据增删改比较多的场景。行存储更适合 OLTP，如传统的基于增、删、改、查操作的应用。列存储更适合 OLAP，非常适合在数据仓库领域发挥作用，如数据分析、海量存储和商业智能等，主要涉及不经常更新的数据。

2.2.7 分区

分区（Partition）表是将大表的数据分成许多小的数据子集得到的。分区表主要有以下几种。

（1）范围分区表。将数据基于范围映射到每一个分区，范围是由创建分区表时指定的分区键决定的。这种分区方式是最为常用的，并且分区键经常采用日期，例如，将销售数据按月进行分区。

（2）列表分区表。将庞大的表分割成小的、易于管理的块。

（3）哈希分区表。在很多情况下，用户无法预测某个列上的数据变化范围，因此无法实现创建固定数量的范围分区或列表分区。在这种情况下，哈希分区表提供了一种在指定数量的分区中均等地划分数据的方法，让写入表中的数据均匀地分布在各个分区中，用户无法预测数据将被写入哪个分区。例如，如果销售城市遍布全国各地，则很难对表进行列表分区，此时可以对该表进行哈希分区。

（4）间隔分区表。间隔分区表是一种特殊的范围分区表。对于普通的范围分区，用户会预先创建分区，如果插入不在该分区的数据，数据库会报错，这种情况下，用户可以手动添加分区，也可以使用间隔分区。例如，用户会按照每天一个分区的方式使用范围分区表，在业务部署时会创建一批分区（如 3 个月）以备后续使用，但是 3 个月后需要再次创建分区，不然后续的业务数据入库时会报错。范围分区的这种方式增加了维护成本，需要内核支持分区的自动创建功能。如果使用间隔分区，用户则不必关心后续分区的创建，降低了分区的设计成本和维护成本。

示例：对日期进行范围分区的代码如下。

```
CREATE TABLE tp
(
id INT,
name VARCHAR(50),
purchased DATE
)
    PARTITION BY RANGE( YEAR(purchased))
(
```

```
        PARTITION p0 VALUES LESS THAN (2015),
        PARTITION p1 VALUES LESS THAN (2016),
        PARTITION p2 VALUES LESS THAN (2017),
        PARTITION p3 VALUES LESS THAN (2018),
        PARTITION p4 VALUES LESS THAN (2019),
        PARTITION p5 VALUES LESS THAN (2020)
);
```

分区表的优点如下。

（1）改善查询性能：对分区对象的查询可以仅搜索自己关心的分区（又称分区剪枝），提高检索效率。

（2）增强可用性：如果分区表的某个分区出现故障，表在其他分区的数据仍然可用。

（3）方便维护：如果分区表的某个分区出现故障，需要修复数据，只修复该分区即可。

（4）均衡 I/O：可以把不同的分区映射到不同的磁盘以平衡 I/O，改善整个系统的性能。

查询条件搜索的数据范围在一个分区，所以 SQL 在查询过程中，只要扫描一个分区的数据即可，不用进行全表范围扫描，如图 2-12 所示。假设整个表包含了 10 年的数据，没有分区表就要扫描 10 年的所有数据计算结果，而有分区表只要扫描 1 年的分区表数据就可以了，扫描数据量为 1/10。

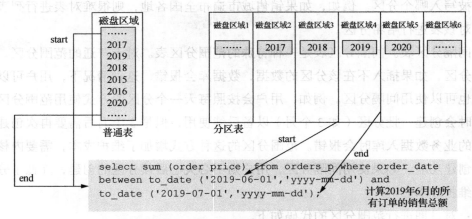

图 2-12　分区剪枝

表 2-8 所示为分区的适用场景。

表 2-8　分区的适用场景

场景描述	优点
当表中访问率较高的行位于一个单独分区或少数几个分区时	大幅减小搜索空间，从而提升访问性能
向空分区插入数据	空分区插入数据的效率提高
当需要大量加载或者删除的记录位于一个单独分区或少数几个分区时	可直接读取或删除对应分区，从而提升处理性能；同时由于避免了大量零散的删除操作，可减少清理碎片工作量

场景1（表2-8中第1行）：通常这种情况出现在 WHERE 子句中，过滤的条件使用了分区字段，并且分区字段等于某个分区；或者使用 BETWEEN…AND…这种方式时，搜索条件在几个分区范围内，那么查询语句在扫描数据的时候，会通过分区剪枝只搜索特定的分区而不是对整个表进行扫描。一般情况下相对于扫描整个表而言，分区扫描的 I/O 开销为 n/m，其中 m 为总的分区数量，n 为满足 WHERE 条件的分区数量。

场景2（表2-8中第2行）：向空分区插入数据类似向空表加载数据，这种内部实现方式插入数据的效率较高。

场景3（表2-8中第3行）：如果要删除或者截断数据，可直接处理某些分区表中的数据，因为分区的快速定位和删除功能使处理效率比没有分区的高很多。

2.2.8 数据分布

GaussDB(DWS)分布式数据库的数据表是分散在所有数据节点（DataNode，DN）上的，所以创建表的时候需要指定分布列，如表2-9所示。

表2-9 数据分布

分布方式	说明
Hash	表数据通过 Hash 方式散列到集群中的所有 DN 上
Replication	集群中每一个 DN 都有一份全量表数据
List	表数据通过 List 方式分布到指定 DN 上
Range	表数据通过 Range 方式分布到指定 DN 上

Hash 分布方式的示例代码如下。

```
CREATE TABLE sales_fact
(
region_id   INTEGER,
depart_id   INTEGER,
product_id  INTEGER,
sale_amt    NUMERIC(9,2),
sale_qty    INTEGER
)
DISTRIBUTE BY HASH(region_id,depart_id,product_id);
```

Replication 复制分布方式的示例代码如下。

```
CREATE TABLE depart_dim
(
depart_id   INTEGER,
depart_name VARHCARH2(60)
)
DISTRIBUTE BY REPLICATION;
```

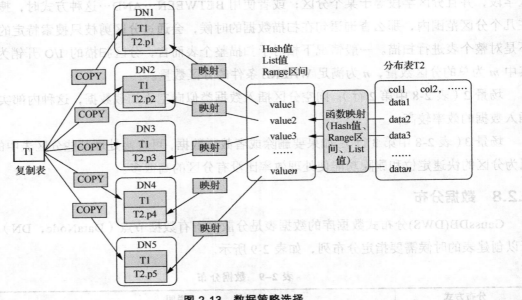

图 2-13 数据策略选择

需要说明的是：GaussDB(DWS)只支持 Hash 和 Replication 两种分布方式，GaussDB(for MySQL)数据库共享存储，暂不涉及。

2.2.9 数据类型

数据库中的数据类型包括基本数据类型、复合数据类型、序列号类型及几何类型。基本数据类型又包括数值类型、字符类型、二进制类型、日期时间类型、布尔类型、枚举类型等，如表 2-10 所示。

表 2-10 数据类型

数据类型	说明	数据类型	说明
SMALLINT	2 字节常用整数，取值范围是 −32768～+32767	VARCHAR(n)	变长，有长度限制 n
INTEGER	4 字节常用整数，取值范围是 −2147483648～+2147483647	CHAR(n)	定长，不足补空白
BIGINT	8 字节常用整数，取值范围是 −9223372036854775808～9223372036854775807	TEXT	变长，长文本数据
DECIMAL	精度数字，decimal(m,n) 表示精确到小数点后 n 位、共 m 位的数字	DATE	3 字节，以 YYYY-MM-DD 的格式显示，例如 2009-07-19
NUMERIC	精度数字，等同于 decimal	TIME	3 字节，以 HH:MM:SS 的格式显示。例如 11:22:30
FLOAT	4 字节，单精度浮点型数字	TIMESTAMP	4 字节
DOUBLE	8 字节，双精度浮点型数字	BOOLEAN	1 字节，TRUE 或 FALSE

浮点类型中的 FLOAT 和 DOUBLE 是不准确的、牺牲精度的数字类型。不准确意味着一些数值不能准确地转换成内部格式并且是以近似的形式存储的，因此存储后再把数据输出可能会有一些缺失。所以在金融计算等对精度有严格要求的应用中，数据类型应当首选 DECIMAL、NUMERIC 这种精度数据类型。

CHAR 类型是定长字符串，当插入的字符少于设定的长度时会自动在后面补足空位，如定义 CHAR(10)，插入"abc"字符后，会在后面补足 7 个空位，以保证整个字符串为 10 字节的长度。

基本数据类型是数据库内置的数据类型，包括 INTEGER、CHAR、VARCHAR 等数据类型。在字段设计时，基于查询效率的考虑，设计建议如下。

（1）尽量使用高效数据类型。确保指定的最大长度大于需要存储的最大字符数，避免超出最大长度时出现字符被截断的现象。在数据库中，使用 SQL 语句插入数据时候，如果出现字符被截断的情况，SQL 语句并不会报错。尽量使用执行效率比较高的数据类型。一般来说整型数据运算（包括=、>、<、≥、≤、≠等常规的比较运算，以及 GROUP BY）的效率比字符串、浮点数的要高。尽量使用短字段的数据类型。长度较短的数据类型不仅可以减小数据文件的大小，提升 I/O 性能；还可以降低相关计算时的内存消耗，提升计算性能。例如，对于整型数据，如果可以用 SMALLINT 就尽量不用 INT，如果可以用 INT 就尽量不用 BIGINT。

（2）使用一致的数据类型。表关联列尽量使用相同的数据类型。如果表关联列的数据类型不同，数据库必须动态地将其转化为相同的数据类型进行比较，这种转换会带来一定的性能开销。当多个表存在逻辑关系时，表示同一含义的字段应该使用相同的数据类型。

（3）对于字符串数据，建议使用变长字符串数据类型，并指定最大长度，确保指定的最大长度大于需要存储的最大字符数，避免超出最大长度时出现字符被截断的现象。

2.2.10 视图

视图（View）与基本表不同，不是物理上实际存在的，而是一个虚表。如果基本表中的数据发生变化，那么从视图中查询出来的数据也会随之改变。从这个意义上来讲视图就是一个窗户，通过它可以看到数据库中用户感兴趣的数据及其变化，视图每次被引用的时候都会运行一次。

图 2-14 所示的 author_v1 是纵向拆分数据，只能够看到基本表中的两列，其他列通过视图是不可见的；author_v2 是横向拆分数据，只能够看到表中所有年龄值大于 20 的数据，但是所有的列都是可见的。不论怎么拆分，author_v1 和 author_v2 这两个视图的数据都不会在数据库中真正存储。用户在通过 SELECT 语句访问视图的时候，都是通过视图去访问底层基表中的数据的，所以视图称为"虚表"。对用户来说，访问视图和访问表的作用是一模一样的。

视图的主要作用如下。

（1）简化了操作。在查询时，很多时候我们要使用聚合函数，同时还要显示其他字段的信息，可能还会需要关联其他表，这时写的语句可能会很长。如果这个动作频繁发生的话，我们就可以创建视图，只需要执行 SELECT * FROM view 语句就可以了。

（2）提高了安全性。用户只能查询和修改看到的数据，因为视图是虚拟的，在物理上是不存在的，它只是存储了数据的集合。视图是动态的数据的集合，数据随着基表的更新而更新。我们可以将基表中重要的字段信息通过视图展现给用户，同时，用户不可以随意地更改和删除视图，以保证数据的安全性。

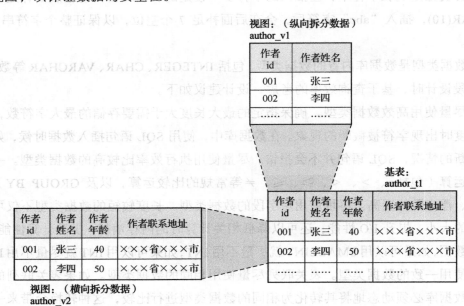

图 2-14 视图

（3）实现了逻辑上的独立性，屏蔽了真实表的结构带来的影响。视图可以使应用程序和数据库表在一定程度上相互独立。如果没有视图，应用程序一定是建立在表上的；有了视图之后，应用程序可以建立在视图之上。应用程序与数据库表被视图分割开来。

下面的示例代码是通过视图封装较为复杂的逻辑。

```
CREATE VIEW stu_class(id,name,class)
AS
SELECT student.s_id,student.name,stu_info.class
FROM student, stu_info
WHERE student.s_id=stu_info.s_id;
```

用户使用的时候和普通表一样，用简化的 SQL 查询语句，代码如下所示。

```
SELECT * FROM stu_class WHERE class='Beijing'
```

但视图也有其限制性，主要如下。

（1）性能问题：查询可能很简单，但是封装视图的语句很复杂。

（2）修改限制：对于复杂视图，用户不能通过视图修改基表数据。

但如果是直接使用 SELECT 语句查询出来的单表的视图，如下所示。

```
CREATE v_abc(a,b,c) AS SELECT a,b,c FROM tableA;
```

这种形式的叫简单视图，是可以通过视图对表进行修改的，例如，使用 UPDATE v_abc SET a='101' WHERE b='xxxx';语句。

但是如果视图中有聚合函数、汇总函数、GROUP BY 分组计算，或者视图是多表关联的结果视图，则它们都是复杂视图，此类视图不能用来对基表数据进行修改。

2.2.11 索引

索引（Index）提供指向存储在表指定列中的数据值的指针，如同图书的目录，能够加快表的查询速度，但同时也增加了插入、更新和删除操作的处理时间。

若要为表增加索引，那么索引建立在哪些字段上是创建索引前必须考虑的问题。同时需要分析应用程序的业务处理、数据使用、经常被用作查询的条件或者被要求排序的字段来确定是否建立索引。

在创建索引时，以下建议作为参考。

（1）在经常需要搜索、查询的列上创建索引，可以加快搜索、查询的速度。
（2）在作为主键的列上创建索引，强调该列的唯一性和组织表中数据的排列结构。
（3）在经常需要根据范围进行搜索的列上创建索引。因为索引已经排序，其指定的范围是连续的。
（4）在经常需要排序的列上创建索引。因为索引已经排序，这样查询可以利用索引的排序来减少排序查询时间。
（5）在经常使用 WHERE 子句的列上创建索引，加快条件的判断速度。
（6）为经常出现在关键字 ORDER BY、GROUP BY、DISTINCT 后面的字段创建索引。

创建索引并不代表索引一定会被使用，索引创建成功后系统会自动判断何时使用索引，当系统认为使用索引比顺序扫描更快的时候，就会使用索引。索引创建成功后必须和表保持同步以保证能够准确地找到新数据，这样就加大了数据操作的负荷。同时我们还需要定期删除无用的索引，可以通过 EXPLAIN 语句来查询执行计划，进而判断是否使用索引。

索引方式如表 2-11 所示。

表 2-11 索引方式

索引方式	描述
普通索引	基本索引类型，没有什么限制，允许在定义索引的列中插入重复值和空值，只是为了加快查询速度
唯一索引	索引列中的值必须是唯一的，但是允许为空值
主键索引	是一种特殊的唯一索引，不允许有空值
组合索引	在表中的多个组合字段上创建的索引，只有在查询条件中使用了这些字段的左边字段时，索引才会被使用
全文索引	主要用来查找文本中的关键字，而不是直接与索引中的值进行比较

如果一个表声明了唯一约束或者主键,则会自动在组成唯一约束或主键的字段上创建唯一索引(可能是多字段索引),以实现这些约束。

创建普通索引。

```
CREATE INDEX index_name ON table_name(col_name);
```

创建唯一索引。

```
CREATE UNIQUE INDEX index_name ON table_name(col_name);
```

创建普通组合索引。

```
CREATE INDEX index_name ON table_name(col_name_1,col_name_2);
```

创建唯一组合索引。

```
CREATE UNIQUE INDEX index_name ON table_name(col_name_1,col_name_2);
```

创建全文索引。

```
CREATE FULLTEXT INDEX index_contents ON article(contents);
```

2.2.12 约束

数据的完整性是指数据的正确性和一致性。可以在定义表时定义完整性约束。完整性约束本身是一种规则,不占用数据库空间,完整性约束和表结构定义一起保存在数据字典中。

图 2-15 所示为常见约束类型,具体内容如下。

(1)唯一(UNIQUE)和主键(PRIMARY KEY)约束。当字段中所有取值不会出现重复记录的时候,可以为对应字段增加唯一约束,如身份证字段、员工工号字段。如果一个表中没有唯一约束,那么表中是可以出现重复记录的。如果字段能够保证满足唯一约束和非空约束,那么就可以采用主键约束,通常一个表只能有一个主键约束。

(2)外键(REFERENCES KEY)约束也叫参考一致性约束,用于在两个表之间建立关系,需要指定引用主表的哪一列。

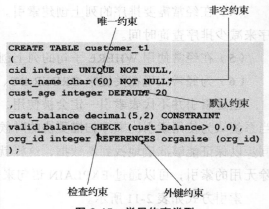

图 2-15 常见约束类型

(3)检查(CHECK)约束是对字段中的合法值范围的约束,例如,储蓄账户表中的余额不允许出现负数,那么可以在余额字段上增加一个检查约束,使余额字段的取值≥0。

(4)非空(NOT NULL)约束。如果当前字段从业务含义上说不应当出现空值或者未知数据的话,就可以增加非空约束,以保证插入的数据都是非空的数据,如个人信息的身份证字段。

(5)默认(DEFAULT)约束。插入数据的时候,如果没有给定具体值,那么将使用默认约束,给一个默认的初始值,例如,初始会员的等级的默认值为 0,新增一个会员记录时,该会员的等级就为 0。

如果能够从业务层面补全字段值，那么建议不采用默认约束，避免数据加载时产生不符合预期的结果。给明确不存在空值的字段加上非空约束，优化器会对其进行自动优化，对允许被显式命名的约束进行显式命名。除了非空和默认约束外，其他类型的约束都支持显式命名。

如果使用了默认约束，实际上是针对一些意外的情况进行了默认赋值。这种默认值会隐藏潜在的问题。所以对 OLAP 系统来说，默认约束要慎用或者少用。在 OLTP 系统中，其使用率相对较高。

图 2-16 所示为对数据库对象的总结。

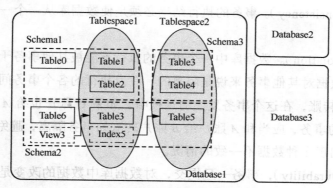

图 2-16 数据库对象之间关系

Schema：一个数据库可以包含一个或多个已命名的 Schema，Schema 是一个逻辑概念，包含表、索引等其他数据库对象。

Tablespace：表空间用来指定数据库中表、索引等数据库对象的存储位置，是一个物理概念；数据库管理员创建表空间后，可以在创建数据库对象时引用它。

Table：一个表空间可包含多个表；数据库中的数据都是以表的形式存在的，表是建立在数据库中的，在不同的数据库或相同数据库不同模式中可以存放相同的表。

Schema1 包括对象 Table0、Table1 和 Table2。

Schema2 包括对象 Table3、Table5、Table6、View3 和 Index5。

Schema3 包括对象 Table3 和 Table4。

Table3 有两个，但是它们分别在 Schema2 和 Schema3 中，所以是可以重名的。使用的时候用 Schema2.Table3 和 Schema3.Table3 来区分。

View3 对应 Table3，它是虚表，不占用实际的物理空间。

Index5 对应 Table5，表和索引可以不在同一个表空间。

物理层面的数据存放在 tablespace1 中的对象是：Table1、Table2、Table3 和 Index5。

存放在 tablespace2 中的对象是：Table3、Table4 和 Table5。

2.2.13 事务

事务（Transaction）是用户定义的数据操作序列，这些操作作为一个完整的工作单元被执行。数据库中的数据是共享的，允许多个用户同时访问相同数据，当多个用户同时对同一段数据进行增、删、改操作时，如果不采取任何措施就会造成数据的异常。

一个事务内的所有语句作为一个整体，要么全部执行，要么全部不执行。

例如，A 账户给 B 账户转账 1000 元，第一个操作是 A 账户-1000 元，第二个操作是 B 账户+1000 元，转账的两个操作必须通过事务来保证操作全部成功，或者全部失败。

事务的 ACID 特性如下所示。

（1）原子性（Atomicity）。事务是数据库的逻辑工作单位；事务中的操作，要么都做，要么都不做。

（2）一致性（Consistency）。事务的执行结果必须是使数据库从一个一致性状态转到另一个一致性状态。

（3）隔离性（Isolation）。数据库中一个事务的执行不能被其他事务干扰。即一个事务的内部操作及使用的数据对其他事务来说是隔离的，并发执行的各个事务间不能相互干扰。例如 A 账户给 B 账户转账，在这个事务发生的过程中，如果 C 账户也给 A 账户转账，那么 C 账户给 A 账户转账的事务，应当和 A 账户给 B 账户转账的事务隔离，避免互相干扰。如果隔离级别不够，就会出现多种数据不一致的情况。

（4）持久性（Durability）。事务一旦提交，对数据库中数据的改变是永久的。提交后的操作或者故障不会对事务的操作结果产生任何影响。例如，一个事务开始时读取 A 的值为 100，经过计算后，A 变成 200，然后进行了提交操作，继续执行后续操作，此时数据库出现故障。当故障恢复后，从数据库提取 A 的值应该是 200，而不是最初的 100 或者其他值。

事务结束的标记有两个：正常结束——COMMIT（提交事务）和异常结束——ROLLBACK（回滚事务）。

提交事务之后，事务的所有操作都会物理地保存在数据库中，成为永久的操作。回滚事务之后，事务中的全部操作会被撤销，数据库又会回到事务开始之前的状态。

事务处理模型分为两类。

（1）显式提交：事务有显式的开始和结束标记。

（2）隐式提交：每一条数据操作语句都自动地成为一个事务；GaussDB(for MySQL)默认是隐式提交，这种情况下不需要增加 COMMIT 语句，每条语句都被视为一个事务自动提交。

可以通过 SET autocommit = 0 语句来关闭隐式提交。

设置为显示提交的代码如下。

```
CREATE TABLE customer (a INT, b CHAR (20), INDEX (a));
START TRANSACTION;
INSERT INTO customer VALUES (10, 'Heikki');
COMMIT;
SET autocommit=0;
INSERT INTO customer VALUES (15, 'John');
```

```
INSERT INTO customer VALUES (20, 'Paul');
DELETE FROM customer WHERE b = 'Heikki';
ROLLBACK;
SELECT * FROM customer;
```

图 2-17 所示为提交事务和回滚事务的具体操作。

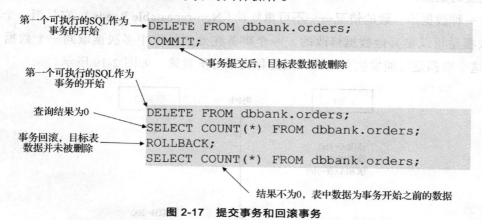

图 2-17 提交事务和回滚事务

GaussDB(for MySQL)是 OLTP 数据库，采用的是显式事务处理模型，但它没有提供显式定义事务开始的语句，它把第一个可执行的 SQL 作为事务的开始。

在隐式提交中可能会面临数据不一致的情况——脏读（Dirty），指的是一个事务读取到其他事务中还未提交（Uncommitted）的数据。因为未提交数据存在回滚的可能，所以被称为"脏"数据。

图 2-18 所示的事务 T1 进行 A 账户给 B 账户转账 200 元的操作，A 账户的初始余额为 1000 元，B 账户的初始余额为 500 元。

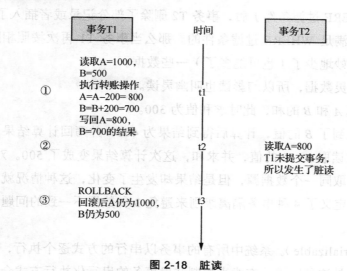

图 2-18 脏读

① 事务 T1 把 A 的值从 1000 修改为 800，将 B 的值从 500 修改为 700，但还没有提交

事务。

② 此时事务 T2 开始读取数据，它读取到事务 T1 修改后的 A 的值 800。

③ 事务 T1 进行回滚，因为没有提交，所以 A 恢复到事务开始时候的值 1000，B 的值为 500；但此时对于事务 T2，A 的值还是 800，这种情况就是脏读，事务 T2 读取到了事务 T1 还没有提交的数据。

还有一种数据不一致的情况——不可重复读（Non-repeatable Reads），它是指一个事务读取到的数据是可以被其他数据修改的。一个事务在处理过程中多次读取同一个数据（重复读），而这个数据是可能发生变化的，因此称为不可重复读，如图 2-19 所示。

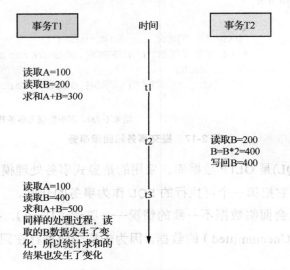

图 2-19　不可重复读

幻影读（Phantom Read）是不可重复读的一个更为特殊的场景，事务 T1 按照一定条件读取数据（使用了 WHERE 过滤条件）后，事务 T2 删除了部分记录或者插入了一些新的记录，且这些变更的数据是满足 WHERE 过滤条件的。那么当事务 T1 再次按照相同条件读取数据时，就会发现莫名其妙地少了（也可能多了）一些数据。

幻影数据也叫幽灵数据，所以幻影读也叫幽灵读。

① 事务 T1 计算 A 和 B 的和，此时求和值为 300。

② 事务 T2 读取到了 B 的值，计算后得到结果为 400，并写回计算结果。

③ 事务 T1 再次读取 A、B 的值，并求和，这次计算结果变成了 500。对事务 T1 来说，在一个事务中多次读取同一个数据源，但是结果却发生了变化，这种情况就是不可重复读。

ANSI SQL 标准定义了 4 种事务隔离级别来避免 3 种数据不一致的问题。事务等级从高到低，分别如下所示。

（1）序列化（Serializable）。系统中所有的事务以串行的方式逐个执行，所以能避免所有数据不一致情况。但是这种以排他方式来控制并发事务的串行化执行方式会导致事务排队，使系统的并发量大幅下降，使用的时候要十分慎重。

这里序列化就是指所有操作都要串行排队，例如：

Q1 为插入操作 INSERT INTO TA valules(1,2,3);

Q2 为查询操作 SELECT * FROM TA;

那么在序列化事务隔离机制下，Q2 必须等 Q1 完成后，才会有返回结果。若 Q1 未完成，Q2 就始终处于排队等待状态。

（2）可重复读（Repeatable Read）。一个事务一旦开始，事务过程中所读取的所有数据都不允许被其他事务修改。这个隔离级别没有办法解决幻影读的问题。因为它只"保护"了它读取的数据不被修改，但是其他数据可以被修改。如果其他数据被修改后恰好满足了当前事务的过滤条件（WHERE 语句），那么就会发生幻影读的情况。

对于 Q1 事务，SELECT * FROM TA WHERE order_date='2019-01-01'语句第一次查询的记录为 100 条，然后去执行其他表的查询操作。此时 Q2 事务进行了一个插入操作 INSERT INTO TA values(1,2,3,'2019-01-01')，增加了 ordr_date 为 2019-01-01 的一条记录。Q1 事务如果再次执行 SELECT * FROM TA WHERE order_date='2019-01-01'语句，查询结果就变成了 101 条记录。对 Q1 事务来说，同样的范围查询同一个事务出现了不同结果，这种现象就是幻影读。

（3）已提交读（Read Committed）。一个事务能读取到其他事务提交过的数据。一个数据在处理过程中如果重复读取某一个数据，而这个数据恰好被其他事务修改并提交了，那么当前重复读取数据的事务就会出现数据前后不一致的情况。

（4）未提交读（Read Uncommitted）。一个事务能读取到其他事务修改过，但是还没有提交的数据。数据被其他事务修改过，但还没有提交，就存在回滚的可能性。这种读取这些"未提交"数据的情况就是脏读，在这个隔离级别会出现脏读现象。

GaussDB(for MySQL)实现了已提交读和可重复读 2 个级别的事务隔离。4 种事务隔离级别与问题对应表如表 2-12 所示。

表 2-12　4 种事务隔离级别与问题对应表

事务隔离级别	脏读	不可重复读	幻影读
未提交读	可能	可能	可能
已提交读	不可能	可能	可能
可重复读	不可能	不可能	可能
序列化	不可能	不可能	不可能

2.3　本章小结

本章讲述了数据库管理的核心目标，并介绍了数据库管理的工作范围，同时讲解了数据库对象管理的工作内容、备份恢复、灾难恢复等级的基本概念，对数据库的重要概念进行了介绍和说明；此外针对一些容易混淆的概念进行了对比说明，并对重要但是不易理解的概念进行了基于场景的介绍分析。

2.4 课后习题

1. （单选题）把数据库中的数据迁移到其他异构的数据库中，可以采用（　　）的方式。
   A. 物理备份　　　　　　　　　　　　B. 逻辑备份
2. （单选题）为提高表的查询速度，可以创建的数据库对象是（　　）。
   A. 视图（View）　　　　　　　　　　B. 函数（Function）
   C. 索引（Index）　　　　　　　　　　D. 序列（Sequence）
3. （单选题）某单位制定灾备标准时，希望在灾难发生后能够在 1 小时以内将系统恢复成对外可服务的状态，这个指标指的是（　　）。
   A. RTO　　　　　　　　　　　　　　B. RPO
4. （多选题）要为表增加索引时，建议将索引创建在哪些字段上？（　　）
   A. 在经常需要搜索查询的列上创建索引，可以加快搜索的速度
   B. 在作为主键的列上创建索引，强调该列的唯一性和组织表中数据的排列结构
   C. 在经常使用 WHERE 子句的列上创建索引，加快条件的判断速度
   D. 为经常出现在关键字 ORDER BY、GROUP BY、DISTINCT 后面的字段创建索引
5. （单选题）关于数据类型的选择，以下说法错误的是（　　）。
   A. 尽量使用执行效率比较高的数据类型
   B. 尽量使用短字段的数据类型
   C. 对于字符串数据，尽量使用定长字符串数据类型，并指定字符串长度
   D. 当多个表存在逻辑关系时，表示同一含义的字段应该使用相同的数据类型
6. （多选题）下面选项中，属于事务特性的是（　　）。
   A. Atomicity　　B. Isolation　　C. Durability　　D. Consistency
7. （多选题）在可重复读事务隔离机制下，下面哪些情况不会发生？（　　）
   A. 脏读　　　　B. 不可重复读　　C. 幻影读

第3章　SQL语法入门

📖 **本章内容**

- SQL 语句概述
- 数据类型
- 系统函数
- 操作符性能管理

华为 GaussDB(for MySQL)是一款云端高性能、高可用的关系型数据库，全面支持开源数据库 MySQL 的语法和功能。本章主要介绍 GaussDB(for MySQL)的数据类型、系统函数及操作符，帮助读者掌握 SQL 入门级的基础语法。

学完本章后，读者将能够做到以下 4 点。

（1）描述 SQL 语句的定义和类型，识别给定语句所属的类别，包括数据定义语言（Data Definition Language，DDL）、数据操纵语言（Data Manipulation Language，DML）、数据控制语言（Data Control Language，DCL）和数据查询语言（Data Query Language，DQL）。

（2）列举可用的数据类型，并学会选择正确的数据类型来创建表。例如，什么情况下应该选择字符类型，什么情况下应该选择数值类型。合适的数据类型能够提高数据的存储和查询效率。

（3）描述不同系统函数的用法，并掌握如何在查询语句中正确使用系统函数。例如，具体的数值处理应该使用什么数值处理函数，字符处理应该使用什么字符处理函数。使用正确的系统函数能够提高数据库的使用和查询效率。

（4）列举常用操作符，并掌握不同操作符的优先级及使用方法。例如，什么情况下应该使用逻辑操作符，什么情况下应该使用比较操作符。使用正确的操作符，能够提高查询效率与查询的准确性。

3.1 SQL 语句概述

3.1.1 了解 SQL 语句

结构化查询语言（Structured Query Language，SQL）是一种有特定目的的编程语言，用于管理关系型数据库管理系统，或在关系流数据管理系统中进行流处理。SQL 基于关系代数和元组关系演算，包括数据定义语言和数据操纵语言。SQL 的管理范围包括数据插入、查询、更新和删除，以及数据库模式创建和修改、数据访问控制。GaussDB(for MySQL)是一种关系型数据库。SQL 语句包括 DDL、DML、DCL 和 DQL。

DDL 用于定义或修改数据库中的对象，其中数据库对象包括表、索引、视图、数据库、存储过程、触发器、自定义函数等，主要涉及以下操作。

（1）定义数据库：创建数据库（CREATE DATABASE）、修改数据库属性（ALTER DATABASE）、删除数据库（DROP DATABASE）。

（2）定义表空间：创建表空间（CREATE TABLESPACE）、修改表空间（ALTER TABLESPACE）、删除表空间（DROP TABLESPACE）。

（3）定义表：创建表（CREATE TABLE）、修改表属性（ALTER TABLE）、删除表（DROP TABLE）、删除表中所有数据（TRUNCATE TABLE）。

（4）定义索引：创建索引（CREATE INDEX）、修改索引属性（ALTER INDex）、删除索引（DROP INDEX）。

（5）定义角色：创建角色（CREATE ROLE）、删除角色（DROP ROLE）。

（6）定义用户：创建用户（CREATE USER）、修改用户属性（ALTER USER）、删除用户（DROP USER）。

（7）定义视图：创建视图（CREATE VIEW）、删除视图（DROP VIEW）。

（8）定义事件：创建事件（CREATE EVENT）、修改事件（ALTER EVENT）、删除事件（DROP EVENT）。

DML 用于对数据库表中的数据进行插入、更新和删除等操作，主要涉及以下操作。

（1）数据操作：插入（INSERT）数据、更新（UPDATE）数据和删除（DELETE）数据。

（2）导入/导出操作：导入（LOAD）、导出（DUMP）。

（3）其他操作：调用（CALL）、替换（REPLACE）等。

DCL 用来设置或更改数据库事务、保存点操作和权限操作（用户或角色授权、权限回收、创建角色、删除角色等）、锁表（支持共享锁和排他锁两种锁表模式）、锁实例、停机等，主要涉及以下操作。

（1）事务管理：启动事务（START TRANSACTION/BEGIN）、提交事务（COMMIT）、回滚事务（ROLLBACK）。

（2）保存点设置：启动保存点（SAVEPOINT）、回滚保存点（ROLLBACK TO SAVEPOINT）、

发布保存点（PUBLISH SAVEPOINT）。

（3）授权操作：授予权限（GRANT）、回收权限（REVOKE）、创建角色（CREATE ROLE）、删除角色（DROP ROLE）。

（4）锁表：锁表（LOCK TABLE）、解锁表（UNLOCK TABLE）。

（5）锁实例（LOCK INSTANCE FOR BACKUP）。

（6）停机（SHUTDOWN）。

DQL 用来查询数据库内的数据，如单表查询、多表查询，主要涉及以下操作。

（1）查询数据（SELECT）。

（2）合并多个 SELECT 语句的结果集。

3.1.2 SQL 语句综合运用

下面综合运用以上 4 种语言涉及的操作来存储公司的员工信息。

（1）首先需要创建一个表来存储员工信息，可以通过 CREATE TABLE 语句来实现，即数据定义语言 DDL。

（2）当需要向表中插入具体员工信息时，可以通过 INSERT 语句来实现，即数据操纵语言 DML。

（3）当需要提交插入的信息使其持久化时，可以通过 COMMIT 语句来实现，即数据控制语言 DCL。

（4）可以通过 SELECT 语句进行查询，也就是数据查询语言 DQL。

不同的 SQL 语句适用于不同的业务场景，读者要根据具体场景选择合适的 SQL 语句。

3.2 数据类型

数据类型是数据的一个基本属性。数据类型一般包括常用数据类型和非常用数据类型。常用数据类型包括数值类型、字符类型、日期类型等。非常用数据类型包括布尔类型、空间数据类型、JSON 数据类型等。

不同的数据类型所占的存储空间不同，能够进行的操作也不相同。数据库中的数据存储在数据表中。数据表中的每一列都定义了数据类型。用户存储数据时，须遵从这些数据类型的属性，否则可能会出错。

3.2.1 常用数据类型

1. 数值类型

GaussDB(for MySQL)数据库的数值类型由整数类型、浮点类型、定点类型组成，支持基本的 32 位整数和 64 位整数。

（1）整数类型有以下 5 种，如表 3-1 所示。

65

表 3-1 整数类型

整数类型	范围（Signed）	范围（Unsigned）	占用空间/Byte
TINYINT	[-128, 127]	[0, 255]	1
SMALLINT	[-32768, 32767]	[0, 65535]	2
MEDIUMINT	[-8388608, 8388607]	[0, 16777215]	3
INT(INTEGER)	[-2147483648, 2147483647]	[0, 4294967295]	4
BIGINT	[-2^{63}, $2^{63}-1$]	[0, $2^{64}-1$]	8

其中 INTEGER（32 位有符号整数）占用 4 字节，取值范围为 $-2^{31} \sim 2^{31}-1$，可用关键字 INT、INTEGER、BINARY_INTERGER、INT SIGNED、INTEGER SINGNED、SHORT、SMALLINT 和 TINYINT 表示。BIGINT（64 位有符号整数）占用 8 字节，取值范围为 $-2^{63} \sim 2^{63}-1$，可用关键字 BIGINT，BINARY_BIGINT 和 BIGINT SIGNED 进行表示。

（2）浮点类型分为如下两种。

FLOAT：占用 4 字节，单精度浮点数，8 位精度。

DOUBLE：占用 8 字节，双精度浮点数，16 位精度。

（3）定点类型占用 4～24 字节，实际长度与其表示的有效数字有关，取值范围为 $-1.0E128 \sim 1.0E128$，可用关键字 DECIMAL 和 NUMERIC 进行表示，语法格式如下，要求 s ≤ p。

NUMERIC/DECIMAL、NUMERIC/DECIMAL(p) 和 NUMERIC /DECIMAL(p,s)

DECIMAL/NUMERIC 占用的字节根据其精度决定，p 的取值范围是 1～65，s 的取值范围是 0～30。

若不指定 p 和 s 的值，p 默认为 10，表示不对小数点后面的数值做限制。若不指定 s 的值或 s=0，表示定点类型没有小数部分。

2. 字符类型

GaussDB(for MySQL)支持的字符类型有 CHAR、VARCHAR、BINARY、VARBINARY、TEXT、BLOB、ENUM、SET。在默认编码集 utf8mb4 下，汉字占 3 字节，数字和英文字符占 1 字节，其他字符最多可占 4 字节。字符类型有定长字符串类型和变长字符串类型。

CHAR(n)用于存储定长字节或字符串，n 表示字符串的长度，取值范围为 0～255，若输入字符串的长度小于 n，则会利用空格将右端补齐，例如，CHAR(4)不管输入几个字符，都将占用 4 个字符的字节数。

VARCHAR(n)类型用于存储变长字节或字符串，n 取值范围为 0～65535，若输入字符串的长度小于 n，不需要利用空格进行补全。VARCHAR 占用的字节数是输入的实际字符数+1 字节（n≤255）或 2 字节（n>255），所以 VARCHAR(4)在输入 3 个英文字符时将占用 4 字节。

在 CHAR 和 VARCHAR 的字符串比较中，会忽略大小写与最后的空格。

BINARY(*n*)存储二进制定长字符串，当字符串长度小于 *n* 字节时，自动在其尾部加 0x00 字节。

VARBINARY(*n*)存储二进制变长字符串，当字符串长度小于 *n* 字节时，并不需要填补 0x00 字节。

TEXT 存储大对象变长字符串，能保存字符数据，如文章或日记等。其关键字主要有 TINYTEXT(1 byte)、TEXT(2 bytes)、MEDIUMTEXT(3 bytes)、LONGTEXT(4 bytes)。

BLOB 存储二进制大对象变长字符串，能用来保存二进制数据，如照片等。其关键字主要有 TINYBLOB(1 byte)、BLOB(2 bytes)、MEDIUMBLOB(3 bytes)、LONGBLOB(4 bytes)。

ENUM 表示单选枚举，最多可包含 65535 个不同的元素。

SET 表示多选枚举，最多可包含 64 个元素。

3. 日期类型

日期类型如表 3-2 所示。

表 3–2 日期类型

日期类型	范围	格式	占用空间/Byte
YEAR	1901～2155	YYYY/YY	1
DATE	1000-01-01～9999-12-31	YYYY-MM-DD	3
TIME	−838:59:59～838:59:59	HH:MM:SS	3
TIMESTAMP	1970-01-01 00:00:00～2037-12-31 23:59:59	YYYY-MM-DD HH-MM-SS	4
DATETIME	1000-01-01 00:00:00～9999-12-31 23:59:59	YYYY-MM-DD HH-MM-SS	8

高斯数据库支持两种日期类型：不带时区的时间戳（8 字节）和带时区的时间戳。存储不带时区的时间戳数据类型时，可以采用 DATETIME、DATE 和 TIMESTAMP 类型，它们都可以表示年、月、日、时、分、秒信息；不同点在于 DATE、DATETIME 保存到秒，TIMESTAMP 能够保存到微秒。

YEAR 也可以表示为两位字符串 YY，范围为'00'～'99'。'00'～'69'和'70'～'99'的值会被转换为 2000～2069 和 1970～1999 的 YEAR 值。

DATETIME/DATE 的取值范围是：[0001-01-01 00:00:00，9999-12-31 23:59:59]。表示方法：2019-08-22 17:29:13。

TIMESTAMP[(*n*)]通过参数 *n* 能够指定要保存的精度，*n* 取值范围为 0～6，也可以不带参数，此时秒后面小数的默认精度为 6。如：2019-08-22 17:29:13.263183(*n*=6)，2019-08-22 17:34:36.383(*n*=3)。TIMESTAMP 的取值范围范围是：[0001-01-01 00:00:00.000000，9999-12-31 23:59:59.999999]。

存储带时区的时间戳数据类型时，可以采用 TIMESTAMP(*n*)WITH TIME ZONE 和 TIMESTAMP(*n*)WITH LOCAL TIME ZONE，区别在于 TIMESTAMP(*n*)WITH TIME ZONE 保存了时间和时区信息，因此占用 12 字节，如：2019-08-22 18:41:30.135428 +08:00。而 TIMESTAMP(*n*) WITH LOCAL TIME ZONE 用的是本地数据信息，只保存时间信息，不保存

时区信息，存储时会转换为数据库当前时区的时间戳，查看时加上本地时区信息进行显示，其占用 8 字节，如：存储时为 2019-08-22 18:41:30.135428；查看时为 2019-08-22 18:41:30.135428 +08:00。

3.2.2 非常用数据类型

布尔类型（BOOLEAN）数据可以通过关键字 BOOL 和 BOOLEAN 来存储，占用 1 字节。对于字符串输入，可以输入普通字符串 TRUE 和 FALSE，也可以输入单个字符 T 和 F，还可以输入字符串数值 1 和 0。布尔类型可以与 INT、BIGINT 类型互相转换，因为布尔类型可以看成数字 0 和 1，所以它可以转换为整数 0 和 1。整数类型也可以转换为布尔类型，转换规则为：整数 0 对应布尔值 FALSE，其他非 0 整数对应布尔值 TRUE。对于布尔类型的输出，布尔类型在显示时，或将布尔类型转换为字符类型时，高斯数据库统一将 1 输出为字符串 TRUE，将 0 输出为字符串 FALSE。当输入值为空时，布尔类型的输出也为空。

空间数据类型包括 GEOMETRY（几何体）、POINT（点）、LINESTRING（线）、POLYGON（多边形）等。

JSON 数据类型（JSON 即 Javascript Object Notation）支持原生 JSON 数据类型，可以更有效地存储和管理 JSON 文档。

3.2.3 数据类型案例

要存储公司的部门信息，首先要创建一个表，表中的字段为部门信息。假设要存储的部门信息包括部门编号、部门级别、部门名称、成立时间、是否是优秀部门等信息。需要先确定具体信息的数据类型，假设部门编号为数值类型，可以用 NUMBER 表示；部门级别为整数类型，可以用 INT 表示；部门名称为字符类型，可以用 VARCHAR 表示；成立时间可以用日期类型表示；是不是优秀部门可以用布尔类型表示，这样就可以通过 CREATE TABLE 语句来创建部门信息表。代码如下所示。

```
SQL>DROP TABLE IFEXITS T_TEST_CASE;
CREATE TABLE T_TEST_CASE(
section_id NUMBER(10) PRIMARY KEY,
section_grade INT,
section_name VARCHAR(100),
section_is_excellent BOOLEAN,
section_date DATE
);
```

表创建成功后，如果还想在表中存储部门描述信息可以增加表列。假设列名为 section_description；部门描述信息为字符串，内容可能比较多，将其定义为 BLOB 类型，则可以通过下面的语句实现。

```
SQL> ALTER TABLE T_TEST_CASE ADD section_description BLOB;
```

其中 seciton_description 为部门描述字段，BLOB 为字段信息的数据类型。部门级别现在是整数，想将其修改为小数，记为浮点数，可以通过修改对应列的数据类型来实现。通过下面的语句将 section_grade 字段修改为 DOUBLE 类型，代码如下。

```
SQL> ALTER TABLE T_TEST_CASE MODIFY section_grade DOUBLE;
```

3.3 系统函数

系统函数是对一些业务逻辑的封装，用于完成特定功能。系统函数根据其具体功能，可以有参数，也可以没有参数，系统函数执行完成后会返回执行结果。

GaussDB(for MySQL)提供 10 种系统函数。本节主要介绍 5 种比较常见的系统函数：数值计算函数、字符处理函数、时间日期函数、类型转换函数、系统信息函数。

GaussDB(for MySQL)系统函数不可手动修改。

3.3.1 数值计算函数

数值计算函数的功能就是对数值进行计算，如绝对值计算函数 ABS(*x*)、正弦函数 SIN(*x*)、余弦函数 COS(*x*)、反正弦函数 ASIN(*x*)、反余弦函数 ACOS(*x*)。

ABS(*x*)函数用于计算绝对值。其中入参可以是数值类型，也可以是可以隐式转换为数值类型的非数值类型，返回值的类型与入参类型相同。*x* 必须是可转换为数值类型的表达式。ABS(*x*)最终返回 *x* 的绝对值（包括 INT、BIGINT、REAL、NUMBER、DECIMAL 类型）。

SIN(*x*)和 COS(*x*)函数用于计算正弦值和余弦值。入参是可转换成数值类型的表达式，返回值是 NUMBER 类型。

ASIN(*x*)和 ACOS(*x*)函数用于计算反正弦值和反余弦值。入参是可转换成数值类型的表达式，取值范围为[-1,1]；返回值为 NUMBER 类型。

代码如下所示。

```
mysql> SELECT ABS(-10),COS(0),SIN(0),ACOS(1),ASIN(0)  FROM dual;
+----------+--------+--------+---------+---------+
| ABS(-10) | COS(0) | SIN(0) | ACOS(1) | ASIN(0) |
+----------+--------+--------+---------+---------+
|       10 |      1 |      0 |       0 |       0 |
+----------+--------+--------+---------+---------+
1 row in set (0.00 sec)
```

ROUND(X,D)能够将数值 X 按照 D 指定的值向小数点前后截断,并进行四舍五入,返回截断后的值。其中 D 取值范围为[-30,30]。忽略 D 则截取所有的小数部分并进行四舍五入。如果 D 为负数,则表示从小数点开始,左边的位数用 0 填充,并进行四舍五入,小数部分被去掉。代码如下所示。

```
mysql> SELECT ROUND(1234.5678,-2),ROUND(1234.5678,2) FROM dual;
+---------------------+--------------------+
| ROUND(1234.5678,-2) | ROUND(1234.5678,2) |
+---------------------+--------------------+
|                1200 |            1234.57 |
+---------------------+--------------------+
1 row in set (0.00 sec)
```

POW(X,Y)等同于 POWER(X,Y),表示计算 X 的 Y 次方。代码如下所示。

```
mysql> SELECT POW(3,2),POWER(3,-2) FROM dual;
+----------+--------------------+
| POW(3,2) | POWER(3,-2)        |
+----------+--------------------+
|        9 | 0.1111111111111111 |
+----------+--------------------+
1 row in set (0.00 sec)
```

CEIL(X)函数用于计算大于或等于指定表达式 n 的最小整数。入参为可转换成数值类型的表达式,返回值为整数。例如,CEIL(15.3)的计算结果为 16。数值计算函数如表 3-3 所示。

表 3-3 数值计算函数

语法	功能	示例
CEIL(X)	返回大于或者等于指定表达式 X 的最小整数	CEIL(15.3)→ 16
SIGN(X)	取 X 结果的符号,大于 0 返回 1,小于 0 返回-1,等于 0 返回 0	SIGN(2*3)→ 1
SQRT(X)	返回非负实数 X 的平方根。入参为可转换成非负数值类型的表达式	SQRT(49)→ 7
TRUNCATE(X,D)	按指定的格式截取输入的数值数据。X 是待截取的数据,D 为截取精度	TRUNCATE(15.79,1)→ 15.7; TRUNCATE(15.79,-1)→ 10
FLOOR(X)	求小于或等于表达式 X 值的最近的整数	FLOOR(12.8)→ 12
PI()	返回结果为 π 的值,默认有效数字为 7 位	PI()→3.141593
MOD(X,Y)	求模运算	MOD(29,3)→ 2

SIGN(X)函数用于取数值类型的符号,大于 0 返回 1,小于 0 返回-1,等于 0 返回 0,返回值为数值类型,例如,SIGN(2*3),2×3=6,大于 0,计算结果为 1。

SQRT(X)函数用于计算非负实数的平方根,入参为可转换成非负数值类型的表达式,返回值为 DECIMAL 类型。例如,SQRT(49)的计算结果为 7。

TRUNCATE(X,D)函数用于按指定的格式截取输入的数值数据,不进行四舍五入。其中 X

为待截取的数据，D 为截取精度，返回值为 NUMBER 类型。例如，TRUNCATE(15.79,1)，向右截取一位小数为 15.7；TRUNCATE(15.79,-1)，向左截取一位整数为 10。

FLOOR(X)函数用于计算小于或等于表达式值的最近整数，入参为可转换成数值型的表达式，返回值为 NUMBER 类型。例如，FLOOR(12.8)计算结果为 12。

PI()函数用于返回结果为 π 的值，默认有效数字为 7 位。例如，PI()返回 3.141593。

MOD(X,Y)函数用于进行求模运算，入参为可转换成 NUMBER 类型的表达式，返回值为 NUMBER 类型，例如，MOD(29,3)的计算结果为 2。

其他数值计算函数还包括乘幂计算函数 POWER()等。

3.3.2 字符处理函数

字符拼接函数 CONCAT(str[,…])和 CONCAT_WS(separator,str1,str2,…)用于拼接一个或多个字符串。CONCAT()函数拼接各个参数产生的字符串，字符串之间无须分隔；入参为字符串或可转换成字符串的表达式，中间以逗号分隔。CONCAT_WS()函数拼接字符串并用分隔符分隔，第一个入参为分隔符，后面的为字符串或可转换成字符串的表达式。如果参数为 NULL、CONCAT 和 CONCAT_WS 将忽略该参数。如果 NULL 用单引号引起来，则会将 NULL 当作字符串处理。CONCAT()和 CONCAT_WS()函数可以嵌套使用，返回值最大支持 8000 字节。

```
mysql> SELECT CONCAT('11','NULL','22'),CONCAT_WS('-','11',NULL,'22') FROM dual;
+--------------------------+-------------------------------+
| CONCAT('11','NULL','22') | CONCAT_WS('-','11',NULL,'22') |
+--------------------------+-------------------------------+
| 11NULL22                 | 11-22                         |
+--------------------------+-------------------------------+
1 row in set (0.00 sec)
```

上面这个例子，CONCAT()函数会将字符串'11'、'NULL'和'22'拼接，返回字符串 11NULL22，CONCAT_WS()函数会将'11'、NULL 和'22'通过分隔符'-'拼接起来，其中 NULL 表示为空，返回 11-22。

HEX(str)函数返回十六进制值的字符串表示形式，入参为数值类型或字符类型，返回值为字符串类型。HEX2BIN(str)和 HEXTORAW(str)函数返回十六进制字符串表示的字符串。不同点为 HEX2BIN()函数返回 BINARY 类型，输入的十六进制字符串必须以 0x 作为前缀；HEXTORAW()函数返回 RAW 类型。

```
mysql> SELECT HEX('ABC');
+------------+
| HEX('ABC') |
+------------+
```

```
| 414243      |
+-------------+
1 row in set (0.00 sec)
```

上面这个例子，HEX('ABC')函数返回 ABC 的十六进制字符串 414243。HEX2BIN('0X28')函数返回十六进制字符串 28 表示的字符串"("。HEXTORAW('ABC')函数返回 RAW 类型的十六进制字符串 ABC。

字符串插入函数 INSERT(str,pos,len,newstr)，将从 pos 位置开始，将长度为 len 的字符串替换为 newstr，然后返回替换后的字符串。如果 pos 不在字符串 str 的长度内，则返回原始字符串。如果参数 len 的值大于从参数 pos 开始的其余字符串的长度，则将从 pos 开始的所有字符串替换为 newstr。入参 str 和 newstr 都是可转换成字符串的表达式，最大值是 8000 字节。

```
mysql> SELECT INSERT('quadratic',5,2,'what'),REPLACE('123456','45','abds') FROM dual;
+--------------------------------+-------------------------------+
| INSERT('quadratic',5,2,'what') | REPLACE('123456','45','abds') |
+--------------------------------+-------------------------------+
| quadwhattic                    | 123abds6                      |
+--------------------------------+-------------------------------+
1 row in set (0.00 sec)
```

INSERT('quadratic',5,2,'what')表示将字符串 quadratic 从第 5 个字符起的连续 2 个字符替换为 what，等于 REPLACE('quadratic','ra','what')。

REPLACE(str,src,dst)函数是将字符串 str 中对应的 src 子字符串替换为 dst 子字符串。入参 str 表示原始字符串，入参 src 表示待替换的字符串，入参 dst 表示替换字符串。返回值是字符串类型。

REPLACE('123456','45','abds')表示将字符串"123456"中的"45"替换为"abds"，等于 INSERT('123456',4,2,'abds')。

INSTR(str1,str2)函数是字符串查找函数，返回要查找的字符串首次在源字符串中出现的位置，str1 是源字符串，str2 是要查找的字符串。

```
mysql> SELECT INSTR('gaussdb 数据库','库');
+--------------------------------+
| INSTR('gaussdb 数据库','库')   |
+--------------------------------+
|                             10 |
+--------------------------------+
1 row in set (0.00 sec)
```

在上面的例子中，INSTR('gaussdb 数据库','库')函数返回要查找的字符串"库"首次在源字符串中出现的位置，返回 10，代表"库"首次出现的位置。字符处理函数如表 3-4 所示。

表 3-4 字符处理函数

语法	功能	示例
LEFT(str,length)	返回指定字符串的左边几个字符	LEFT('abcdef',3)→ abc LEFT('abcdef',0)或 LEFT('abcdef',-1)→空串
LENGTH(str)	获取字符串字节数的函数	LENGTH（'1234 大'）→ 7
LOWER(str)	将字符串转换成对应的小写形式	LOWER('ABCD')→ abcd LOWER('1234')→1234
UPPER(str)	将字符串转换成对应的大写形式	UPPER('abcd')→ ABCD UPPER('1234')→ 1234
SPACE(n)	生成 n 个空格	CONCAT（'123',space(3),'abc'）→ 123 abc
RIGHT(str,len)	返回指定字符串的右边几个字符	RIGHT('abcdef',3)→ def RIGHT('abcdef',0)或 right('abcdef',-1)→空串
REVERSE(str)	返回字符串的倒序。仅支持字符串类型	REVERSE('abcd')→ dcba
SUBSTR(str,start,len)	字符串截取函数	SUBSTR('abcdefg',3,4)→ cdef 表示从 abcdefg 字符串的第 3 个字符开始截取长度为 4 的字符串

LEFT(str,length)函数返回指定字符串的左边几个字符。例如，LEFT('abcdef',3)的执行结果为 abc。如果 length 小于或等于 0，返回空字符串。RIGHT(str,length)函数的功能与 LEFT()函数相反，它返回指定字符串的右边几个字符。例如，RIGHT('abcdef',3)的执行结果为 def。如果 length 小于或等于 0，返回空字符串。

LEFT()、RIGHT()函数说明如下。str 是要提取子字符串的源字符串。length 是一个正整数，指定从左、右边返回的字符个数。如果 length 为 0 或负数，则函数返回一个空字符串。如果 length 大于 str 字符串的长度，则函数返回整个 str 字符串。目前客户端对字符串最大支持 32767 字节，故函数返回值最大为 32767 字节。

LENGTH(str)函数是用于获取字符串长度的函数，例如，LENGTH('1234 大')的执行结果为 7。LENGTH()函数返回 str 的字符数。入参是可转换成字符串的表达式，返回值是 INT 类型。

LOWER(str)函数用于将字符串转换成对应的小写形式，例如，LOWER('ABCD')的执行结果为 abcd，对数值类型不做转换。与 LOWER()函数对应的是 UPPER(str)函数，它用于将字符串转换成对应的大写形式，例如，UPPER('abcd')的执行结果为 ABCD，对数值类型不做转换。LOWER()、UPPER()函数的入参是可转换成字符串的表达式，返回值是字符串类型。

SPACE(n)函数的作用是生成 n 个空格，n 的取值范围为[0,4000]，例如，CONCAT('123',SPACE(4),'abc')的执行结果为 123   abc。

REVERSE(str)函数返回字符串的倒序，仅支持字符串类型，例如，REVERSE('abcd')的执行结果为 dcba。

SUBSTR(str,start,len)为字符串截取函数，例如，SUBSTR('abcdefg',3,4)表示从第 3 个字符开始截取长度为 4 的字符串，执行结果为 cdef。SUBSTR()函数截取并返回 str 中从 start 开始的 len 个字符的子字符串，入参 str 必须是可转换成字符串的表达式，入参 start、len 必须是可转换成 INT 类型的表达式。返回值是字符串类型。

3.3.3 时间日期函数

DATE_FORMAT(date,format)函数是格式化日期函数，根据参数 format 转换为需要的格式。其中 format 的取值有%W（Monday～Sunday）；%w（1～7）；%Y（YYYY4 位年份）；%m（0～12）；%d（00～31）。

```
mysql> SELECT
DATE_FORMAT(SYSDATE(),'%W'),DATE_FORMAT(SYSDATE(),'%w'),DATE_
FORMAT(SYSDATE(),'%Y-%m-%d');
+----------------------------+----------------------------+------------------------------+
|DATE_FORMAT(SYSDATE(),'%W') |DATE_FORMAT(SYSDATE(),'%w') |DATE_FORMAT(SYSDATE(),'%Y-%m-%d')|
+----------------------------+----------------------------+------------------------------+
| Tuesday                    | 2                          | 2020-05-19                   |
+----------------------------+----------------------------+------------------------------+
1 row in set (0.00 sec)
```

EXTRACT(field from datetime)函数从指定的日期 datetime 中提取指定的时间字段 field，其中 field 的取值有 year、month、day、hour、minute、second，返回值为数值类型。如果 field 的取值为 SECOND，则返回值是浮点类型，其中整数部分为秒，小数部分为微秒。该函数将任何数值类型或任何可以隐式转换为数值类型的非数值类型作为参数，返回与参数相同的数据类型。

```
mysql> SELECT EXTRACT(month from date '2019-08-23') FROM dual;
+---------------------------------------+
| EXTRACT(month from date '2019-08-23') |
+---------------------------------------+
|                                     8 |
+---------------------------------------+
1 row in set (0.00 sec)
```

上述代码从"2019-08-23"中提取月份，返回结果为 8；从系统日期中按"YY"截取，结果为 2019-01-01 00:00:00。时间日期函数如表 3-5 所示。

表 3-5 时间日期函数

语法	功能	示例
CURRENT_TIMESTAMP(fractional_second_precision)	获取当前系统时间时间戳	CURRENT_TIMESTAMP(4)→2019-08-23 16:10:45.5461
CURRENT_DATE()	获取当前日期	CURRENT_DATE()→2019-08-23
CURRENT_TIME()	获取当前时间	CURRENT_TIME()→16:10:45
FROM_UNIXTIME(unix_timestamp)	转换 UNIX 时间戳为日期	FROM_UNIXTIME(1111885200)→2005-03-27 09:00:00
NOW(fractional_second_precision)	获取当前系统时间	NOW()→2019-08-23 16:15:22
SLEEP(n_second)	设置休眠时间，单位是秒	
UNIX_TIMESTAMP() UNIX_TIMESTAMP(datetime)	获取 UNIX 时间戳的函数，即当前时间到 1970-01-01 00:00:00 UTC 所经过的秒数	UNIX_TIMESTAMP()→1566548122
DATE_ADD(date2,INTERVAL d_value d_type)	在 date2 中加上日期和时间，d_type 的取值有 second、minute、hour、day、week、month、year	DATE_ADD(sysdate(),interval 3 hour);即当前时间加上 3 小时→2020-01-2000:05:48
DATE_SUB(date2,INTERVAL d_value d_type)	在 date2 中减去日期和时间，d_type 的取值有 second、minute、hour、day、week、month、year	DATE_SUB(sysdate(),interval 3 hour); 即当前时间减去 3 小时→2020-01-1918:07:16
ADD_TIME(date2,time_interval)	在 date2 中加上时间间隔	ADDTIME('1997-12-31 23:59:59.999999','1 1:1:1.000002');→1998-01-02 01:01:01.000001
SUB_TIME(date2,time_interval)	从 date2 中减去时间间隔	SUBTIME('1997-12-31 23:59:59.999999','1 1:1:1.000002');→1997-12-30 22:58:58.999997
DATEDIFF(date1,date2)	求 date1 与 date2 的日期差	DATEDIFF(sysdate(),'2017-08-04'),DATEDIFF('2017-08-04',sysdate())→1019|-1019
TIMEDIFF(time1,time2)	求 time1 与 time2 的时间差	TIMEDIFF(sysdate(),'2020-01-01 20:20:20'),TIMEDIFF('2020-01-01 20:20:20',sysdate()); →500:01:59 | -500:01:59

3.3.4 类型转换函数

IF(cond,p1,p2)函数：计算条件为 cond，如果条件为真，则返回 p1，否则返回 p2。

IFNULL(p1,p2)函数：如果 p1 不为 NULL，则返回 p1，否则返回 p2。

NULLIF(p1,p2)函数：如果 p1 等于 p2，则返回 NULL，否则返回 p1；不支持两个参数同为 CLOB 类型或 BLOB 类型，并且入参 p1 不能为 NULL，否则校验将报错。

具体的例子如下。

```
mysql> SELECT IF(10>13,10,14),IFNULL(10,12),nullif(10,12);
+-----------------+---------------+---------------+
| IF(10>13,10,14) | IFNULL(10,12) | NULLIF(10,12) |
+-----------------+---------------+---------------+
|              14 |            10 |            10 |
+-----------------+---------------+---------------+
1 row in set (0.00 sec)
```

类型转换函数如表 3-6 所示。

表 3-6 类型转换函数

语法	功能	示例
ASCII(str)	返回字符串 str 首个字符对应的 ASCII 值	ASCII('hello')→104
CHAR(n)	返回 ASCII 值为 n 的字符。n 取值范围为[0, 127]。入参是可转换成数值类型的表达式	CHAR(67)→C
CAST(value as type)	将列名或值转换为指定的数据类型。表达式可以转换为与自身相同的类型	CAST('10' as int)→10
CONVERT(value,type)	将 value 类型转换成 type 类型。取值范围是除了 LONGBLOB、BLOB、IMAGE 以外的所有数据类型	CONVERT('2018-06-28 13:14:15', timestamp)→2018-06-28 13:14:15.000000

ASCII(str)函数返回字符串 str 首个字符对应的 ASCII 值，入参是字符串或单个字符，需要使用单引号（"）引起来，返回值是 ASCII 值。

CHAR(n)返回 ASCII 值为 n 的字符，n 取值范围为[0,127]，入参是可转换成数值类型的表达式。

CAST(value as type)函数将列名或值转换为指定的数据类型，表达式可以转换为与自身相同的类型。使用 CAST()函数进行数据类型转换时，满足以下情况可以转换，否则会报错。

（1）两个表达式可隐式转换。

（2）必须显式转换数据类型。

代码如下所示。

```
mysql> SELECT CAST('125e342.83' AS signed);
+------------------------------+
| CAST('125e342.83' AS signed) |
+------------------------------+
|                          125 |
+------------------------------+
1 row in set,1 warning (0.00 sec)
```

CONVERT(value,type)函数将 value 类型转换成 type 类型，type 的取值范围是除了 LONGBLOB、BLOB、IMAGE 以外的所有数据类型。

代码如下所示。

```
mysql> SELECT CONVERT((1/3)*100, UNSIGNED) AS percent FROM dual;
+---------+
| percent |
+---------+
|      33 |
+---------+
1 row in set (0.00 sec)
```

3.3.5 系统信息函数

系统信息函数用来查询 GaussDB(for MySQL)的系统信息。其中 VERSION()函数用来返回数据库的版本号；CONNECTION_ID()函数能返回服务器的连接 ID 号；DATABASE()函数返回当前数据库的名称；SCHEMA()函数返回当前 Schema 的名称；USER()、SYSTEM_USER()、SESSION_USER()、CURRENT_USER()这几个函数都能返回当前用户的名称；LAST_INSERT_ID()函数返回最后生成的 auto_increment 的值；CHARSET(str)函数返回字符串 str 的字符集；COLLATION(str)函数返回字符串 str 的字符排列方式。

3.4 操作符

操作符可对一个或多个操作数进行处理，在位置上可能处于操作数之前、之后，或两个操作数之间。操作符是构成表达式的重要元素，指明了要对操作数进行的运算，根据所需操作数个数分为单目、双目操作符。操作符的优先级决定不同操作符在表达式中计算的先后顺序。相同优先级的操作符，按照自左向右的顺序依次进行计算。

按使用场景划分，常见操作符类型有逻辑操作符、比较操作符、算术操作符、测试操作符、通配符、其他操作符。

3.4.1 逻辑操作符

逻辑操作符如表 3-7 所示。

表 3-7 逻辑操作符

操作符	功能
逻辑与（AND）	在查询条件 WHERE/ON/HAVING 语句中，用于实现条件之间的逻辑与操作
逻辑或（OR）	在查询条件 WHERE/ON/HAVING 语句中，用于实现条件之间的逻辑或操作
逻辑非（NOT）	在 WHERE/HAVING 子句后的条件表达式前加 NOT 关键字，对条件结果取反，常与关系运算符合用，如 NOT IN、NOT EXISTS

操作数必须是布尔类型的值，共有 3 种值：TRUE、FALSE 和 NULL。其中 NULL 表示未知。

逻辑与（AND）用于实现条件之间的逻辑与操作，当所有操作数均为 TRUE 且不为 NULL 时，返回 T；当至少有一个操作数为 FALSE 时，返回 F；否则为 NULL；一般用在查询条件 WHERE/ON/HAVING 语句中。

逻辑或（OR），当两个操作数为均不为 NULL 时，且至少有一个操作数为 TRUE，则返回 T，否则返回 F；当有一个操作数为 NULL 时，如果另一个操作数为 TRUE，则返回 T，否则返回 NULL；当两个操作数均为 NULL，则返回 NULL；一般用在查询条件 WHERE/ON/HAVING 语句中。

逻辑非（NOT），当操作数为 TRUE 时，返回 F；当操作数为 FALSE 时，返回 T；当操作数为 NULL 时，返回 NULL；支持在 WHERE/HAVING 子句后的条件表达式前加 NOT 关键字，对条件结果取反，常与关系运算符合用，如 NOT IN、NOT EXISTS。

现有一张 staffs 表，其中包含了员工姓名、工号、入职时间、薪酬等信息，要从 staffs 表中查询 2000 年后入职，且薪酬>5000 的员工信息。可以通过下面的语句查询，两个条件需同时满足，则 WHERE 后的两个条件用 AND 进行连接。

```
SELECT * FROM staffs WHERE hire_date>'2000-01-01 00:00:00' AND salary>5000
```

从 staffs 表中查询 2000 年后入职，或薪酬>5000 的员工信息，两个条件满足一个即可，则 WHERE 后的两个条件用 OR 进行连接。

```
SELECT * FROM staffs WHERE hire_date>'2000-01-01 00:00:00' OR salary>5000
```

从 staffs 表中查询不在 2000 年后入职，且薪酬>5000 的员工信息，可以在条件 2000 年后入职前面加上 NOT 表示，入职时间与薪酬之间是与关系，则 WHERE 后的两个条件用 AND 进行连接。

```
SELECT * FROM staffs NOT WHERE hire_date>'2000-01-01 00:00:00' AND salary>5000
```

3.4.2 比较操作符

比较操作符如表 3-8 所示。

表 3–8 比较操作符

操作符	描述
<	小于
>	大于
<=	小于或等于
>=	大于或等于
=	等于
<>或 !=	不等于

所有数据类型都可以用比较操作符进行比较，并返回一个布尔类型的值。比较操作符均为双目操作符，被比较的两个数据必须是相同的数据类型，或者是可以进行隐式转换的类型。GaussDB 数据库提供 6 种比较操作符，包括<、>、<=、>=、=、<>或!=（不等于），根据业务场景选择合适的比较操作符。

从 staffs 表中查询薪酬大于 5000 的员工信息就用到了比较操作符 >。

```
SELECT *FROM staffs WHERE salary>5000
```

从 staffs 表中查询薪酬不等于 5000 的员工信息就用到了比较操作符<>。

```
SELECT *FROM staffs WHERE salary<>5000
```

3.4.3 算术操作符

部分算术操作符如表 3-9 所示。

第 3 章 SQL 语法入门

表 3-9 部分算术操作符

操作符	描述	操作符	描述
+	加	|	按位或
-	减	&	按位与
*	乘	^	按位异或
/	除（除法操作符不会取整）	<<	左移位
%	模运算	>>	右移位
||	字符串拼接		

表 3-9 所示的算术操作符用于对数值类型操作数进行计算，GaussDB 数据库提供 11 种算术操作符：+、-、*、/、%（模运算）、||（字符串拼接）、|（按位或）、&（按位与）、^（按位异或）、<<（左移位）、>>（右移位）。

算术操作符语法实例：

```
SELECT operation AS result FROM sys_dummy;SELECT 2+3 FROM dual。
```

operation 操作可为+、-、*、/等。优先级顺序为：四则运算>左移和右移>按位与>按位异或>按位或。

以上位运算执行时，如果入参带有小数位，则会先对入参做四舍五入，再做位运算。代码示例如下。

```
mysql> SELECT 2+3, 2*3,3<<1 FROM dual;
+-----+-----+------+
| 2+3 | 2*3 | 3<<1 |
+-----+-----+------+
|   5 |   6 |    6 |
+-----+-----+------+
1 row in set (0.00 sec)
```

3.4.4 测试操作符

测试操作符如表 3-10 所示。

表 3-10 测试操作符

操作符	描述
IN	元素在指定的集合中
NOT IN	元素不在指定的集合中
EXISTS	存在符合条件的元素
NOT EXISTS	不存在符合条件的元素
BETWEEN … AND …	在两者之间，例如，a BETWEEN x AND y 等效于 $a >= x$ AND $a <= y$
NOT BETWEEN … AND …	不在两者之间，例如，a NOT BETWEEN x AND y 等效于 $a < x$ OR $a > y$
IS NULL	等于 NULL
IS NOT NULL	不等于 NULL
LIKE … [escape CHAR]	与…相匹配，仅支持字符类型
NOT LIKE … [escape CHAR]	与…不匹配

续表

操作符	描述
REGEXP	字符串与正则表达式相匹配，仅支持字符串类型
REGEXP_LIKE	字符串与正则表达式相匹配，支持字符串类型和 NUMBER 类型，表达式返回值是布尔类型
ANY	集合中的任一元素

GaussDB 数据库包括 13 种测试操作符，如表 3-10 所示，IN 和 NOT IN 操作符用于指定一个子查询的判断范围，IN 表示元素在指定的集合中，NOT IN 表示元素不在指定的集合中。示例代码如下。

```
SELECT * FROM T_TEST_OPERATOR WHERE ID IN(1, 2);
```

EXISTS 表示存在符合条件的元素，NOT EXISTS 表示不存在符合条件的元素。示例代码如下。

```
SELECT COUNT(1) FROM dual WHERE EXISTS(SELECT ID FROM T_TEST_OPERATOR WHERE NAME='zhangsan');
SELECT COUNT(1) FROM dual WHERE NOT EXISTS(SELECT ID FROM T_TEST_OPERATOR WHERE NAME='zhangsan');
```

BETWEEN…AND…表示在两者之间，为闭区间，例如 a BETWEEN x AND y，等效于 $y>=a$ and $a>=x$；NOT BETWEEN…and…表示不在两者之间，为开区间，例如，a NOT BETWEEN x AND y，等效于 $a<x$ OR $a>y$。示例代码如下。

```
SELECT * FROM T_TEST_OPERATOR WHERE ID BETWEEN 1 AND 2;
```

IS NULL 表示字段等于 NULL，IS NOT NULL 表示字段不等于 NULL。示例代码如下。

```
SELECT * FROM T_TEST_OPERATOR WHERE NAME IS NULL;
```

ANY 表示子查询中有一个值满足条件即可，与每一个内容相匹配，有以下 3 种匹配形式。

（1）=ANY：功能与 IN 操作符是完全一样的。

```
SELECT * FROM emp WHERE sal IN ( SELECT sal FROM emp WHERE job = 'MANAGER');
```

（2）>ANY：比子查询返回记录中最大的还要大的数据。

```
SELECT *FROM emp WHERE sal>ANY(SELECT sal FROM emp WHERE job='MANAGER')
```

（3）<ANY：比子查询返回记录中最小的还要小的数据。

```
SELECT * FROM emp WHERE sal<ANY(SELECT sal FROM emp WHERE job='MANAGER')
```

LIKE 表示与表达式相匹配，NOT LIKE 表示与表达式不匹配，仅支持字符类型。示例代码如下。

```
SELECT * FROM T_TEST_OPERATOR WHERE NAME LIKE '%an%';
```

REGEXP 与 REFEXP_LIKE 为字符串与正则表达式相匹配，表达式返回值为布尔类型。REGEXP_LIKE 的语法：REGEXP_LIKE(str,pattern[,match_param])。入参 str 是需要进行正则处理的字符串，支持字符串类型和 NUMBER 类型，入参 pattern 是进行匹配的正则表达式，入参 match_param 表示模式（'i'表示不区分大小写进行检索；'c'表示区分大小写进行检索；

默认为'c')。示例代码如下。

```
DROP TABLE IF EXISTS T_TEST_OPERATOR;
CREATE TABLE T_TEST_OPERATOR(ID INT,NAME VARCHAR(36));
SELECT * FROM T_TEST_OPERATOR WHERE NAME REGEXP'[a-z]*';
SELECT * FROM T_TEST_OPERATOR WHERE REGEXP_LIKE(NAME , '[a-z]*');
```

查找表中 ID 字段是 1 或者是 2 的行信息，可在 WHERE 后使用 ID IN (1，2)条件进行条件查询。

```
SELECT * FROM T_TEST_OPERATOR WHERE ID IN (1,2);
```

要求当表中 NAME 字段存在等于"zhangsan"的字符串时返回 1，可用 EXISTS 操作符进行条件查询。

```
SELECT COUNT(1) FROM SYS_DUMMY WHERE EXISTS (SELECT ID FROM T_TEST_OPERATOR WHERE NAME='zhangsan');
```

若要将表中 ID 字段在 1 和 2 之间的信息查找出来，可以使用 BETWEEN 1 AND 2 条件查询。

```
SELECT * FROM T_TEST_OPERATOR WHERE ID BETWEEN 1 AND 2;
```

查询表中字段 NAME 字段为 NULL 的行信息，可用 IS NULl 操作符进行条件查询。

```
SELECT * FROM T_TEST_OPERATOR WHERE NAME IS NULL;
```

查询表中 ID 字段为 1、3、5 的行信息，可用 ANY 操作符进行条件查询。

```
SELECT * FROM T_TEST_OPERATOR WHERE ID= ANY(1, 3, 5);
```

查找表中 NAME 字段含有"an"字符串的行信息，可用 LIKE 操作符与通配符%配合查询。

```
SELECT * FROM T_TEST_OPERATOR WHERE NAME LIKE '%an%';
```

3.4.5 其他操作符

表 3-11 和表 3-12 所示为通配符和其他操作符。%表示任意数量的字符，包括无字符。_表示确切的一个未知字符。这两个字符经常用于 LIKE 和 NOT LIKE 语句中，用于实现字符串的匹配。

表 3–11 通配符

通配符	描述
%	表示任意数量的字符，包括无字符，用于 LIKE 和 NOT LIKE 语句中
_	下画线，表示确切的一个未知字符，用于 LIKE 和 NOT LIKE 语句中

表 3–12 其他操作符

操作符	描述
单引号（'）	表示字符串类型。如果在字符串文本里含有单引号，那么必须运用两个单引号示意
双引号（"）与反引号（`）	表示表、字段、索引等对象名或者是别名

单引号（'）用来表示字符串类型，如果在字符串文本里含有单引号，那么必须用两个单引号来表示。示例代码如下。

```
INSERT INTO tt1 values('''');
```

双引号（"）与反引号（`）用来表示表、字段、索引等对象名或者是别名，对大小写敏感，并支持以关键字作为名字或别名。如果没有用双引号或者反引号将对象名引起来的话，GaussDB 数据库采取不敏感处理，将大、小写均当作大写进行处理。

3.5 本章小结

本章主要讲述华为 GaussDB(for MySQL)的数据类型、系统函数、操作符及 SQL 语句等内容，帮助读者初步了解 GaussDB(for MySQL)，为下一步的学习打基础。

3.6 课后习题

1. （判断题）BIGINT 类型占用 4 字节。（   ）

    A. True   B. False

2. （判断题）BLOB 类型用于存储变长大对象二进制数据。（   ）

    A. True   B. False

3. （单选题）运行

```
CREATE TABLE aaa ( name CHAR(5) );
INSERT INTO aaa values('TEST ');
SELECT name='test' FROM aaa;
```

的结果为（   ）。

    A. 1   B. 0

4. （多选题）以下哪些是数值计算函数？（   ）

    A. LENGTH(str)   B. SIN(D)   C. TRUNC(X,D)   D. HEX(p1)

5. （多选题）GaussDB(for MySQL)取 UNIX 时间戳的函数为（   ）。

    A. UNIX_TIMESTAMP()

    B. UNIX_TIMESTAMP(datetime)

    C. UNIX_TIMESTAMP(datetime_string)

    D. FROM_UNIXTIME(unix_timestamp)

6. （单选题）if(cond,exp1,exp2)函数在 cond 条件为假时，返回（   ）。

    A. exp1   B. exp2

7. （多选题）以下哪些是逻辑操作符？（   ）

    A. AND   B. OR   C. NOT   D. NOT OR

8. （判断题）通配符用于 LIKE 和 NOT LIKE 语句中。（   ）

    A. True   B. False

9. （判断题）算术操作符中优先级最低的是^。（   ）

    A. True   B. False

第4章 SQL语法分类

📖 本章内容
- 数据查询
- 插入、修改、删除数据
- 数据定义、控制

GaussDB(for MySQL)是华为云提供的高性能、高可靠的关系型数据库，为用户提供多节点集群的架构，集群中有一个写节点（主节点）和多个读节点（只读节点），各节点共享底层的存储软件架构（Data Function Virtualisation，DFV）。本章按照语法分类对 SQL 语句进行讲解，涉及数据库查询语言、数据操纵语言、数据定义语言和数据控制语言。

4.1 数据查询

数据查询是用来查询数据库内的数据的,具体是指从一个或多个表、视图中检索数据的操作。数据查询是数据库的基本应用之一，GaussDB(for MySQL)数据库提供了丰富的查询方式，包括简单查询、条件查询、连接查询、子查询、集合运算、数据分组、排序和限制等，具体需基于实际使用场景来描述数据查询语言的类型及其使用方法。

4.1.1 简单查询

在日常查询中，最常用的是通过 FROM 子句实现的查询，其语法格式如下。

```
SELECT{ , … } FROM table_reference{ , … }
```

SELECT 关键字之后和 FROM 子句之前出现的表达式称为 SELECT 项，SELECT 项用于指定要查询的列。如果要查询所有列则可以在 SELECT 关键字后面使用*号，而如果只查询特定的列可以直接在 SELECT 关键字后面指定列名，注意列名之间要用逗号隔开。关键字 FROM 之后指定从哪个表中查询，可以是一个表或多个表，也可以是查询子句。简单查询属于 FORM 关键字后面是一个表的情况。

示例：创建一个培训表 training，向表中插入 3 行数据后查看 training 表中的所有列。

创建 training 表。

```
CREATE TABLE training(staff_id INT NOT NULL,course_name CHAR(50), exam_date DATETIME,score INT);
```

向表中插入 3 行数据。

```
INSERT INTO training(staff_id,course_name,exam_date,score)VALUES(10,'SQL majorization','2017-06-2512:00:00',90);
INSERT INTO training(staff_id,course_name,exam_date,score)VALUES(10,'information safety','2017-06-2612:00:00',95);
INSERT INTO training(staff_id,course_name,exam_date,score)VALUES(10,'master all kinds of thinking methons','2017-07-25 12:00:00',97);
```

上述代码首先通过 CREATE TABLE 语句创建表，再通过 INSERT 语句向表中插入数据，其中表名 training 后面的为要插入的字段信息；VALUES 后面是具体插入的数据信息，它和表名 training 后面的字段信息是一一对应的。staff_id 字段定义为 NOT NULL，意为该字段数据不能为空，插入的时候该字段必须有数据。如果 VALUES 中的值包含表 training 中的所有列，则可以省略表 training 后面指定的具体字段。之后可通过相同的 INSERT 语句向表中插入 3 行数据，插入完成后通过 SELECT 语句进行查询。

假如现在要查询表中的所有列，则在关键字 SELECT 后面使用*号即可。示例代码如下。

```
SELECT * FROM training;
STAFF_ID    COURSE_NAME                             EXAM_DATE             SCORE
--------------------------------------------------------------------------------
10          SQL majorization                        2017-06-25 12:00:00   90
10          information safety                      2017-06-26 12:00:00   95
10          master all kinds of thinking methods    2017-07-25 12:00:00   97
```

关键字 FROM 后面为表名 training，这样就可以查询出表 training 中的所有数据信息。

4.1.2 去除重复值

有时候表中可能会有重复的记录，在检索这些记录的时候，需要做到只取回唯一的记录，而不是重复的，这点可以通过关键字 DISTINCT 来实现。DISTINCT 关键字的意思是从 SELECT 的结果集中删除所有重复的行，使结果集中的每行都是唯一的，取值范围是已存在的字段名或字段的表达式。其语法格式如下所示。

```
SELECT DISTINCT { , … } FROM table_reference {, … }
```

在 SELECT 项前面加上关键字 DISTINCT，如果在 DISTINCT 关键字之后只有一列，则使用该列来计算重复值；如果有两列或者多列，则将使用这些列的组合结果来进行重复检查。

表 4-1 所示为一个部门的员工信息表。现在要查询员工的岗位和奖金信息，并去除岗位和奖金相同的记录。根据要查询的内容可知，SELECT 项为 job 和 bonus；去除岗位和奖金相同的记录，就要用到关键字 DISTINCT。在 SELECT 项 job、bonus 前面加上 DISTINCT 关键字即可实现去重，查询出相应无重复值的结果，具体代码如下。

表 4-1 部门的员工信息表

staff_id	name	job	bonus
30	wangxin	developer	9000
31	xufeng	tester	7000
34	denggui	tester	7000
35	caoming	developer	10000
37	lixue	developer	9000

```
SELECT DISTINCT job, bonus FROM sections;
JOB          BONUS
------------ -----------
developer    9000
tester       7000
developer    10000
3 rows fetched.
```

4.1.3 查询列的选择

在选择查询列时，列名可以用下面几种形式表示。

（1）手动输入列名，多个列名之间用英文逗号（,）分隔。例如，要同时查询表 t1 的 a、b 列信息和表 t2 的 f1、f2 列信息可以通过 SELECT a, b, f1, f2 FROM t1, t2 语句实现，其中列 a、b 是表 t1 的列，f1、f2 是表 t2 的列，结果以笛卡儿积形式显示。

（2）计算出来的字段。例如，要查询表 t1 中的 a、b 两个字段加起来的和，可以通过对 a 和 b 列进行数值计算来实现，具体实现语句为 SELECT a+b FROM t1。

（3）使用表名来限定列名。如果某两个或某几个表正好有一些共同的列名，推荐使用表名来限定列名。不限定列名也可以得到查询结果，但使用完全限定的表和列名称不仅可以使 SQL 语句更加清晰、便于理解，还可以减少数据库内部的处理工作量，从而提升查询的返回性能。例如，查询表 t1 的 a 列和表 t2 的 f1 列，可以通过 SELECT t1.a,t2.f1 FROM t1,t2 语句实现。

同样以 training 表为例。若要查看 training 表中参与培训的员工编号及培训课程名信息，可以在 SELECT 项中指定查询列为员工编号 staff_id 列和课程名 course_name 列，即通过 SELECT staff_id, course_name FROM training 语句实现。这样就可以从培训表 training 中直接查询员工编号和培训课程名信息。示例代码如下。

```
SELECT staff_id, course_name FROM training;
STAFF_ID    COURSE_NAME
------------------------------------------------------------
10          SQL majorization
10          information safety
10          master all kinds of thinking methods
```

另一个例子是与学生成绩相关的。当前有数学和英语两个成绩表,两个表中均包含学生学号和相应的成绩,如表 4-2 和表 4-3 所示。

表 4-2 数学成绩表 math

sid	score
10	95
11	87
12	99

表 4-3 英语成绩表 english

sid	score
10	82
11	87
12	93

现在要查找学号为 10 的学生的数学成绩和英语成绩。为方便描述和使用,将数学成绩表 math 取别名为 a,将英语成绩表 english 取别名为 b。将数学数成绩表中的分数 score 列取别名为 MATH,将英语成绩表中的分数 score 列取别名为 ENGLISH。查询学号为 10 的学生成绩可以通过 WHILE 条件语句实现。具体做法为将数学成绩表中的学号 sid 限制为等于 10,将英语成绩表中的学号 sid 也限制为等于 10,两个条件之间是"与"关系,用逻辑操作符 AND 连接。这样就可以同时查询出学号为 10 的学生的数学成绩和英语成绩,具体代码如下。

```
SELECT a.sid,a.score AS math, b.score AS english FROM MATH a,ENGLISH b WHERE a.sid = 10 AND b.sid = 10;
SID         MATH           ENGLISH
----------------------------------------
10          95             82
1 rows fetched.
```

上述的别名是使用子句 AS some_name 设置的,使用该子句可以为表名称或列名称指定另一个名称进行显示。一般创建别名是为了让列名称的可读性更强。

列和表的 SQL 别名分别跟在相应的列名或表名后面,中间可以加上关键字 AS。假如想用 empno 来代替表 training 中的 staff_id 字段进行结果显示,可以通过 SELECT staff_id AS empno, course_name FROM training 语句实现。其中关键字 AS 可以省略。通过加双引号的方式也可以表示别名(SELECT staff_id "empno", course_name FROM training),这样就将表中的 staff_id 字段显示为 empno 了。在之前的例子中将数学成绩表 math 取别名为 a,将英语成绩表 english 取别名为 b,将数学成绩表和英语成绩表中的 score 列分别取别名为 MATH 和 ENGLISH 也是同样的道理。具体代码如下。

```
SELECT staff_id AS empno,course_name FROM training;
EMPNO           COURSE_NAME
-----------------------------------------------------------------
10              SQL majorization
10              information safety
10              master all kinds of thinking methods

SELECT a.sid, a.score  math, b.score  english FROM math a, english b WHERE a.sid
= 10 AND b.sid = 10;
SID         MATH            ENGLISH
-----------------------------------------
10          95              82
```

4.1.4 条件查询

上例在查询某学生的成绩时,用到了条件查询。条件查询是通过在 SELECT 语句中设置条件来得到更精确的查询结果的查询方式。条件由表达式与操作符共同指定,且条件查询返回的值是 TRUE、FALSE 或者 UNKNOWN。查询条件不仅可以应用在 WHILE 子句中,还可以应用到 HAVING 子句中,其中 HAVING 子句用于对分组结果集进行进一步的条件筛选。

语法格式包括 CONDITION 子句和 PREDICATE 子句两种。

CONDITION 子句为条件查询语句,后面跟查询期望条件 PREDICATE 子句,并且可以与其他条件进行与、或等操作,语法格式如下。

```
SELECT_statement { PREDICATE } [ { AND | OR } CONDITION ] [ , … n ]
```

PREDICATE 子句表达式支持进行 =、<>、>、<等数值逻辑计算,支持与 LIKE、BETWEEN……AND……、IS NULL、EXISTS 等测试操作符以及 SELECT 子句进行嵌套使用。其语法格式如下。

```
{expression { = | <> | != | > | >= | < | <= } { ALL | ANY } expression | ( SELECT )
 | string_expression [ NOT ] LIKE string_expression
 | expression [ NOT ] BETWEEN expression AND expression
 | expression IS [ NOT ] NULL
 | expression [ NOT ] IN ( SELECT | expression [ , … n ] )
 | [ NOT ] EXISTS ( SELECT )
}
```

查询条件由表达式和操作符共同定义。常用的条件定义方式如下。

(1)用比较操作符>、<、>=、<=、!=、<>、=等指定比较查询条件。当和数值类型的数据比较时,可以使用单引号,也可以不用;当和字符及日期类型的数据比较时,则必须用单引号将数据引起来。

（2）用测试操作符指定范围查询条件。如果希望返回的结果满足多个条件，可以使用 AND 逻辑操作符连接这些条件；如果希望返回的结果满足多个条件之一，可以使用 OR 逻辑操作符连接这些条件。

示例：查询学习课程 SQL majorization 的人员信息。在这里可以使用比较操作符来指定查询条件。具体做法是在条件查询 WHILE 关键字后，指定 course_name 等于课程名字符串"SQL majorization"，具体代码如下。

```
SELECT * FROM training WHERE course_name = 'SQL majorization';
STAFF_ID    COURSE_NAME         XAM_DATE                SCORE
-----------------------------------------------------------------
10          SQL majorization    2017-06-25 12:00:00     90

1 rows fetched.
```

常用的逻辑操作符有 AND、OR 和 NOT，它们的运算结果有 3 个值，分别为 TRUE、FALSE 和 NULL，其中 NULL 代表未知，它们的运算优先级顺序为：NOT>AND>OR。

其运算规则如表 4-4 所示。

表 4-4 运算规则表

a	b	a AND b	a OR b	NOT a
TRUE	TRUE	TRUE	TRUE	FALSE
TRUE	FALSE	FALSE	TRUE	FALSE
TRUE	NULL	NULL	TRUE	FALSE

测试操作符在前面章节中也有讲解，GaussDB(for MySQL)支持表 4-5 所示的测试操作符。

表 4-5 测试操作符

操作符	描述
IN/NOT IN	元素在/不在指定的集合中
EXISTS/NOT EXISTS	存在/不存在符合条件的元素
ANY/SOME	存在一个值满足条件。SOME 是 ANY 的同义词
ALL	全部值满足条件
BETWEEN…AND…	在两者之间，例如 a BETWEEN x AND y 等效于 a>= x and a <= y
IS NULL/IS NOT NULL	等于/不等于 NULL
LIKE/NOT LIKE	字符串模式匹配/不匹配
REGEXP	字符串与正则表达式相匹配
REGEXP_LIKE	字符串与正则表达式相匹配

示例：从表 4-6 所示的员工奖金表 bonuses_depa 中查询相关信息。表 4-5 中共包含 4 个字段：staff_id、name、job 和 bonus。

表 4-6 员工奖金表

staff_id	name	job	bonus
30	wangxin	developer	9000
31	xufeng	document developer	7000
37	liming	developer	8000
39	wanghua	tester	8000

若需从该表中查询岗位为 developer 且奖金大于 8000 的员工信息，由于查询信息有条件限制，因此使用条件查询，即岗位 job 等于字符串 developer、奖金 bonus 大于 8000，这两者之间是"与"关系，用 AND 连接，示例代码如下。

```
SELECT * FROM bonuses_depa WHERE job = 'developer' AND bonus > 8000;
STAFF_ID        NAME         JOB           BONUS
---------------------------------------------------------
30              wangxin      developer     9000
```

若需从表中查询姓 wang 且奖金在 8500～9500 的员工信息，同样应使用条件查询，由于姓 wang 的人比较多，若想查询出所有姓 wang 的员工，需将操作符 LIKE 和通配符%配合使用。至于奖金的取值范围，可以使用测试操作符 BETWEEN…AND…，两个条件是"与"关系，应该用 AND 进行连接，示例代码如下。

```
SELECT * FROM bonuses_depa WHERE name LIKE 'wang%' AND bonus BETWEEN 8500 AND 9500;
STAFF_ID        NAME         JOB           BONUS
---------------------------------------------------------
30              wangxin      developer     9000
```

4.1.5 连接查询

在实际应用中查询需要的数据时，经常会需要用到两个或两个以上的表或视图，这种查询两个或两个以上的数据表或视图的查询叫作连接（JOIN）查询，连接查询通常建立在存在相互关系的"父子"表之间。

其语法格式如下。

```
SELECT [ , … ] FROM table_reference
            [LEFT [OUTER] | RIGHT [OUTER] | FULL [OUTER] | INNER]
            JOIN table_reference
            [ON { PREDICATE } [ { AND | OR } CONDITION ] [ , … n ]]
```

其中 table_reference 子句可以是表名、视图名、查询子句等，连接关键字为 JOIN。其中 OUTER 为外连接、INNER 为内连接，外连接又包括左连接（LEFT JOIN）、右连接（RIGHT JOIN）、全连接（FULL JOIN）。ON 后面跟限制条件等信息。

当查询的 FROM 子句中出现多个表时，数据库就会执行连接操作。

（1）查询的 SELECT 列可以是这些表中的任意一列，如前文所述的成绩查询的例子。类似地，查询 table1 和 table2 中的某列值，示例代码如下。

```
SELECT table1.column, table2.column FROM table1, table2;
```

（2）大多数连接查询包含至少一个连接条件，该连接条件既可以在 FROM 子句中，也可以在 WHERE 子句中。示例代码如下。

```
SELECT table1.column, table2.column FROM table1 JOIN table2 ON(table1.column1 = table2.column2);
SELECT table1.column, table2.column FROM table1, table2 WHERE table1.column1 = table2.column2;
```

（3）WHERE 子句中可以通过指定+操作符的方法将表的连接关系转换为外连接，但是不建议读者使用这种方法，因为这并不是 SQL 的标准语法。

内连接的关键字为 INNER JOIN，其中 INNER 可以省略。内连接的连接执行顺序必然遵循语句中所写的表的顺序。

示例：查询员工编号、最高学历和考试分数信息。使用 training 和 education 两个表中相关的列（staff_id）进行查询操作。

已知 education 表中包含员工编号和最高学历信息，而表 training 中包含员工编号和考试分数信息。若需同时查询员工编号、最高学历和考试分数信息，则需要在两个表之间用内连接查询，因为两者的员工编号是对应的。首先对两个表的员工编号列 staff_id 进行条件查询得到相应的信息，然后以 staff_id 字段相同作为查询条件进行连接查询，实现对员工编号、最高学历和考试分数信息的同时查询。示例代码如下。

```
SELECT * FROM training;
STAFF_ID    COURSE_NAME         EXAM_DATE               SCORE
--------------------------------------------------------------------
10          SQL majorization    2017-06-25 12:00:00     90
11          BIG DATA            2018-06-25 12:00:00     92
12          Performance Turning 2018-06-29 12:00:00     95

SELECT * FROM education;
STAFF_ID    HIGEST_DEGREE  GRADUATE_SCHOOL                      EDUCATION_NOTE
--------------------------------------------------------------------
-11         master         Northwestern Polytechnical University  211&985
12          doctor         Peking University                      211&985
13          scholar        Peking University                      211&985

SELECT e.staff_id, e.higest_degree, t.score FROM education e JOIN training t ON
```

```
(e.staff_id = t.staff_id);
    STAFF_ID        HIGEST_DEGREE  SCORE
    ---------------------------------------
    11              master         92
    12              doctor         95
```

连接查询将查询多个表中相关联的行,内连接查询返回的查询结果集中仅包含符合查询条件和连接条件的行。但有时需要包含没有关联的行中的数据,即返回的查询结果集中不仅包含符合连接条件的行,还包含左表、右表或两个表中的所有数据行,此时就需要用到外连接。

内连接指定的两个数据源处于平等的地位。而外连接不同,外连接是以一个数据源为基础,再将另外一个数据源与基础数据源进行条件匹配。

内连接返回两个表中所有满足连接条件的数据记录。外连接不仅返回满足连接条件的记录,还将返回不满足连接条件的记录。

外连接又分为左外连接、右外连接和全外连接。

左外连接又称左连接,是指以左边的表为基表进行查询,根据指定的连接条件关联右表,获取基表和与条件相匹配的右表数据;对于基表中存在但右表无法匹配的记录,将右表对应的字段位置表示为 NULL,具体如图 4-1 所示。

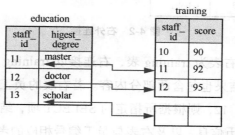

图 4-1 左外连接

在查询语句中,左表为 education 表,右表为 training 表,故左连接以 education 表为基表,并通过员工编号来匹配右表 training。查询结果包含两部分内容,假设左表的员工编号为 11、12、13,右表与左表相同的员工编号为 11 和 12,根据所指定的 SELECT 项,结果中会包含左表中员工编号为 11、12 的信息和最高学历信息,以及右表中与员工编号相应的考试分数信息。由于左表的员工编号 13 没有匹配到右表的内容,因此结果中会包含左表的员工编号为 13 的信息和最高学历信息,而右表中与之对应的考试分数信息为空,如表 4-7 所示。

表 4-7 员工信息表

staff_id	higest_degree	score
11	master	92
12	doctor	95
13	scholar	

具体代码如下所示。

```
    SELECT e.staff_id, e.higest_degree, t.score FROM education e LEFT JOIN training
t ON (e.staff_id = t.staff_id);
    STAFF_ID    HIGEST_DEGREE SCORE
    ------------------------------------
    11          master        92
    12          doctor        95
    13          scholar
    3 rows fetched.
```

右外连接又称右连接，与左连接对应，是指以右边的表为基表，在内连接的基础上查询右表中有记录的数据（左表中没有的数据用 NULL 填充），如图 4-2 所示。

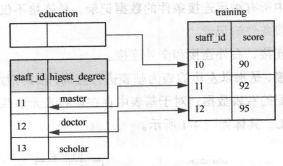

图 4-2　右外连接

左表为 education 表，右表为 training 表，右连接以 training 表为基表，通过员工编号来匹配左表 education，查询结果也包含两部分内容。若右表的员工编号为 10、11、12，右表与左表相同的员工编号为 11、12，则根据所指定的 SELECT 项，结果中会包含左表的员工编号为 11、12 的信息和最高学历信息，以及右表与员工编号相应的考试分数信息。同样，由于右表的员工编号 10 没有与之匹配的左表记录，因此结果中会包含右表的员工编号为 10 的考试分数信息，而左表的员工编号和最高学历信息为空，如表 4-8 所示。

表 4-8　员工信息表

staff_id	higest_degree	score
		90
11	master	92
12	doctor	95

示例代码如下。

```
    SELECT e.staff_id, e.higest_degree, t.score FROM education e RIGHT JOIN training
t ON (e.staff_id = t.staff_id);
    STAFF_ID    HIGEST_DEGREE SCORE
    ------------------------------------
```

```
11          master          92
12          doctor          95
```

半连接（SEMI JOIN）是一种特殊的连接类型，在 SQL 中没有指定的关键字，通过在 WHERE 后面添加 IN 或 EXISTS 子查询实现。当 IN 或 EXISTS 右侧的多行满足子查询的条件时，主查询也只返回一个与 IN 或 EXISTS 子查询匹配的行，不复制左侧的行。即当一个表在另一个表中找到匹配的记录之后，半连接返回第 1 个表中的记录，与条件连接相反。即使在右表中找到了多条匹配的记录，左表也只会返回一条记录，而右表一条记录都不会返回。

举例说明，查看参加培训员工的教育信息时，即使培训表 training 中有许多行与子查询条件匹配（假设同一个员工编号下有多个员工），也只需要从培训表中返回一行员工编号匹配的信息，多个员工编号符合条件就返回多行。首先在关键字 EXISTS 后面的子查询中，查找教育表 education 和培训表 training 中员工编号相同的信息；再根据查询出的相同员工编号信息，在教育表 education 中查找员工编号和最高学历等信息，并返回查询结果，具体代码如下。

```
SELECT staff_id, higest_degree, education_note FROM education WHERE EXISTS (SELECT * FROM training WHERE education.staff_id = training.staff_id);

STAFF_ID    HIGEST_DEGREE   EDUCATION_NOTE
--------------------------------------------------------
11          master          211&985
12          doctor          211&985
```

反连接（ANTI JOIN）是一种特殊的连接类型，在 SQL 中没有指定的关键字，它与半连接相反，通过在 WHERE 后面添加 NOT IN 或 NOT EXISTS 子查询实现，返回主查询中所有不满足条件的行。

如查询没有参加培训的员工的教育信息，首先在关键字 NOT IN 后面的子查询中查找教育表 education 和培训表 training 中员工编号相同的信息；再根据查找出的相同员工编号信息，在教育表 education 中查找员工编号不相同的信息，最终返回员工编号和最高学历等信息。可以看出，它与上述半连接的作用正好相反。示例代码如下。

```
SELECT staff_id, higest_degree, education_note FROM education WHERE staff_id NOT IN (SELECT staff_id FROM training);

STAFF_ID    HIGEST_DEGREE   EDUCATION_NOTE
--------------------------------------------------------
13          scholar         211&985
```

4.1.6 子查询

子查询是指在查询、创建表或插入语句的内部嵌入查询，以获得临时结果集。子查询可以分为相关子查询和非相关子查询。

相关子查询是指执行查询的时候,先取得外层查询的一个属性值,然后执行与此属性相关的子查询,执行完毕后,再取得外层查询的下一个值,依次重复执行子查询。

(1)在子查询中引用了外部查询表中的列。

(2)子查询的值依赖于外部查询表中的列的值。

(3)对于外部查询中的每一行,子查询都要执行一次。

非相关子查询是指子查询独立于外层的主查询,子查询的执行不需要提前取得主查询的值,只作为主查询的查询条件。查询执行时,子查询和主查询可分为两个独立的步骤,即先执行子查询,再执行主查询。

子查询的语法格式与普通查询相同,它可以出现在 FROM 子句、WHERE 子句,以及 WITH AS 子句中。FROM 子句中的子查询也称为内联视图,WHERE 子句中的子查询也称为嵌套子查询。

WITH AS 子句定义一个 SQL 片段,该 SQL 片段会被整个 SQL 语句用到,可以使 SQL 语句的可读性更高。存储 SQL 片段的表与基本表不同,它是一个虚表。数据库不存放视图对应的定义和数据,这些数据仍存放在原来的基本表中,若基本表中的数据发生变化,则从存储 SQL 片段的表中查询的数据也随之改变,语法格式如下所示。

```
WITH { table_name AS select_statement1 }[ , …… ] select_statement2
```

其中 table_name 为用户自定义的存储 SQL 片段的表的名称,也就是虚表名称。

select_statement1 为从基本表中查询数据的 SELECT 语句,查找出的数据是虚表的数据信息。

select_statement2 为从用户自定义的存储 SQL 片段的表中查询数据的 SELECT 语句,也就是从虚表中查找数据的 SQL 语句。

示例:通过相关子查询查找每个部门中高出部门平均工资的人员。

某员工信息表 staffs 中包含了姓名、部门编号和工资等信息,现要查询每个部门中高出部门平均工资的人员信息,可以通过子查询来实现。对 staffs 表的每一行主查询使用相关子查询来计算同一部门成员的平均工资,代码如下。

```
SELECT s1.last_name, s1.section_id, s1.salary
  FROM staffs s1
    WHERE salary >(SELECT avg(salary) FROM staffs s2 WHERE s2.section_id = s1.section_id)
    ORDER BY s1.section_id;
```

对于 staffs 表的每一行,主查询使用相关子查询来计算同一部门成员的平均工资。相关子查询对 staffs 表的每一行执行以下步骤。

(1)确定行的 section_id,员工信息表 staffs 在主查询中的别名为 s1,在子查询中的别名为 s2,子查询条件为主查询表中的 section_id 与子查询表中相同的信息。

(2)通过平均值计算函数 AVERAGE() 来计算部门平均工资,使用 section_id 来评估主查询。

（3）在主查询中用 salary 字段与平均工资进行比较，取大于平均工资的结果（如果此行中的工资大于所在部门的平均工资，则返回该行）。

对于 staffs 表的每一行，子查询都将计算一次。

下面是 WITH AS 子查询的示例。

示例：查询参加过 BIG DATA 课程的员工信息。

```
WITH bigdata_staffs AS (select staff_id,exam_date from training where course_name
= 'BIG DATA' )SELECT * FROM bigdata_staffs;
   STAFF_ID      EXAM_DATE
----------------------------------
   11            2018-06-25 12:00:00
```

示例：通过子查询建立一个和 training 表具有相同结构的表。

```
CREATE TABLE training_new AS SELECT * FROM training WHERE 1<>1;
```

<>是不等于的意思，1<>1 的条件不成立，所以子查询不会返回数据。

由于 WHILE 后面的条件恒不成立，因此只会创建出表结构，而不会向其中插入数据。

通过子查询向表 training_new 中插入 training 表的所有数据。

```
INSERT training_new SELECT * FROM training;
```

通过子查询查出表 training 中的所有数据，再通过 INSERT 语句将数据插入新表 training_new 中，其中 training_new 表已经存在，并且表结构与表 training 相同。

4.1.7 合并结果集

在大多数数据库中只使用一条 SELECT 查询语句就可以返回一个结果集。如果希望一次性查询多条 SQL 语句，并将所有 SELECT 查询的结果合并成一个结果集返回，就需要用到合并结果集操作符将多个 SELECT 语句组合起来。这种查询被称为合并或复合查询，可以通过 UNION 操作符实现。

UNION 操作符将多个查询块的结果集合并为一个结果并输出，使用时应该注意以下内容。

（1）每个查询块的查询列数目必须相同。例如，查询表，则两个表的字段个数必须相同。

（2）每个查询块对应的查询列必须为相同数据类型或为同一数据类型组。如果是表，则两个表所查询列的数据类型是相同的或者是同一数据类型组（能够相互转换）的。

（3）关键字 ALL 的意思是保留所有重复数据，没有 ALL 的情况下表示删除所有重复数据。

图 4-3 所示的表 A 和 B，其中 A 表为一列，内容是 1 和 2；B 表也是一列，并且和 A 表列字段的定义相同，内容是 2 和 3。如果 A UNION B，则返回的结果集会将 A、B 表中相同内容"2"合并输出，结果集为 1、2、3；如果是 A UNION ALL B，则返回的结果集会将 A、B 表中的两个"2"都输出，结果集为 1、2、2、3。

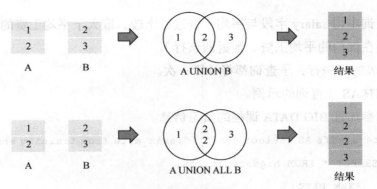

图 4-3 合并结果集

现有两个部门的员工信息,如表 4-9 和表 4-10 所示,要求查询获得奖金超过 7000 的员工信息。已知部门 1 和部门 2 的员工信息表,且两个表的列数和定义是一样的,因此可以通过合并结果集来获取两个部门奖金超过 7000 的员工信息。首先通过 SELECT 条件查询获取部门 1 员工信息表中奖金超过 7000 的员工编号、员工姓名和奖金信息;之后同样通过 SELECT 条件查询获取部门 2 员工信息表中奖金超过 7000 的员工编号、员工姓名和奖金信息;再通过 UNION ALL 对两次查询结果进行结果集的合并,就可以一次从两个部门中查询出信息,代码如下所示。

表 4-9 Bonuses_depa1 部门的员工信息表

staff_id	name	job	bonus
23	wangxia	developer	5000
24	limingying	tester	7000
25	liulili	quality control	8000
29	liuxue	tester	9000

表 4-10 Bonuses_depa2 部门的员工信息表

staff_id	name	job	bonus
30	wangxin	developer	9000
31	xufeng	document developer	6000
34	denggui	quality control	5000
35	caoming	tester	10000

```
SELECT staff_id, name, bonus FROM bonuses_depa1 WHERE bonus > 7000 UNION ALL SELECT
staff_id, name, bonus FROM bonuses_depa2 WHERE bonus > 7000 ;
STAFF_ID    STAFF_NAME          BONUS
-----------------------------------------------------------
30          wangxin             9000
35          caoming             10000
25          liulili             8000
29          liuxue              9000
```

4.1.8 差异结果集

和合并结果集对应的是差异结果集，差异结果集可以对查询结果集做减法，计算存在于左边查询语句的输出、而不存在于右边查询语句的输出的结果。

获取结果集不同的结果信息可以通过 MINUS、EXCEPT 操作符实现。A MINUS B C 的结果为结果集 A 去除结果集 B 和结果集 C 中包含的所有记录后的结果，即在 A 中存在，而在 B、C 中不存在的记录，语法格式如下。

```
select_statement1 MINUS/EXCEPT select_statement2 { … }
```

其中 select_statement1 是产生第 1 个结果集的 SELECT 语句，类似于结果集 A。
select_statement2 是产生第 2 个结果集的 SELECT 语句，类似于结果集 B。

返回的结果就是结果集 A 与结果集 B 的差异结果集，即结果集 A 中有但结果集 B 中没有的数据信息。

结果集 A 中的内容为 1、2、3，结果集 B 中的内容为 2、3、4。由于结果集 A 和结果集 B 的列定义相同，对 A 与 B 做差异结果集计算，即 A MINUS B 可以得出差异结果为 1，如图 4-4 所示。

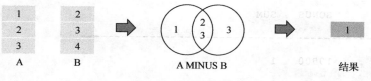

图 4-4　差异结果集

使用 MINUS 查询数据的代码如下。

```
SELECT * FROM education MINUS SELECT * FROM education_disable WHERE staff_id=13
```

4.1.9 数据分组

在数据库查询中，分组是一个非常重要的应用。分组是指将表中的记录以某个或者某些列为标准，把值相等的划分为一组，可以通过关键字 GROUP BY 实现，语法格式如下。

```
GROUP BY { column_name } [ , … ]
```

GROUP BY 后面可以跟列名（一个或多个均可），具体使用特点如下。

（1）GROUP BY 子句中的表达式可以包含 FROM 子句中的表、视图的任何列，无论这些列是否出现在 SELECT 列表中。

（2）GROUP BY 子句对行进行分组，但不保证结果集的顺序。若要对分组进行排序，则使用 ORDER BY 子句。意思是 GROUP BY 返回的结果是没有顺序的，要让结果有顺序地显示，需要通过 ORDER BY 子句进行排序。

（3）GROUP BY 后的表达式可以使用括号，例如，两个表达式可以被一起括起来，也可以被分别括起来，但是不允许一部分在括号内而另一部分在括号外。例如，GROUP BY(expr1, expr2)或者 GROUP BY(expr1), (expr2)是正确的，但不支持 GROUP BY (expr1, expr2), expr3。

员工信息表如表 4-11 所示。

表 4-11 员工信息表

staff_id	name	job	bonus
30	wangxin	developer	9000
31	xufeng	tester	7000
34	denggui	tester	7000
35	caoming	developer	10000
37	lixue	developer	9000
39	chenjing	developer	9000

将部门按照岗位和奖金分组，查询每组员工数，并对结果按人数升序排列。对此，首先要按照岗位和奖金进行分组，具体可以通过 GROUP BY 子句实现，GROUP BY 后面为岗位和奖金的列名，分别是 job 和 bonus；然后对结果按人数升序排列，则需要先计算出每组的员工数，由于表中员工编号字段是唯一的，因此可以通过 COUNT()函数取该字段的和，再用 ORDER BY 子句对该字段的和进行升序排列。这样就可以查询出相应的结果信息，具体代码如下。

```
SELECT job, bonus, COUNT(staff_id) sum FROM bonuses_depa GROUP BY(job,bonus) ORDER BY sum;

JOB             BONUS      SUM
--------------------------------------------------
developer       10000      1
tester          7000       2
developer       9000       3

3 rows fetched.
```

HAVING 子句可以在分组的结果集中进一步筛选数据，将分组的一些属性与一个常数值比较，只有满足 HAVING 子句条件的分组才会被提取出来。其常与 GROUP BY 子句配合，用来选择特殊的组，语法格式如下。

```
HAVING CONDITION { , … }
```

其中 HAVING 后面跟限制条件，不可跟别名。

示例：查询表 sections 中岗位人数大于 3 的各岗位员工总数。

首先需要查询出表中各岗位的人数。由于表中员工编号字段是唯一的，因此可以对表按照岗位 job 进行数据分组，并对员工编号字段通过 COUNT()函数进行求和，这样就可以查询出表中各岗位的人数。最后查询岗位人数大于 3 的岗位员工总数。通过 HAVING 子句对员工编号的求和字段进行条件筛选，这样就可以查询出相应的信息，具体代码如下。

```
SELECT job, COUNT(staff_id) FROM bonuses_depa GROUP BY job HAVING COUNT(staff_id)>3;

JOB                     COUNT(STAFF_ID)
--------------------------------------------------
```

4.1.10 数据排序

ORDER BY 子句根据指定的列对查询语句返回的行信息进行排序。如果没有 ORDER BY 子句,则多次执行的同一查询将不一定以相同的顺序进行行检索。ORDER BY 的语法格式如下。

```
ORDER BY { column_name | number | expression} [ ASC | DESC ] [ NULLS FIRST | NULLS LAST ] [ , … ]
```

ORDER BY 后面可以为行名、第几列或者表达式,具体使用特点如下。

(1) ORDER BY 语句默认按升序方式对记录进行排序。如果希望按照降序方式对记录进行排序,需使用 DESC 关键字。

(2) 如果排序列中有 NULL 值,则可以通过关键字 NULLS FIRST 或 NULLS LAST 指定 ORDER BY 列中 NULL 值的排序位置。FIRST 表示将 NULL 值排在最前面,LAST 表示将 NULL 值排在最后面。若不指定该选项,ASC 默认为 NULLS LAST,DESC 默认为 NULLS FIRST。

还是以表 4-10 为例,查询部门员工信息表中各岗位的奖金信息,且要求查询结果先按奖金信息的升序排列,然后按名字降序排列。用 ORDER BY 子句实现排序。首先要对查询结果按奖金信息升序排列,则 ORDER BY 后面可以跟 bonus 字段,升序为 ASC(也可以不指定,因为默认就为 ASC);然后按名字降序排列,在 bonus 字段后面再加上 name 字段,由于是降序排列,需要指定关键字为 DESC。这样就可以查询出相应的结果,具体代码如下。

```
SELECT * FROM bonuses_depa2 ORDER BY bonus,name DESC;
STAFF_ID        NAME            JOB                     BONUS
----------------------------------------------------------------
31              xufeng          document developer      6000
30              wangxin         developer               9000
34              denggui         quality control         5000
35              caoming         tester                  10000
```

4.1.11 数据限制

如果表中有很多行数据,但只需查询其中的几行,这时可以通过 LIMIT 子句实现数据限制功能。数据限制包括两个独立的子句,即 LIMIT 子句和 OFFSET 子句。

LIMIT 子句用于限制允许查询返回的行,它可以指定偏移量及要返回的行数或行百分比。可以使用此子句实现 top-N 报表。要获得一致的结果,需指定 ORDER BY 子句以确定顺序排列。OFFSET 子句用于设置开始返回的位置。具体语法如下所示。

```
LIMIT [ start, ] count | LIMIT count OFFSET start |OFFSET start [LIMIT count]
```

其中 start 为指定的在返回行之前要跳过的行数,count 为指定的要返回的最大行数。当

start 和 count 都被指定时,在开始计算要返回的 count 行之前会跳过 start 行。若需返回结果集的 20 行并且跳过前 5 行,则可以通过 LIMIT 20 OFFSET 5 表达式实现。

在表 4-10 中,查询员工信息,限制查询时跳过前 1 行后,总共查询 2 行数据。由于只查询 2 行数据,则可以使用 LIMIT 子句,在查询语句后加上 LIMIT 2 来限制只查询 2 行;要跳过前 1 行,则可以使用 OFFSET 子句,在 LIMIT 后加上 OFFSET 1,这样就可以查询出相应的数据信息。同样,LIMIT 和 OFFSET 子句的顺序可以交换,也可以直接通过 LIMIT 子句实现,即直接在查询语句后面加上 LIMIT 1 2。具体代码如下。

```
SELECT name, job, bonus FROM bonuses_depa2 LIMIT 2 OFFSET 1;
NAME                        JOB                     BONUS
-------------------------------------------------------------
xufeng                      document developer      6000
denggui                     quality control         5000
```

4.2 数据更新

数据更新(数据操纵)主要有 3 种方式:数据插入、数据修改、数据删除。这几种操作都是数据库开发人员常用的操作。

4.2.1 数据插入

在数据查询时表中是要有数据的,如果没有数据那就查不到数据,因此,应该先向表中插入数据。

插入数据应注意以下事项。

(1)只有拥有表 INSERT 权限的用户,才可以向表中插入数据,SYS 用户是系统管理员超级用户,普通用户是不允许创建 SYS 用户对象的。

(2)如果使用 RETURNING 子句,用户必须要有该表的 SELECT 权限。

(3)如果使用 QUERY 子句插入来自查询里的数据行,用户还需要拥有在查询里使用表的 SELECT 权限的权限。

(4)INSERT 事务的提交是默认开启的。

数据插入语句的关键字为 INSERT,语法格式有以下 3 种形式。

(1)值插入。构造一行记录并插入表中,语法如下所示。

```
INSERT [IGNORE] [INTO] tbl_name [PARTION(partion_name[, partion_name] …)]
[(col_name [, col_name] …)] [VALUES|VALUE] (expression [,…])
```

其中 IGNORE 表示 INSERT 语句忽略执行时发生的错误,不支持和 ON DUPLICATE KEY UPDATE 同时使用。tbl_name 为待插入的表名,partion_name 为表的一个或多个分区或子分区（或两者），用逗号分隔名称列表，**col_name** 为待插入表字段名，**expression** 为插入字段的值或表达式。如果 INSERT 语句指定的字段名包含表中的所有字段，则可以省略字段名。

（2）查询插入。通过 SELECT 子句返回的结果集构造一行或多行记录插入表中，语法如下所示。

```
INSERT [IGNORE] [INTO] tbl_name [PARTITION (partition_name [, partition_name ...])]
[(col_name [, col_name] ...)] [AS row_alias[(col_alias [, col_alias] ...)]] select_clause
```

其中 select_clause 为 SELECT 查询结果集，它将作为新插入表中的值。

（3）插入记录，如果出现主键冲突错误则执行 UPDATE 操作更新指定字段值，语法如下所示。

```
INSERT [IGNORE] [INTO] tbl_name [PARTITION (partition_name [, partition_name ...])]
[AS row_alias[(col_alias [, col_alias] ...)]] [ON DUPLICATE KEY UPDATE] SET assignment_list
```

示例：向表 training1 中插入数据。

第一步，通过 CREATE_TABLE 语句创建表 training1。定义表中的列名称（与表 training 中的字段是一致的），具体语句如下所示。

```
CREATE TABLE training1(staff_id INT NOT NULL,course_name CHAR(50),exam_date DATETIME,score INT);
```

第二步，进行值插入。通过 INSERT 语句向表 training1 中插入一条记录，具体语句如下所示。

```
INSERT INTO training1(staff_id,course_name,exam_date,score)VALUES(1,'information safety','2017-06-26 12:00:00',95);
```

第三步，进行查询插入。通过子查询向表 training1 中插入 training 表的所有数据。可以通过如下语句实现，用 INSERT、SELECT 语句查询出 training 表中的所有数据，并将其插入 training1 中，具体语句如下。

```
INSERT INTO training1 SELECT * FROM training;
```

第四步，如果出现主键冲突错误，执行 UPDATE 操作。首先，在表 training 中创建主键（通过 ALTER TABLE ADD PRIMARYKEY 语句实现），然后在 INSERT 语句中使用 ON DUPLICATE KEY UPDATE 语句实现插入记录操作，当发生主键冲突时，更新主键名、考试日期等字段，具体代码如下所示。

创建主键。

```
ALTER TABLE training1 ADD PRIMARY KEY (staff_id);
```

插入记录。

```
INSERT INTO training1 VALUES (1,'master all kinds of thinking methonds','2017-07-25 12:00:00',97) ON DUPLICATE KEY UPDATE course_name = 'master all kinds of
```

```
thinking methonds', exam_date ='2017-07-25 12:00:00',score = 97;
```

主键是在数据库表中唯一标识行或记录的一个字段。主键不能为 NULL 值且必须包含唯一值。发生主键冲突时，执行 UPDATE 操作。这里因为 training1 表中主键 staff_id 已经存在值 1，所以执行 UPDATE 操作。

4.2.2 数据修改

数据修改，顾名思义为修改表中相关数据的值，应注意以下事项。

（1）UPDATE 事务的提交是默认开启的，不需要 COMMIT 子句。

（2）执行该操作的用户需要有表的 UPDATE 权限。

数据修改关键字为 UPDATE，语法格式如下。

```
UPDATE table_reference SET { [col_name = expression] [ , … ] | (col_name[,…]) = (SELECT expression[,…]) } [ WHERE condition ]
```

table_reference 子句为要更新的表或表的集合，取值范围为已存在的表或表的集合，示例格式如下。

```
{ table_name
 | join_table
}
```

其中的 table_name 为要更新的表名，取值范围为已存在的表名称，col_name 为要修改的字段名，取值范围为已存在的字段名，expression 为赋给字段的值或表达式。condition 为返回值为布尔类型的表达式，只有这个表达式返回 TRUE 的行才会更新。

join_table 子句为用于关联查询的一组表集合，包括内连接、左连接、右连接。

```
table_reference [LEFT [OUTER] | RIGHT [OUTER] | INNER ] JOIN table_reference ON conditional_expr
```

其中，只有在使用 join_table 子句时支持使用(col_name[,…]) = (expression[,…])。

示例：更新表 training 中 staff_id 和表 education 中 staff_id 相同的记录，将 first_name 修改为 ALAN。

首先，创建 training 和 education 两个表，由于这两个表可能已经存在，我们先通过 DROP TABLE IF EXISTS 语句删除可能已经存在的表 education、training。代码如下。

```
DROP TABLE IF EXISTS education;
DROP TABLE IF EXISTS training;
```

然后就可以通过 CREATE TABLE 语句创建表 education、training，代码如下。

```
CREATE TABLE education(staff_id INT, first_name VARCHAR(20));
CREATE TABLE training(staff_id INT, first_name VARCHAR(20));
```

再通过 INSERT 语句向两个表中插入数据，向 education 表中插入 2 条数据，向 training 表中插入 4 条数据，代码如下。

```
INSERT INTO education VALUES(1, 'ALICE');
INSERT INTO education VALUES(2, 'BROWN');
INSERT INTO training VALUES(1, 'ALICE');
INSERT INTO training VALUES(1, 'ALICE');
INSERT INTO training VALUES(1, 'ALICE');
INSERT INTO training VALUES(3, 'BOB');
```

现在就可以更新表中的内容了，要更新表 training 中 staff_id 和表 education 中 staff_id 相同的记录的 first_name 字段。要更新的表为 training 表，所以关键字 UPDATE 后边为表名 training。这个更新涉及两张表，因此可以通过 JOIN 子句进行，更新的条件为表 training 中的 staff_id 和表 education 中的 staff_id 相同，所以 JOIN 条件为表 training 中的 staff_id 等于表 education 中的 staff_id。具体更新的记录为表 training 中的 first_name。因此，关键字 SET 后面跟 training 表 first_name 的设置信息。假设将符合条件的 first_name 设置为 ALAN，可以通过下面的语句实现。

```
UPDATE training INNER JOIN education ON training.staff_id = education.staff_id SET
training.first_name = 'ALAN';
```

4.2.3 数据删除

数据删除就是从表中删除数据行，应注意以下事项。

（1）使用该语句的用户需要具有表的 DELETE 权限。

（2）DELETE 事务的提交是默认开启的。

数据删除的关键字为 DELETE，和 INSERT 一样都是事务操作，具体语法格式如下。

```
DELETE FROMtable_name
 [ WHERE condition ]
 [ ORDER BY { column_name [ ASC | DESC ] [ NULLS FIRST | NULLS LAST ] } [ , … ] ]
 [  LIMIT [ start, ] count
    | LIMIT count OFFSET start
    | OFFSET start[ LIMIT count ] ]
```

其中 table_name 为待删除数据所属表的名称。

condition 为待删除的数据满足的条件。

ORDER BY 子句指定结果集要排序的字段。

ASC 或 DESC 指定 ORDER BY 子句的排序方式是升序还是降序。

NULLS FIRST 指定 ORDER BY 中 NULL 值的排序位置，FIRST 表示将包含 NULL 值的行排在最前面，LAST 表示将包含 NULL 值的行排在最后面。若不指定该选项，ASC 默认为 NULLS LAST，DESC 默认为 NULLS FIRST。

count 指定要返回的数据的行数，start 指定在返回值之前要跳过的行数，在两者都被指定时，意为返回 count 行之前，会跳过 start 行。

删除表中与另一个表匹配的记录行，可以通过如下两种方法实现。

第一种，通过 DELETE FROM 语句实现，其中 table_ref_list 为待删除数据所属的表，不支持临时表出现在该临时表中，join_table 为关联一组表的表集合，具体使用方法类似数据插入中的使用方法。

```
DELETE table_ref_list FROM join_table
```

第二种，通过 DELETE FROM 和 USING 语句实现，语句内容与第一种方法相同，两种方法都可以实现数据的删除。

```
DELETE FROM table_ref_list USING join_table
```

示例：删除表 training 中 staff_id 为 10 且用户名为 NFORMATION SAFETY 的培训记录。

首先创建 training 表，由于这个表可能已经存在，与数据插入中介绍的删表方法相同，先通过 DROP TABLE IE EXISTS 语句删除可能已经存在的表 training，代码如下。

```
DROP TABLE IF EXISTS training;
```

然后就可以通过 CREATE TABLE 语句创建表 training，代码如下。

```
CREATE TABLE training(staff_id INT NOT NULL,course_name CHAR(50),exam_date DATETIME,score INT);
```

再通过 INSERT 语句向表中插入数据。

```
INSERT INTO training(staff_id,course_name,exam_date,score)VALUES(10,'SQL majorization','2017-06-25 12:00:00',90);
INSERT INTO training(staff_id,course_name,exam_date,score)VALUES(10,'INFORMATION SAFETY','2017-06-26 12:00:00',95);
INSERT INTO training(staff_id,course_name,exam_date,score)VALUES(10,'MASTER ALL KINDS OF THINKING METHONDS','2017-07-25 12:00:00',97);
```

要删除表 training 中 staff_id 为 10 且用户名为 INFORMATION SAFETY 的记录，首先要删除的表名为 training，所以 DELETE FROM 后面跟 training；其次要删除 staff_id 等于 10、course_name 为 INFORMATION SAFETY 的记录，则 WHERE 后跟 staff_id = 10 和 course_name = 'INFORMATION SAFETY'。两个条件是"与"关系，所以两个条件之间用 AND 进行关联，具体语句如下，这样就删除了指定的培训记录。

```
DELETE FROM training WHERE course_name='INFORMATION SAFETY' AND staff_id=10;
```

4.3 数据定义

4.3.1 数据库对象

数据定义用于定义数据库中的对象，数据库对象是数据库的组成部分，主要包括表、索引、视图、存储过程、默认值、规则、触发器、函数等。

表是数据库中的一种特殊数据结构,用于存储数据对象及对象之间的关系,由行和列组成。

索引是对数据库表中一列或多列值进行排序的一种结构,使用索引可快速访问数据库表中的特定信息。

视图是从一个或几个基本表中导出的虚表,可用于控制用户对数据的访问。

存储过程是一组为了完成特定功能的 SQL 语句的集合。一般用于报表统计、数据迁移等。

默认值是当向表中创建列或列数据时,对没有指定具体值的列或列数据项赋予的事先设定好的值。

规则是对数据库表中数据信息的限制。它限定的是表的列。

触发器是一种特殊类型的存储过程,通过指定的事件触发执行,一般用于数据审计、数据备份等。

函数是对一些业务逻辑的封装,可以完成特定的功能。函数执行完成后会返回执行结果。

DDL 用于定义或修改数据库中的对象,主要分为 3 种类型的语句:CREATE、ALTER 和 DROP。

(1) CREATE 用来创建数据库对象。

(2) ALTER 用来修改数据库对象的属性。

(3) DROP 用来删除数据库对象。

4.3.2 创建表

数据库表又称为表格,是一系列二维数组的集合,用来表示和存储数据库对象及对象之间的关系。数据库表的相关功能与对应的 SQL 语句如表 4-12 所示。

表 4-12 数据库表的相关功能与对应的 SQL 语句

功能	相关 SQL 语句
创建表	CREATE TABLE
修改表属性	ALERT TABLE
删除表	DROP TABLE
删除表中所有数据	TRUNCATE TABLE

表是构成表空间的基本结构,由区间构成,它由纵向的列和横向的行组成。对于特定的数据库表,其列的数目一般事先固定,各列根据列名识别,而行的数目可以随时发生动态变化,每行通常都可以根据某列或某几列中的数据来识别,涉及的 SQL 语句如下所示。

```
CREATE [ TEMPORARY ] TABLE [ IF NOT EXISTS ][ database_name.] table_name
  { relational_properties
  | [ ( column_name [ DEFAULT expr [ ON UPDATE expr ] ] [ AUTO_INCREMENT ] [COMMENT
'string'][COLLATE   collation_name]   [inline_constraint]   |   out_of_line_constraint
[ , …] ) ] AS QUERY}
```

```
            [ physical_properties ]
            [ table_properties ]
```

其中 TEMPORARY 为创建临时表。IF NOT EXISTS 表示如果表已经存在，则不再创建，直接返回；如果表不存在，则创建新表。table_name 为表名，不能与已有的表名重复。relational_properties 为表属性，包括列名、类型、行列约束和行外约束等信息。DEFAULT 为列默认值，AUTO_INCREMENT 为指定的自增量，COMENT 'string' 为指定的列的注释，inline_constraint 为列约束，out_of_line_constraint 为表约束，AS QUERY 为指定的子查询，在创建表时将子查询返回的行插入表中。

创建表时需要注意以下事项。

（1）创建当前用户的表，用户需要被授予 CREATE TABLE 系统权限。

（2）表名、列名（数据类型、size）在创建表时必须指定。

（3）自增列只支持 INT 和 BIGINT 类型，一个表只支持一个自增列，并且自增列必须是主键或者唯一索引。

（4）创建外键时，如果不指定列，默认取父表的主键。如果父表无主键，则报错。

（5）分区键必须是整型或者结果是整型的表达式。某些场景中可以直接使用列来进行分区。

（6）当前支持分区类型：RANGE、LIST、HASH、KEY。

（7）最多支持 1024 个间隔分区，如果分区总数超出 1024 个，则报错。

分区是指将一个表的数据按照某种方式分成多个较小的部分，但是逻辑上它仍是一个表。高斯数据库支持范围分区（RANGE）、哈希分区（HASH）、列表分区（LIST），间隔分区（KEY）。以范围分区为例，语法格式如下。

```
PARTITION BY RANGE ( partition_key [, … ] )
( { PARTITION partition_name VALUES LESS THAN
( { partition_value | MAXVALUE } [ , … ] )
              [ TABLESPACE tablespace_name ]
              [physical_attributes_clause]
              } [ , … ]
)
```

其中 PARTITION BY RANGE 为范围分区表的关键字，后面的 partition-key 为分区键所在列的集合，分区键所在的列中，单列的长度不能超过 2000。partition_name 为范围分区的名称，VALUES LESS THAN 为范围分区的上边界关键字，后面的 partition_value 为范围分区的上边界。每个分区都需要指定一个上边界，MAXVALUE 在创建范围分区时可以使用，通常用于设置最后一个分区的上边界。TABLESPACE 为表空间关键字，后面的 tablespace_name 为分区所在的表空间名称，physical_attributes_clause 指定了断页存储的属性。

示例：创建表 education。

```
CREATE TABLE education(staff_id INT, higest_degree CHAR(8) NOT NULL,
graduate_school VARCHAR(64), graduate_data DATETIME, education_note VARCHAR
(70)) ;
```

CREATE TABLE 后面为表名，表名后面的括号内指定了列名和列的定义，列名在前面，列定义在后面，中间用空格隔开。不同列之间用逗号分隔，其中员工工号为整数类型；最高学历为定长字符串类型，长度为 8 字节，NOT NULL 表示该列值不能为空；毕业学校为变长字符串类型，最大长度为 64 字节；毕业时间为时间类型；毕业说明为变长字符串类型，最大长度为 70 字节。

创建分区表 training。

```
CREATE TABLE training(staff_id INT NOT NULL, course_name CHAR(20),
course_period DATETIME,
exam_date DATETIME, score INT)
PARTITION BY RANGE(staff_id)
(
PARTITION training1 VALUES LESS THAN(100)),
PARTITION training2 VALUES LESS THAN(200),
PARTITION training3 VALUES LESS THAN(300),
PARTITION training4 VALUES LESS THAN(MAXVALUE)
```

CREATE TABLE 后面为表名，以及列名和列定义。以员工工号为分区键，创建一个范围分区表，则关键字 PARTITION BY 后面为 RANGE(staff_id)。括号内关键字 PARTITION 的后面为具体的分区名称，由于是范围分区，因此需要指定范围分区的上边界关键字。VALUES LESS THAN 括号内为上边界的值，最后一个为 MAXVALUE，表示最后一个范围分区的上边界。

4.3.3 修改表属性

如果表创建出来后，发现表的属性不合适，需要修改，可以通过 ALTER TABLE 语句修改表的属性。修改表属性的具体操作包括：列的添加、删除、修改和重命名，约束的添加、删除、启用和禁用，修改表的名称，修改分区的表空间。其语法格式如下。

```
ALTER TABLE table_name
{
| ADD [COLUMN] col_name column_definition
| ADD {INDEX | KEY} [index_name][index_type] (key_part, …) [index_option] …
| ADD {FULLTEXT | SPATIAL} [INDEX | KEY] [index_name](key_part, …) [index_option] …
| ADD [CONSTRAINT [symbol]] PRIMARY KEY |UNIQUE [INDEX | KEY]
```

```
    | DROP {CHECK | CONSTRAINT} symbol
    | ALTER {CHECK | CONSTRAINT} symbol [NOT] ENFORCED
    | DROP [COLUMN] col_name
    | RENAME COLUMN old_col_name TO new_col_name
    }
```

修改表属性时，需要注意以下内容。

（1）增加表的列属性时，需要保证表中无记录。

（2）修改表的列属性时，要保证表中的数据类型不冲突，如有冲突需要将该列的值置为 NULL。

常用操作示例如下。

在 training 表中添加列 full_masks。

```
ALTER TABLE training ADD full_masks INT;
```

删除 training 表中的列 course_period。

```
ALTER TABLE training DROP course_period;
```

修改 training 表中列 course_name 的数据类型。

```
ALTER TABLE training MODIFY course_name VARCHAR(20);
```

添加约束。

```
ALTER TABLE training ADD CONSTRAINT ck_training CHECK(staff_id>0);
ALTER TABLE training ADD CONSTRAINT uk_training UNIQUE(course_name);
```

4.3.4 删除表

用户能删除自己名下的表，如果需要删除其他用户名下的表，则需要有 DROP TABLE 权限。普通用户不可以删除系统用户对象。

DROP 的语法格式如下。

```
DROP [TEMPORARY] TABLE [ IF EXISTS ] [ schema_name. ]table_name [RESTRICT|CASCADE]
```

IF EXISTS 用于检测指定表是否存在，存在就将其删除，不存在的话执行删除操作也不会报错。

4.3.5 索引

索引是对数据库表中一列或多列值进行排序的一种结构，使用索引可快速访问数据库表中的特定信息。索引可以大大提高 SQL 的检索速度。以汉语字典的目录（索引）举例，我们可以通过拼音、笔画、偏旁部首等排序的目录快速查找到需要的字。

例如，有个员工表，存了 20 万条数据。想要查询编号为 10000 的员工信息，如果没有索引，就必须遍历整个表，直到编号等于 10000 的这一行被找到为止。在编号上建了索引后，即可在索引中查找。由于索引是经过算法优化的，因此查找速度要快得多。可见，使用索引可以快速访问数据。

索引涉及的 SQL 语句如表 4-13 所示。

表 4-13 索引涉及的 SQL 语句

功能	相关 SQL 语句
创建索引	CREATE INDEX
修改索引属性	ALTER INDEX
删除索引	DROP INDEX

索引按照索引列数可以分为单列索引和多列索引，按照索引使用方法可以分为普通索引、唯一索引、函数索引、分区索引。

索引分类介绍如下。

（1）单列索引：仅在一列上建立索引。

（2）多列索引：多列索引又称为组合索引；若一个索引中包含多个列，只有在查询条件中使用了创建索引时指定的第一个字段，索引才会被使用。GaussDB(for MySQL)多列索引最多支持 16 个字段，长度累加最多为 3900 字节（以类型最大长度为准）。

（3）普通索引：默认创建 B+Tree 索引。

（4）唯一索引：列值或列值组合唯一的索引，创建表时会在主键上自动创建唯一索引。

（5）函数索引：创建在函数基础之上的索引。

（6）分区索引：在表的分区上独立创建的索引，在删除某个分区索引时不影响该表其他分区索引的使用。

创建索引是指在指定的表上创建一个索引。索引可以用来提高数据库查询性能，但是不恰当的使用将导致数据库性能下降。

（7）全文索引：用于在 CHAR、VARCHAR 或 TEXT 数据列上进行词的检索。

使用索引时需要注意以下事项。

（1）LONGBLOB、BLOB 字段上不能创建索引。

（2）组合索引字段不可超过 16 个，字段长度累加不可超过 3900 字节，以类型最大长度为准。

（3）只能以分区表创建分区索引，分区索引数应与分区表数一致，否则会报错。

（4）支持创建 UPPER()和 TO_CHAR()函数索引，约束条件是函数的参数只能是一列，并且不支持把函数索引转换成约束。

创建索引的关键字为 CREATE INDEX，语法格式如下。

```
CREATE[    UNIQUE|FULLTEXT|SPATIAL    ]    INDEXindex_name    [index_type] ON
table_name(key_part, …)[index_option] [algorithm_option|lock_option]
```

其中 UNIQUE 表示创建唯一索引，每次添加数据时都会检测表中是否有重复值，如果插入或更新的值会导致出现重复的记录，则会报错。

index_name 是要创建的索引名。

table_name 是要创建索引的表名，可以有用户修饰。

在普通表 posts 上在线创建索引的示例代码如下。

（1）创建普通表 posts。

```
CREATE TABLE posts(post_id CHAR(2) NOT NULL, post_name CHAR(6) PRIMARY KEY, basic_wage INT, basic_bonus INT);
```

（2）创建索引 idx_posts。

```
CREATE INDEX idx_posts ON posts(post_id ASC, post_name);
```

在分区表 education 上创建分区索引的示例代码如下。

（1）创建分区表 education。

```
CREATE TABLE education(staff_id INT NOT NULL, highest_degree CHAR(8), graduate_school VARCHAR(64), graduate_date DATETIME, education_note VARCHAR(70))
PARTITION BY LIST(highest_degree)
(
PARTITION doctor VALURS ('博士'),
PARTITION master VALURS ('硕士'),
PARTITION bachelor VALURS ('学士'),
);
```

（2）创建分区索引。

```
CREATE INDEX idx_education ON education(staff_id, highest_degree);
```

在最高学位字段上创建列表分区，用 doctor 分区表示最高学位为博士，master 分区表示最高学位为硕士，bachelor 分区表示最高学位为学士。在表 education 的员工编号和最高学位字段上创建索引，idx_education 为索引名，索引分别建立在 3 个分区上，关键字 PARTITION 后面跟 doctor、master 和 bachelor 3 个分区名。

修改索引属性即可改变一个现有索引定义，语法格式如下。

```
ALTER TABLE table_name {ALTER INDEX index_name {VISIBLE | INVISIBLE} | RENAME INDEX old_name TO new_name};
```

其中 ALTER INDEX index_name {VISIBLE | INVISIBLE}默认索引创建之后为可用状态。使用命令 SHOW INDEX FROM posts 查看索引状态为可用还是不可用状态。

RENAME INDEX old_name TO new_name 是对索引的重命名。

修改索引示例操作如下。

通过如下语句在表 posts 上创建索引 idx_posts。

```
CREATE INDEX idx_posts ON posts(post_id ASC, post_name);
```

要在表 posts 的 posts_id 和 post_name 列上创建索引，则 ON 后面为表名，括号内为列名，默认为升序排列，ASC 可省略。加上关键字 ONLINE 表示在线创建索引。

在线创建索引可以使用 ALTER INDEX 语句，在线重建关键字为 REBUILD ONLINE，idx_posts 为索引名。

```
ALTER INDEX idx_posts REBUILD;
```

重命名索引可以使用 ALTER INDEX 语句，将 idx_posts 重命名为 idx_posts_temp。具体代码如下。

```
ALTER INDEX idx_posts RENAME TO idx_posts_temp;
```

删除索引的语法格式如下。

```
DROP INDEX [ IF EXITSTS ] [ schema_name. ]index_name [ ON [schems_name.]table_name ]
```

参数说明如下。

IF EXISTS：索引不存在时，直接返回成功。

[schema_name.]index_name 为待删除的索引名。

ON [schema_name.]table_name：设置 ENABLE_IDX_CONFS_NAME_DUPL 配置项后，支持不同表的索引名相同，删除索引时必须指定表名。

删除索引的示例代码如下。

```
DROP INDEX idx_posts ON posts;
```

4.3.6 视图

视图是从一个或几个基本表中导出的虚表，用于控制用户对数据的访问，其涉及的 SQL 语句如表 4-14 所示。

表 4-14 视图涉及的 SQL 语句

功能	相关 SQL 语句
创建视图	CREATE VIEW
删除视图	DROP VIEW

视图与基本表不同，数据库中仅存放视图的定义，而不存放视图对应的数据，这些数据仍存放在原来的基本表中。若基本表中的数据发生变化，从视图中查询出的数据也将随之改变。从这个意义上讲，视图就像一个窗口，透过它可以看到数据库中用户感兴趣的数据及其变化。

创建视图的关键字为 CREATE VIEW，语法格式如下。

```
CREATE [OR REPLACE] VIEW view_name AS SUBQUERY
```

其中 OR REPLACE 的作用为创建视图时，若视图已存在则更新该视图。

view_name 为用户名和视图名，默认为当前用户。

AS SUBQUERY 为子查询，它将表中的数据查出，再通过视图查看查出的数据。注意，执行该语句的用户需要有 CREATE VIEW 或 CREATE ANY VIEW 系统权限。普通用户不可以创建系统用户对象，也就不能创建系统对象的视图。视图的相关操作示例如下。

（1）创建视图 training_view，若该视图存在则更新该视图。

```
CREATE OR REPLACE VIEW training_view AS SELECT staff_id,score FROM training;
```

视图可以通过 CREATE VIEW 语句来创建，若视图存在，需更新该视图，则需加上 OR REPLACE 关键字，关键字后面为视图名 training_view，AS 后面为子查询。假如需要通过视图查看表 training 中的 staff_id 和 score 字段的所有数据，则子查询为 SELECT staff_id,score FROM training。

（2）创建视图 training_view 并指定视图列别名。要求该视图如果存在则更新该视图，所以需要加上 OR REPLACE 关键字。关键字后面为视图名 training_view；要指定视图列别名，可以在视图名后面指定列别名，别名与子查询中所查出的结果对应，具体语句如下。

```
CREATE OR REPLACE VIEW training_view{id,course,date,score} AS SELECT * FROM training;
```

（3）查看视图中的数据。方法和查询表中数据一样，将查询语句后面的表名换成视图名即可，具体语句如下。

```
SELECT * FROM training_view;
```

（4）查看视图结构。可以通过 DESCRIBE 语句查看视图的结构，具体语法如下。

```
DESCRIBE training_view;
```

删除视图的关键字为 DROP VIEW，语法格式如下。

```
DROP VIEW [IF EXISTS] view_name
```

其中 IF EXISTS 为若视图存在，则执行删除，如果不存在，则返回成功。

例如，DROP VIEW IF EXISTS training_view；表示如果视图 training_view 存在，则删除视图，如果不存在，则返回成功。

4.4 数据控制

4.4.1 事务控制

事务是用户定义的数据库操作序列，这些操作要么全做，要么全不做，是一个不可分割的工作单元。事务控制提供了事务的启动、提交、两阶段提交准备、回滚、设置隔离级别等操作，并支持创建保存点。其涉及的 SQL 语句如表 4-15 所示。

表 4-15 事务控制涉及的 SQL 语句

功能	相关 SQL 语句
提交事务	COMMIT
回滚事务	ROLLBACK

GaussDB(forMySQL)没有提供显式定义事务开始的语句，第一个可执行 SQL 语句（除登

录语句外）隐含事务的开始。GaussDB(DWS)支持事务显式定义语句，通过 START TRANSACTION 启动事务。非显式定义情况下，默认一条 SQL 语句是一个事务。

4.4.2 提交事务

提交事务语句将使当前事务工作单元中的所有操作"永久化"，并结束该事务。
语法格式如下。

```
COMMIT;
```

设置禁止提交的代码如下。

```
SET autocommit=0;
```

（1）创建表 training。

```
CREATE TABLE training(staff_id INT NOT NULL, staff_name VARCHAR(16), course_name CHAR(20),course_start_date DATETIME, course_end_date DATETIME, exam_date DATETIME, score INT);
```

（2）向表 training 中插入记录。

```
INSERT INTO training(staff_id,staff_name,course_name,course_start_date,course_end_date,exam_date,score)
VALUES(10,'LIPENG','JAVA','2017-06-15 12:00:00','2017-06-20 12:00:00','2017-06-25 12:00:00',90);
```

（3）提交事务。

```
COMMIT;
```

4.4.3 回滚事务

回滚事务是指回滚撤销当前单元中的所有操作，并结束该事务。回滚事务的关键字为 ROLLBACK，具体语法格式如下。

```
ROLLBACK [ TO SAVEPOINT savepoint_name ]
```

TO SAVEPOINT 是回滚到保存点。

savepoint_name 是回滚点名称。

建议用户退出时，用 COMMIT 或 ROLLBACK 命令来显式地结束应用程序。如果没有显式地提交事务，而应用程序又非正常终止，则最后一个未提交的工作单元将被回滚。如果需要隐式自动提交，则 ROLLBACK 需要把自动提交关闭。CREATE TABLESPACE 和 ALTER DATABASE 两种 DDL 语句是不能回滚的。

回滚事务示例如下。
创建表 posts，向表中插入数据然后回滚所有操作并结束事务。

（1）创建表 posts。

```
CREATE TABLE posts(post_id CHAR(2) NOT NULL, post_name CHAR(16) NOT NULL, basic_wage INT,basic_bonus INT);
```

(2) 向表 posts 中插入记录。
```
INSERT INTO posts(post_id,post_name,basic_wage,basic_bonus) VALUES('A','general manager',50000,5000);
```
(3) 回滚事务。
```
ROLLBACK;
```
执行成功后，会撤销第二步执行的操作，即从表 posts 中查不到所插入的数据。上述示例若不加 ROLLBACK 则表中会存在一条记录，加了 ROLLBACK 后表中数据为空。

4.4.4 事务保存点

事务保存点是在事务中设置的保存点。事务保存点提供了一种灵活的回滚方式，事务在执行过程中可以回滚到某个保存点，在该保存点以前的操作有效，而其后的操作被回滚掉，一个事务中可以设置多个保存点。

设置事务保存点的语法格式如下。
```
SAVEPOINT savepoint_name
```
其中 savepoint_name 为保存点名称，回滚到该保存点后，事务状态和设置保存点时的事务状态是一致的，在该保存点之后的数据库的事务操作将被回滚。

设置事务保存点的示例如下。

(1) 创建表 bonus_2019。
```
CREATE TABLE bonus_2019(staff_id INT NOT NULL, staff_name CHAR(50), job VARCHAR(30), bonus NUMBER);
```
(2) 向表 bonus_2019 中插入记录 1。
```
INSERT INTO bonus_2019(staff_id, staff_name, job, bonus) VALUES(23,'limingwang','developer',5000);
```
(3) 设置保存点 S1。
```
SAVEPOINT S1;
```
(4) 向表 bonus_2019 中插入记录 2。
```
INSERT INTO bonus_2019(staff_id, staff_name, job, bonus) VALUES(24,'liyuyu','tester',7000);
```
(5) 设置保存点 S2。
```
SAVEPOINT S2;
```
(6) 回滚到保存点 S2。
```
ROLLBACK TO SAVEPOINT S2;
```
(7) 查询表 bonus_2019 中的数据。
```
SELECT * FROM bonus_2019;
STAFF_ID    STAFF_NAME              JOB                     BONUS
```

| 23 | limingwang | developer | 5000 |
| 24 | liyuyu | tester | 7000 |

（8）回滚到保存点 S1。

```
ROLLBACK TO SAVEPOINT S1;
```

（9）查询表 bonus_2019 中的数据。

```
SELECT * FROM bonus_2019;
```

STAFF_ID	STAFF_NAME	JOB	BONUS
23	limingwang	developer	5000

4.5 其他

4.5.1 SHOW 命令

功能描述：该语句有许多形式，可以提供关于数据库、表、列和服务器状态等的信息。语法格式如下。

```
SHOW {BINARY | MASTER} LOGS
SHOW CHARACTER SET [like_or_where]
SHOW DATABASES
SHOW TABLES
SHOW CREATE DATABASE db_name
SHOW CREATE TABLE tbl_name
SHOW INDEX FROM tbl_name [FROM db_name]
SHOW WARNINGS [LIMIT [OFFSET,] row_count]
SHOW PRIVILEGES
SHOW PROCESSLIST
```

参数解释如下。

[like_or_where]后面可以根据 LIKE 或 WHERE 条件进行检索。

[FROM db_name]指定具体的数据库名。

[LIMIT [OFFSET,] row_count] 限制展示的行。

显示实例下的数据库的代码如下。

```
SHOW DATABASES;
```

创建表 bonus_ 2019。

```
CREATE TABLE bonus_ 2019(staff id INT NOT NULL, staff name CHAR(50), job VARCHAR(30),
bonus INT);
    SHOW TABLES;
```

```
SHOW TABLES FROM database name;
```

执行结果如下。

```
# Tables in demo
bonus_ 2019
```

示例：查看表 bonus_ 2019 的创建语句。

```
SHOW CREATE TABLE bonus 2019;
```

执行结果如下。

```
# Table, Create Table
bonus2019, 'CREATE TABLE 'bonus_ 2019 (
staff id' int NOT NULL,
staff name' CHAR(50) DEFAULT NULL,
job' VARCHAR(30) DEFAULT NULL,
bonus' INT DEFAULT NULL
) ENGINE=InnoDB DEFAULT CHARSET- =utf8
```

示例：显示表中的索引。

创建表 bonus_2020 及其索引。

```
CREATE TABLE bonus_2020(staff_id INT NOT NULL PRIMARY KEY auto_increment,
staff_name CHAR(50), job VARCHAR(30), bonus INT);
CREATE INDEX idx_staff ON bonus_2020(staff_name);
```

查看表 bonus_2020 的索引。

```
SHOW INDEX FROM bonus_2020;
```

执行结果如下。

```
# Table, Non_unique, Key_name, Seq_in_index, Column_name, Collation, Cardinality,
Sub_part, Packed, Null, Index_type, Comment, Index_comment, Visible, Expression
bonus_2020, 0, PRIMARY, 1, staff_id, A, 0, , , , BTREE, , , YES,
bonus_2020, 1, idx_staff, 1, staff_name, A, 0, , , YES, BTREE, , , YES,
```

4.5.2 SET 命令

功能描述：该语句使用户可以将值分配给不同的变量、服务器或客户端。

语法格式如下。

```
SET variable = expr [, variable = expr] ...
variable: {
user_var_name
| param_name
| local_var_name
```

```
    | {GLOBAL | @@GLOBAL.} system_var_name
    | {PERSIST | @@PERSIST.} system_var_name
    | {PERSIST_ONLY | @@PERSIST_ONLY.} system_var_name
    | [SESSION | @@SESSION. | @@] system_var_name
    }
```

SET 命令使用示例如下。

将变量 name 的值设为 43。

```
SET @name = 43;
```

将全局参数 max_connections 的值设置为 1000。

```
SET GLOBAL max_connections = 1000;
SET @@GLOBA max_connections = 1000;
```

将当前会话的 sql_mode 值设置为 TRADITIONAL。

```
TRADITIONAL(只影响当前会话)
SET SESSION sql_mode ='TRADITIONAL';
SET LOCAL sql_mode ='TRADITIONAL';
SET @@ SESSION.sql_mode ='TRADITIONAL';
SET @@ LOCAL.sql_mode ='TRADITIONAL';
SET @@ sql_mode ='TRADITIONAL';
SET sql_mode ='TRADITIONAL';
```

4.6 本章小结

通过本章的学习，读者要掌握 SQL 语句的 4 种语言。

（1）数据查询语言 DQL：包括简单查询、条件查询、连接查询、子查询、合并结果集等查询方式。

（2）数据操纵语言 DML：包括数据插入、数据修改和数据删除等。

（3）数据定义语言 DDL：包括表、索引、序列等的创建、删除操作等。

（4）数据控制语言 DCL：包括事务的提交和回滚。

本章介绍了每种语言的语法格式、注意事项、使用场景和典型示例等内容。

接下来要多练习多思考，才能融会贯通、灵活运用，提高数据库的使用和开发效率。

4.7 课后习题

1．（单选题）查找岗位是工程师且薪水在 6000 以上的记录的逻辑表达式为（　　）。

　　A．岗位 ='工程师' OR 薪水>6000

B. 岗位 = 工程师 AND 薪水>6000

C. 岗位 = 工程师 OR 薪水>6000

D. 岗位 ='工程师' AND 薪水>6000

2. （单选题）WHERE 子句中，表达式"age BETWEEN 20 AND 30"等同于（   ）。

A. age >= 20 AND age <= 30
B. age >= 20 OR age <=30

C. age > 20 AND age < 30
D. age > 20 OR age < 30

3. （多选题）从 student 表中查询学生姓名、年龄和成绩，将结果按照年龄降序排列，年龄相同的按照成绩升序排列，下列 SQL 语句中正确的是（   ）。

A. SELECT name, age, score FROM student ORDER BY age DESC , score;

B. SELECT name, age, score FROM student ORDER BY age , score ASC;

C. SELECT name, age, score FROM student ORDER BY 2 desc , 3 ASC;

D. SELECT name, age, score FROM student ORDER BY 1 DESC , 2 ;

4. （单选题）使用 SQL 语句将 STAFFS 表中员工的 AGE 字段的值增加 5，应该使用的语句是（   ）。

A. UPDATE SET AGE WITH AGE+5

B. UPDATE AGE WITH AGE+5

C. UPDATE STAFFS SET AGE = AGE+5

D. UPDATE STAFFS AGE WITH AGE+5

5. （单选题）下列 4 组 SQL 命令中，全部属于数据操纵语言命令的是（   ）。

A. CREATE、DROP、UPDATE
B. INSERT、UPDATE、DELETE

C. INSERT、DROP、ALTER
D. UPDATE、DELETE、ALTER

6. （单选题）删除表 student 中班级号(cid)为 6 的全部学生信息，下列 SQL 语句正确的是（   ）。

A. DELETE FROM student WHERE cid = 6;

B. DELETE * FROM student WHERE cid = 6;

C. DELETE FROM student ON cid = 6;

D. DELETE * FROM student ON cid = 6;

7. （判断题）为某表建立索引，如果对索引进行撤销操作则与之对应的基本表的内容也会被删除。（   ）。

A. True
B. False

8. （单选题）SQL 集数据查询、数据操纵、数据定义和数据控制于一体，其中，CREATE、DROP、ALTER 语句用于实现哪种功能？（   ）

A. 数据查询
B. 数据操纵
C. 数据定义
D. 数据控制

9. （多选题）创建一个递减序列 seq_1，起点为 400，步长为-4，最小值为 100，序列达到最小值时可循环，下列语句正确的是（   ）。

A. CREATE SEQUENCE seq_1 START WITH 400 MAXVALUE 100 INCREMENT BY -4 CYCLE;

B. CREATE SEQUENCE seq_1 MAXVALUE 400 MINVALUE 100 INCREMENT BY -4 CYCLE;

C. CREATE SEQUENCE seq_1 START WITH 400 MINVALUE 100 INCREMENT BY -4 CYCLE;

D. CREATE SEQUENCE seq_1 START WITH 400 MINVALUE 100 MAXVALUE 400 INCREMENT BY -4 CYCLE;

10. （判断题）SQL 语句中 COMMIT 命令的作用是回滚一个事务。（　　）

A. True   B. False

11. （多选题）下列操作需要显式提交 COMMIT 的有（　　）。

A. INSERT   B. DELETE   C. UPDATE   D. CREATE

12. （单选题）现有空表 t1，执行以下语句：

```
INSERT INTO t1 values(1,1);
CREATE TABLE t2 AS SELECt * FROM t1;
INSERT INTO t2 values(2,2);
ROLLBACK;
```

以下说法正确的是（　　）。

A. t1 表有 1 条数据(1,1)，t2 表为空

B. t1 表和 t2 表均为空

C. t1 表有 1 条数据(1,1)，t2 表有 1 条数据(1,1)

D. t1 表有 1 条数据(1,1)，t2 表有 2 条数据(1,1)和(2,2)

第5章 数据库安全基础

本章内容
- 用户、角色、权限之间的关系
- 常见的系统权限和对象权限
- 审计功能的配置

数据库安全管理以保护数据库系统中的数据为目的,防止数据被泄露、篡改、破坏。数据库系统存储着各类重要的、敏感的数据,作为多用户的系统,为不同的用户提供适当的权限尤为重要。

本章主要介绍数据库中采用的基本安全管理技术,包括访问控制、用户管理、权限管理、对象权限、云审计服务,具体将从基本概念、使用方法和应用场景3个方面详细阐述。

5.1 数据库安全功能概述

5.1.1 了解数据库安全管理

数据库安全管理是指保护数据免受未经授权的访问,防止重要信息泄露,以及避免硬件或者软件的错误导致数据的损失,包括但不限于网络安全性、系统安全性和数据安全性。

5.1.2 数据库安全框架

从广义来讲,数据库安全框架可以分为3个层次,如图 5-1 所示。

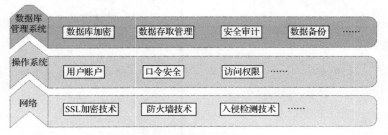

图 5-1 数据库安全框架

数据库安全框架的具体介绍参见本书 2.1.4 节。

5.1.3 数据库安全功能总览

针对有意和无意的损害行为，GaussDB(for MySQL)主要有以下几道安全防御措施。

（1）通过访问控制和 SSL 连接形成第一道防御，防止客户端被仿冒、信息泄露及交互消息被篡改。

（2）通过用户权限管理形成第二道防御，主要对数据库服务器进行加固，防止权限改变等风险。

（3）通过安全审计管理形成第三道防御，让对数据库的所有操作做到有迹可查。

GaussDB(for MySQL)还支持防 DOS 攻击，防止客户端恶意占用服务端会话资源。如果一个连接在设置的鉴权时间内不进行鉴权，服务端将强制断开该连接，释放其占用的会话资源，避免恶意 TCP 连接导致的连接会话资源耗尽。该设置可有效防止 DOS 攻击。

本章将从访问控制、用户权限管理和云审计服务 3 个方面介绍数据库安全管理的主要策略。

5.2 访问控制

5.2.1 了解 IAM

统一身份认证（Identity and Access Management，IAM）是华为云提供权限管理的基础服务，可以帮助用户安全地控制华为云服务和资源的访问权限。

IAM 无须付费即可使用，用户只需要为账号中的资源付费。注册华为云后，系统将自动创建账号，账号是资源的归属和计费的主体。用户对其所拥有的资源具有完全控制权限，可以访问华为云所有的云服务。如果用户在华为云购买了多种资源，如弹性云服务器（Elastic Cloud Server, ECS）、云硬盘（Elastic Volume Service, EVS）、裸金属服务器（Bare Metal Server, BMS）等，用户的团队或应用程序需要使用华为云中的资源，用户可以使用 IAM 的用户管理功能给员工或应用程序创建 IAM 用户，并授予 IAM 用户刚好能完成工作的权限。新创建的 IAM 用户可以使用自己单独的用户名和密码登录华为云。IAM 用户的作用是在多用户协同操作同一账号时，避免分享账号的密码。IAM 的使用如图 5-2 所示。

5.2.2 IAM 功能

IAM 提供的主要功能包括：精细的权限管理、安全访问、敏感操作、通过用户组批量管理用户权限、区域内资源隔离、联合身份认证、委托其他账号或者云服务管理资源、设置账号安全策略、最终一致性。

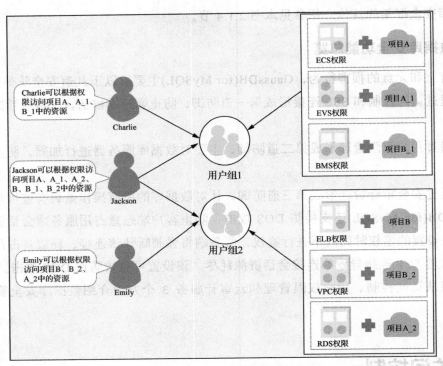

图 5-2 IAM 的使用

（1）精细的权限管理。

使用 IAM 可以将账号内不同的资源按需分配给创建的 IAM 用户，实现精细的权限管理，如图 5-3 所示。

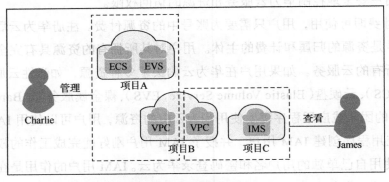

图 5-3 精细的权限管理示例

例如，控制用户 Charlie 能管理项目 B 的 VPC，而限定用户 James 只能查看项目 B 中 VPC 的数据。

（2）安全访问。

可以使用 IAM 为用户或者应用程序生成身份凭证，而不必与其他人员共享账号密码，系统会通过身份凭证中携带的权限信息允许用户安全地访问账号中的资源。

（3）敏感操作。

IAM 提供敏感操作保护功能包括登录保护和操作保护。在登录控制台或者进行敏感操作时，系统将要求进行邮箱、手机或虚拟 MFA 的验证码等第二次认证，为账号和资源提供更高级别的安全保护。

（4）通过用户组批量管理用户权限。

不需要为每个用户进行单独的授权，只需规划用户组，并将对应权限授予用户组，然后将用户添加至用户组中，用户就继承了用户组的权限。如果用户权限变更，只需在用户组中删除用户或将用户添加进其他用户组中，即可实现快捷的用户授权。

（5）区域内资源隔离。

通过在区域中创建子项目的功能，同区域下的各项目之间的资源可以实现相互隔离。

（6）联合身份认证。

如果已经有自己的身份认证系统，则不需要在华为云中重新创建用户，可以通过身份提供商功能直接访问华为云，实现单点登录。

（7）委托其他账号或者云服务管理资源。

通过委托信任功能，用户可以将操作权限委托给更专业、高效的其他华为云账号或者云服务，这些账号或者云服务将根据权限代替用户完成日常工作。

（8）设置账号安全策略。

通过设置登录验证策略、密码策略及访问控制列表来提高用户信息和系统数据的安全性。

（9）最终一致性。

最终一致性是指用户在 IAM 进行的操作，如创建用户和用户组、给用户组授权等，IAM 在华为云数据中心的各个服务器之间复制数据、实现多区域的数据同步时，可能会导致已提交的修改延时生效。建议用户在进行操作前，确认提交的策略修改已经生效。

5.2.3 IAM 授权

IAM 为华为云其他服务提供认证和授权功能，在 IAM 中创建的用户，经过授权后可以根据权限使用系统中的其他服务。对于不支持使用 IAM 授权的服务，账号中创建的 IAM 用户无法使用云服务，此时要用账号登录才能使用云服务。IAM 授权中相关术语的解释如下所示。

（1）服务：使用 IAM 授权的云服务名称；单击服务名，可以查看该服务支持的权限和不同权限间的区别。

（2）所属区域：使用 IAM 授权时，云服务选择的授权区域。

（3）全局区域：服务部署时不区分物理区域，为全局级服务；在全局项目中进行授权，访问该服务时，不需要切换区域。

（4）其他区域：服务部署时划分物理区域，为项目级服务；在除全局区域外的其他区域中授权，仅在授权的区域生效，访问云服务时，需要先切换到对应区域。

（5）控制台：云服务是否支持在 IAM 控制台进行权限管理。

（6）API：云服务是否支持调用 API 进行权限管理。

（7）委托：用户将操作权限委托给该服务，并允许该服务以自己的身份使用其他云服务，代替自己完成日常工作。

（8）策略：云服务是否支持通过策略进行权限管理；策略是以 JSON 格式描述一组权限集的语言，它可以精确地允许或拒绝用户对服务的资源类型进行指定的操作。

5.2.4　IAM 与 GaussDB(for MySQL)使用的关系

如果需要对用户拥有的云数据库 GaussDB(for MySQL)进行精细的权限管理，可以使用 IAM，通过 IAM 可以实现以下功能。

（1）企业根据业务组织，在华为云账号中给企业中不同职能部门的员工创建 IAM 用户，让员工拥有唯一安全凭证并可使用 GaussDB(for MySQL)资源。

（2）根据企业用户的职能，设置不同的访问权限，以实现用户之间的权限隔离。

（3）将 GaussDB(for MySQL)资源委托给更专业、高效的其他华为云账号或者云服务，这些账号或者云服务可以根据权限进行代运维。

5.2.5　IAM 使用 GaussDB(for MySQL)流程

IAM 使用 GaussDB(for MySQL)流程如图 5-4 所示。

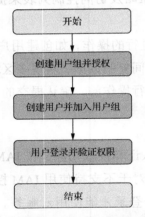

图 5-4　IAM 使用 GaussDB(for MySQL)流程

（1）创建用户组并授权。在 IAM 控制台创建用户组，并授予 GaussDB(for MySQL)只读权限"GaussDB ReadOnlyAccess"。

给用户组授权之前，要了解用户组可以添加的 GaussDB(for MySQL)权限，并结合实际需求选择云数据库 GaussDB(for MySQL)支持的系统权限。

（2）创建用户并加入用户组。在 IAM 控制台创建用户，并将其加入上一步创建的用户组。

（3）用户登录并验证权限。在新创建的用户登录控制台切换至授权区域，验证权限。在"服务列表"中选择云数据库 GaussDB(for MySQL)，进入 GaussDB(for MySQL)主界面，单击右上角的"购买数据库实例"按钮，尝试购买 GaussDB(for MySQL)实例，如果无法购买（假设当前权限仅包含 GaussDB ReadOnlyAccess），表示"GaussDB ReadOnlyAccess"已生效。

在"服务列表"中选择除云数据库 GaussDB(for MySQL)外（假设当前策略仅包含 GaussDB ReadOnlyAccess）的任一服务，若提示权限不足，表示"GaussDB ReadOnlyAccess"已生效。

5.2.6　SSL 详解

安全套接字层（Secure Sockets Layer，SSL）协议是给网络通信提供安全及数据完整性的安全协议。SSL 的重要性有以下几点。

（1）在网络中明文传输敏感数据（银行数据、交易信息、密码信息等）是非常危险的，SSL 协议的目的是提供通信安全及数据完整性保障。

（2）在开放式系统互联（Open System Interconnection，OSI）7 层网络结构中，SSL 协议位于传输层与应用层中间，为安全通信提供支持。很多应用层协议集成 SSL 协议衍生出更安全的协议，如 HTTPS。

（3）当前主流的网站、应用，如 Google、Facebook、淘宝等均支持 SSL 通信加密。

（4）GaussDB(for MySQL)支持客户端与服务端进行 SSL 通信加密，以保证数据传输的安全性、完整性。

SSL 的对称加密算法是加密和解密使用相同的密钥，特点是算法公开、加解密速度快、效率高。非对称加密算法包含两个密钥：公钥和私钥，公钥和私钥是一对。加密和解密使用不同的密钥，特点是算法复杂度高、安全性强、性能较对称加密差。SSL 在握手阶段使用非对称加密算法协商会话密钥。加密通道建立后，使用对称加密算法对传输数据进行加解密。

5.3　用户权限控制

5.3.1　权限概念

权限是执行某些特定 SQL 语句的能力，以及访问或维护某一特定对象的能力。可以想象，对一个只有几十户的村庄进行管理很简单，但若要管理一个几百万人口的大城市就显得相对困难了。对用户进行权限控制对数据库资源和安全管理来说显得尤为重要。

GaussDB(for MySQL)支持对用户的权限进行管理，可配置用户对数据库对象的操作访问权限及数据库功能的使用权限。

授予 GaussDB(for MySQL)账户的权限决定了账户可以执行的操作。GaussDB(for MySQL)不同的权限在它们适用的上下文和操作级别上有所不同，具体表现如下。

（1）管理权限：使用户能够管理 GaussDB(for MySQL)服务器的操作；该权限是全局的，因为它不是特定于某种数据库的。

（2）数据库权限：适用于数据库及其中的所有对象，可以为特定数据库或全局授予该权限，以便满足不同需求。

（3）对象权限：可以为数据库中的特定对象、数据库中给定类型的所有对象（如数据库中的所有表）或全局的所有对象（如表、索引、视图和存储例程）授予该权限。

GaussDB(for MySQL)支持静态和动态权限，静态权限内置在服务器中。它们始终可以被授予用户账户，并且不能取消注册。动态权限可以在运行时注册和注销，但这会影响它们的可用性：尚未注册的动态权限无法被授予。

GaussDB(for MySQL)服务器通过权限表来控制用户对数据库的访问，权限表存放在 GaussDB(for MySQL)数据库中，初始化数据库时会初始化这些权限表。权限表示例如表 5-1 所示。

表 5-1 权限表示例

权限表	权限说明
user	用户账户，静态全局权限和其他非权限列
global_grants	动态全局权限
db	数据库级权限
tables_priv	表级权限
columns_priv	列级权限
procs_priv	存储过程和函数权限
……	……

5.3.2 用户

作为数据库管理员，应为每一个需要连接数据库的使用者规划一个数据库用户。数据库使用者通过用户名和密码连接数据库，此处的使用者就是数据库用户，连上数据库后就能操作数据库对象和访问数据库数据，如创建表、访问表、执行 SQL 语句等。

默认情况下，GaussDB(for MySQL)数据库的用户可以分为 3 类。

系统管理员：具有数据库的最高权限（如 SYS 用户、SYSDBA 用户）。

安全管理员：具有 CREATE USER 权限的用户。

普通用户：默认具有 PUBLIC 对象权限，默认仅拥有自己创建的对象的权限，若需其他权限，需要系统管理员通过 GRANT 语句赋权。

SYSDBA 为免密登录数据库的用户，使用 zsql 连接数据库的方式为：zsql/AS SYSDBA。

这里需要注意两点。第一，数据库使用者在连接数据库时，必须使用一个已经存在的数据库，对于不存在的数据库，用户是不能连接的。第二，同一个用户可以与数据库建立多个连接，也就是可以建立多个会话进行操作。

可以通过 CREATE USER 语句创建用户。使用该语句时，需注意以下 3 点。

（1）执行该语句的用户需要有 CREATE USER 系统权限，没有 CREATE USER 权限的用户是不能创建新用户的。

（2）创建用户时，需要指定用户名和密码，用户连接数据库时需要的用户名和密码就是在这时指定的。

（3）不允许创建 root 用户，它是系统预置用户。

创建用户常用的语法格式如下。

```
CREATE USER user_name IDENTIFIED BY password;
```

其中 user_name 就是用户名，password 就是用户密码，需要使用单引号引起来。用户创建成功后，可以通过对应的用户名和密码连接数据库。

设置用户名时不允许包含以下特殊字符。

分号（;）、竖线（|）、反引号（`）、美元符（$）、位运算符（&）、大于号（>）、小于号（<）、双引号（""）、单引号（''）、感叹号（!）、空格和版权符号（©）。用双引号或者反引号引起来也不可以。若用户名包含以上禁用特殊字符以外的其他特殊字符，必须用双引号（""）或者反引号（``）引起来。

设置用户名密码时，需遵循如下规范。

（1）密码长度必须大于等于 8 个字符。

（2）创建密码时，密码须用单引号引起来。

示例：创建用户名为 smith、密码为 database_123 的用户，可以通过如下语句实现。

```
CREATE USER smith IDENTIFIED BY 'database_123';
```

用户名为字母，密码包含字母、特殊符号和数字，符合规范，可以创建成功。示例中的密码满足密码规范要求。

5.3.3 用户的修改

可以通过 ALTER USER 来修改用户，应该注意以下事项。

（1）执行该语句的用户需要有 ALTER USER 系统权限，类似于 CREATE USER 权限。

（2）如果指定的用户不存在，会显示错误信息，已经存在的用户才能被修改。

用户修改主要应用于以下几种场景。

（1）修改用户密码。

（2）手动锁定用户或给用户解锁。例如，用户登录失败达到一定次数被锁定了，此时就需要解锁用户。

修改用户密码的语法格式如下。

```
ALTER USER user_name IDENTIFIED BY new_password;
```

user_name 为要修改用户密码的用户名，new_password 为新的用户密码。

示例：将用户 smith 的密码修改为 database_456。管理员可以通过如下语句直接修改。

```
ALTER USER smith IDENTIFIED BY 'database_456';
```

5.3.4 用户的删除

当用户不再使用时就需要删除用户，删除用户的同时会删除用户创建的所有对象。可以通过 DROP USER 语句来删除用户，需要注意，执行该语句的用户需要有 DROP USER 系统权限，类似于 CREATE USER 权限。

删除用户的语法格式如下。

```
DROP USER [ IF EXISTS ] user_name;
```

user_name 表示要删除的用户名，IF EXISTS 用于检测要删除的用户是否存在。不指定 IF EXISTS 选项时，如果要删除的用户不存在会显示错误信息；指定 IF EXISTS 选项时，如果要删除的用户不存在，会直接返回执行成功的结果，用户存在则删除该用户。

示例：删除用户 smith，可以使用以下语句来实现。

```
DROP USER IF EXISTS smith;
```

5.3.5 角色

角色是一组权限的集合，数据库使用角色进行权限组织级划分。MySQL 8 才开始引入角色的概念。一个数据库可能会被多个用户访问，为了方便管理，可以先将权限进行分组，并指定给对应角色，每一组权限对应一个角色。对于不同权限级别的用户，可以将不同的角色授予用户，相当于批量授予用户需要的权限，而不需要逐个授予权限。

例如，一个公司可以有多个财务，财务有发放工资和拨款等权限。财务就是一个角色。角色不属于任何用户，可以理解为：角色不是某个用户私有的，一个角色可以被多个用户拥有。如财务是角色，但财务这个角色并不是某一个员工私有的，而是可以被多个员工共同拥有的。假设 smith 用户创建了角色 staffs，那么 smith.staffs 就是 smith 用户私有的。其他用户若拥有相应权限，则可以对 smith.staffs 进行访问或操作，但 smith.staffs 只属于 smith 用户。

通过 CREATE ROLE 语句可以创建角色，需要注意的是执行该语句的用户需要有 CREATE ROLE 系统权限。角色不属于任何用户，角色不能登录数据库和执行 SQL 语句操作，且角色在系统中必须是唯一的。

GaussDB(for MySQL)默认包含以下 4 个系统预置角色。

（1）数据库管理员角色：具有所有系统权限，该角色不可删除。

（2）RESOURCE 创建基础对象的角色：具有创建存储过程、函数、触发器、表序列的权限。

（3）CONNECT 连接角色：具有连接数据库的权限。

（4）STATISTICE 统计角色。

创建角色的语法格式如下。

```
CREATE ROLE role_name;
```
其中 role_name 表示创建的角色名。

示例：创建角色 teacher。
```
CREATE ROLE teacher;
```
角色可以通过 DROP ROLE 语句删除，删除角色时执行该语句的用户需要有 DROP ANY ROLE 系统权限，或者是该角色的创建者，又或者已被授予该角色并具有 WITH GRANT OPTION 属性。如果要删除的角色不存在，会显示错误信息。角色被删除时，将该角色具有的权限从被授予该角色的用户或者其他角色上回收，与该角色相关的用户或者角色会失去该角色包含的权限。

删除角色的语法格式如下。
```
DROP ROLE role_name;
```
其中 role_name 表示角色名。

示例：删除角色 teacher。
```
DROP ROLE teacher;
```

用户角色和权限的关系如下。

（1）用户可以定义角色，并授予其多个权限，角色为多个权限的集合。

（2）当该角色被授予用户或其他角色时，被授予对象就拥有了该角色的所有权限。

（3）角色的权限是可以继承的。

GaussDB(for MySQL)支持基于角色的权限管理，用户可定义角色，如果将角色授予用户，则用户拥有该角色的所有权限。图 5-5 所示的财务只可以发放工资、拨款、总监只能审核预算、查看收支报表。把财务的角色授予总监之后，总监继承了财务的权限，既能审核预算、查看收支报表，又能发放工资和拨款；再把总监的角色授予员工 1 和员工 2 后，员工 1 和员工 2 就都能审核预算、查看收支报表、发放工资和拨款。

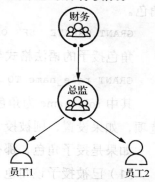

图 5-5 用户、角色和权限

5.3.6 授权

前面的内容都提到了权限，权限是需要授予的。授权就是将权限或角色授予用户或其他角色，这样对应用户或角色就拥有了相应的权限。例如，新创建的用户是没有权限的，不能对数据库进行任何操作，甚至不能连接数据库。将 CREATE SESSION 创建连接权限授予用户，该用户就可以连接数据库了。如果该用户需要创建表，则需要具有 CREATE TABLE 创建表权限。该用户创建出的表属于该用户的对象，该用户可以对表中的数据进行增、删、改、查等操作。授权可以通过 GRANT 语句实现，可以将一个权限授予用户或角色，也可以同时将多个权限授予用户或角色。可以将权限 1 授予用户 1，还可以将权限 1、2、3 授予角色 1，再将角色 1 授予角色 2，最后可以将角色 2 的权限授予用户，如图 5-6 所示。

图 5-6 授权

权限授予常用的语法格式如下。

```
GRANT privilege_name ON db/objects TO grantee [ WITH GRANT OPTION ];
```

privilege_name：权限名。
db/objects：被授权使用的数据库或对象。
grantee：被授予的用户或角色。
WITH GRANT OPTION：为可选项，表示被授予的用户或角色可将获得的权限再次授予其他用户或角色。

权限、角色的授予都要遵循最小化原则。

如果是授予权限，那么执行授予权限语句的用户需要已被授予该权限，并有 WITH GRANT OPTION 属性。

示例：向用户 smith 授予 CREATE USER 权限，且允许 smith 将此权限授予其他用户或角色。

```
GRANT CREATE USER ON *.* TO smith WITH GRANT OPTION;
```

角色授予的语法格式与权限授予的格式类似，具体如下。

```
GRANT role_name TO grantee [WITH GRANT OPTION];
```

其中 role_name 为角色名，grantee 为被授予的用户或角色。WITH GRANT OPTION 为可选项，如果设置，则被授予的用户或角色可将获得的角色再次授予其他用户或角色。

如果是授予角色，那么执行授予角色语句的用户需要满足如下条件之一。

（1）已被授予该角色，并有 WITH GRANT OPTION 属性。

（2）是该角色的创建者。

示例：向 smith 用户授予 teacher 角色，且允许 smith 将此角色授予其他用户或角色。

```
GRANT teacher TO smith WITH GRANT OPTION;
```

拥有 WITH GRANT OPTION 属性的含义为：被授权的用户可将获得的权限或角色再次授予其他用户或角色。

5.3.7 权限回收

权限回收是指将权限或角色从被授权者处回收。回收后，相关用户或角色就不再具备该权限了，例如不希望用户创建表，可以将用户的 CREATE TABLE 系统权限回收。不希望用户访问数据库，可以将用户的 CREATE SESSION 权限回收。权限回收包括系统权限、对象权限和角色权限的回收，都可以通过 REVOKE 语句实现。

权限的回收常用的语法格式如下。

```
REVOKE privilege_name ON db/objects FROM revokee;
```

其中 REVOKE 就是授权者，privilege_name 为要回收的权限名，revokee 为被回收权限的用户或角色，一次可以指定多个用户或者角色，但最多不能超过 63 个。

如果回收系统权限，执行 REVOKE 操作的用户需要已被授予要被收回的权限，且授权时具有 WITH GRANT OPTION 属性。拥有 WITH GRANT OPTION 属性的含义为：被授权的用户可将获得的系统权限或角色再次授予其他用户或角色。

示例：回收用户 smith 的 CREATE USER 权限。

```
REVOKE CREATE USER ON *.* FROM smith;
```

当被授予角色的用户无须再拥有角色包含的权限时，此用户的角色权限就需要被回收。例如：员工 A 是财务，可以查看公司的资金情况，若员工 A 要离职，则需回收他的财务角色。系统管理员（SYS 用户、数据库管理员角色的用户）拥有系统所有权限，包含 GRANT ANY ROLE 系统权限，所以系统管理员可以执行回收角色语句。

如果要回收角色，那么执行 REVOKE 操作的用户需要满足如下条件之一。

（1）已被授予该角色，且授权时具有 WITH GRANT OPTION 属性。

（2）是被回收角色的创建者。

回收角色常用的语法格式如下。

```
REVOKE role_name FROM revokee;
```

其中 role_name 为角色名，revokee 为被回收角色权限的用户或角色，一次可以指定多个用户或角色，但不能超过 63 个。注意不允许回收数据库管理员角色的权限，数据库管理员角色的初始权限在创建数据库时就已经确定，后续可以给数据库管理员角色授予权限，但是不允许回收其权限。

需要注意的是权限使用应该遵循最小化原则，为了保证数据库的安全，权限、角色在不使用时需及时回收。

用户、角色和权限的应用示例如下。

创建用户 smith，密码为 database_123。

```
CREATE USER smith IDENTIFIED BY 'database_123';
```

创建角色 manager，通过 CREATE ROLE 语句实现。

```
CREATE ROLE manager;
```

授予角色 manager CREATE USER 权限。

```
GRANT CREATE USER ON *.* TO manager;
```

授予角色 manager 对象查询、插入权限。

```
GRANT SELECT, INSERT ON mysql.staffs TO manager;
```

5.4 云审计服务

5.4.1 了解云审计服务

日志审计模块是信息安全审计功能的核心组件,是企业、单位信息系统安全风险管控的重要组成部分。在信息系统逐步云化的背景下,包括我国国家标准化技术委员会在内的全球各级信息、数据安全管理部门已对此发布多份标准,如 ISO IEC27000、GB/T 20945—2013、COSO、COBIT、ITIL、NISTSP800 等。

云审计服务(Cloud Trace Service,CTS)是华为云安全解决方案中专业的日志审计服务,提供对各种云资源操作记录的收集、存储和查询功能,可用于支撑安全分析、合规审计、资源跟踪和问题定位等常见应用场景,如图 5-7 所示。

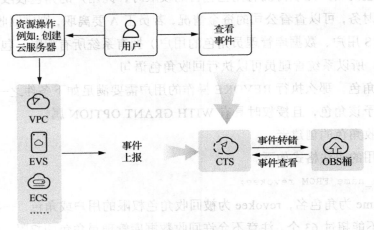

图 5-7 云审计服务

云审计服务的功能主要包括如下内容。

记录审计日志:支持记录用户通过管理控制台或应用程序接口(Application Programming Interface,API)发起的操作,以及各服务内部自触发的操作。

审计日志查询:支持在管理控制台对 7 天内的操作记录按照事件类型、事件来源、资源类型、筛选类型、操作用户和事件级别等多个维度进行组合查询。

审计日志转储:支持将审计日志周期性地转储至对象存储服务(Object Storage Service,OBS)下的 OBS 桶中,转储时会按照服务维度将审计日志压缩为事件文件。

事件文件加密:支持在转储过程中使用数据加密服务(Data Encryption Workshop,DEW)中的密钥对事件文件进行加密。

5.4.2 支持云审计服务的关键操作

通过云审计服务,可以记录与 GaussDB(for MySQL)实例相关的操作事件,便于日后的查询、审计和回溯。云审计服务支持的主要操作事件如表 5-2 所示。

表 5-2 云审计服务的主要操作事件

操作名称	资源类型	事件名称
创建实例	instance	createInstance
添加只读节点	instance	addNodes
删除只读节点	instance	deleteNode
重启实例	instance	restartInstance
修改实例端口	instance	changeInstancePort
修改实例安全组	instance	modifySecurityGroup
将只读实例升级为主实例	instance	instanceFailOver
绑定或解绑公网 IP	instance	setOrResetPublicIP
删除实例	instance	deleteInstance
重命名实例名称	instance	renameInstance
修改节点优先级	instance	modifyPriority
修改规格	instance	instanceAction
重置密码	instance	resetPassword
备份恢复到新实例	instance	restoreInstance
创建备份	backup	createManualSnapshot
删除备份	backup	deleteManualSnapshot
创建参数模板	parameterGroup	createParameterGroup
修改参数模板	parameterGroup	updateParameterGroup
删除参数模板	parameterGroup	deleteParameterGroup
复制参数模板	parameterGroup	copyParameterGroup
重置参数模板	parameterGroup	resetParameterGroup
比较参数模板	parameterGroup	compareParameterGroup
应用参数模板	parameterGroup	applyParameterGroup

查看追踪事件是在开启了云审计服务后，系统开始记录云服务资源的操作。云审计服务管理控制台会保存最近 7 天的操作记录。登录管理控制台，在"所有服务"或"服务列表"中选择"管理与部署 > 云审计服务"选项，进入云审计服务信息页面；选择左侧导航树中的"事件列表"选项，进入事件列表信息页面，事件列表支持通过筛选来查询对应的操作事件。当前事件列表支持 4 个维度的组合查询，相关内容介绍如下。

（1）事件来源、资源类型和筛选类型。可在下拉框中选择相应的查询条件。

事件来源一般选择"CloudTable"；资源类型一般选择"所有资源类型"，或者指定具体的资源类型；筛选类型一般选择"所有筛选类型"，或者选择"按事件名称""按资源 ID""按资源名称"中的任一选项。

（2）操作用户。可在下拉框中选择某个具体的操作用户，此操作用户为用户级别，而非租户级别。

（3）事件级别。可选项为"所有事件级别""normal""warning""incident"，只可选择其中一项。

（4）起始时间、结束时间。可通过选择时间段来查询操作事件。

5.5 本章小结

本章首先介绍了用户、角色、权限的基本概念、使用方法和应用场景，以及 3 者之间的关系；接着阐述了授权和权限回收，包括语法和执行授权或权限回收操作的用户需要满足的条件。

5.6 课后习题

1. （判断题）SSL 技术可以防止中间人攻击和监听网络。（　　）

    A．True A．False

2. （判断题）SSL 技术只可用于数据库中。（　　）

    A．True B．False

3. （单选题）以下哪个语法用于授权？（　　）

    A．CREATE B．ALTER
    C．GRANT D．REVOKE

4. （判断题）角色和用户的名字可以重复。（　　）

    A．True A．False

5. （判断题）系统权限和对象权限不使用时需及时回收。（　　）

    A．True A．False

6. （简答题）SSL 为什么可以保证连接的安全？

第6章 数据库开发环境

📖 **本章内容**

- 数据库驱动的概念
- 使用 JDBC、ODBC 等驱动开发应用程序
- GaussDB(for MySQL) 的客户端工具
- 使用 zsql 工具进行数据库相关操作
- 使用 Data Studio 工具进行数据库相关操作

华为的 GaussDB(for MySQL)支持基于 C、Java 等语言的应用程序的开发。了解 GaussDB(for MySQL)相关的系统结构和概念，有助于更好地开发和使用 GaussDB(for MySQL) 数据库。

本章讲解 GaussDB(for MySQL)工具的使用。学习本章之前，读者需要了解操作系统知识、C 语言和 Java 语言，熟悉 C 语言或 Java 语言的 IDE 与 SQL 语法。

6.1 GaussDB 数据库驱动

6.1.1 了解驱动

数据库驱动是应用程序和数据库存储之间的一种接口。驱动应用程序是数据库厂商为了使某一种开发语言（如 Java、C 语言）能够实现数据库调用而开发的类似翻译员的程序。它能够将复杂的数据库操作和通信抽象成当前开发语言的访问接口，如图 6-1 所示。

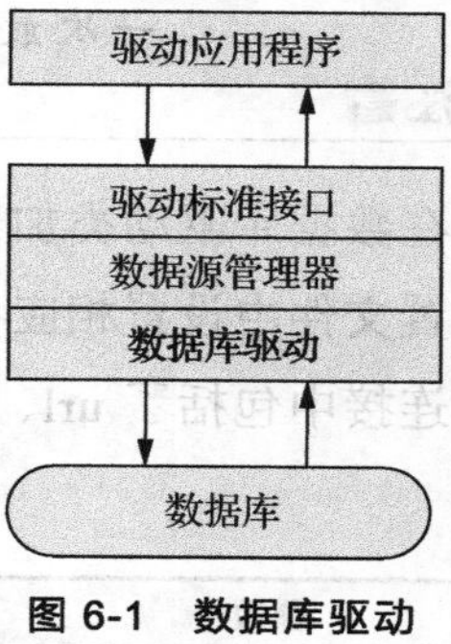

为了满足需求，GaussDB(for MySQL) 同时支持 JDBC 和 ODBC 等数据库驱动。

图 6-1 数据库驱动

数据源包含了数据库位置和数据库类型等信息，实际上是一种数据连接的抽象。图 6-1 所示的数据源管理器就是用来管理数据源的。

6.1.2 JDBC

Java 数据库连接（Java Database Connectivity，JDBC）是一种用于执行 SQL 语句的 Java API，可以为多种关系型数据库提供统一访问接口，应用程序通过 JDBC 来操作数据。JDBC 连接数据库流程如图 6-2 所示。

GaussDB(for MySQL) 数据库提供了对 JDBC4.0 特性的支持，需要使用 JDK1.8 编译程序代码。

JDBC 的安装配置步骤如下。

（1）配置 JDBC 包。

从相关网站上下载驱动包，解压后配置在工程中。

JDBC 包名：com.huawei.gauss.jdbc.ZenithDriver.jar。

（2）加载驱动。

图 6-2 JDBC 连接数据库流程

在创建数据库连接之前，需要加载数据库驱动类，加载数据库驱动类的方法为在代码中隐式装载：Class.forName("com.huawei.gauss.jdbc.ZenithDriver")。

（3）连接数据库。

远程接入数据库之前，需要在配置文件 zengine.ini 中设置 LSNR_IP 和 LSNR_PORT 监听的 IP 地址和端口号。

在使用 JDBC 创建数据库连接时，要使用以下函数。

`DriverManager.getConnection(String url, String user, String password);`

另一种加载数据库驱动类的方法为在 JVM（Java 虚拟机）启动时进行参数传递，jdbctes 为测试用例程序的名称。

`java -Djdbc.drivers=com.huawei.gauss.jdbc.ZenithDriver jdbctest;`

这种方法不常用，读者只需要知道，不用特别去了解。

一次最多可以设置 8 个监听的 IP 地址，IP 地址以逗号隔开。

在数据库驱动类加载完成之后，需要对数据库进行连接。在远程接入数据库之前，需要在配置文件中设置相应参数监听的 IP 地址及端口号，接着使用 JDBC 来创建数据库连接。数据库连接中包括了 url、user、password 这 3 个参数，如表 6-1 所示。

表 6-1 数据库连接参数

参数	描述
url	Jdbc:zenith:@ip:port[?key=value[&key=value] …]
user	数据库用户
password	数据库用户的密码

在 url 参数中，ip 为数据库服务器名称，port 为数据库服务器端口，url 连接属性间通过 & 符号进行分割。每个属性是一个键/值对。

表 6-2 所示为 JDBC 常用接口。

表 6-2　JDBC 常用接口

接口名称	功能简述
Java.sql.Connection	数据库连接接口
Java.sql.DatabaseMetaData	数据库对象定义接口
Java.sql.Driver	数据库驱动接口
Java.sql.PrepareStatement	预处理语句接口
Java.sql.ResultSet	执行结果集接口
Java.sql.ResultSetMetaData	对 ResultSet 对象相关信息的具体描述
Java.sql.Statement	SQL 语句接口
Java.sql.CallableStatement	SQL 语句接口，主要用于执行存储过程
Java.sql.Blob	Blob 接口，主要用于绑定或获取数据库的 Blob 字段
Java.sql.Clob	Clob 接口，主要用于绑定或获取数据库的 Clob 字段

以 Windows 操作系统下的 eclipse 环境为例介绍 JDBC 应用程序的开发与调试。

- 操作系统环境：Win10-64bit。
- 编译调试环境：Eclipse SDK version:3.6.1。

JDBC 应用程序的运行步骤如下所示。

（1）在 Eclipse 中创建工程。

New→Project→Java Project→Next→输入 ProjectName（如 test_jdbc）→Finish。

（2）创建类。

src→New→Class→输入 ClassName(jdbc_test、choose main)→Finish。

（3）加载库。

src→build path→configure build path→libraries →add external jars→jdbcjar。

（4）运行 JDBC 应用程序。

编写 jdbc_test.java 文档，在 jdbc_test 上单击鼠标右键→run as→Java Application。
编译运行 JDBC 应用程序的代码如下。

```
package com.huawei.gauss.jdbc.executeType;
import java.sql.Connection;
import java.sql.DriverManager;
import java.sql.PreparedStatement;
import com.huawei.gauss.jdbc.inner.GaussConnectionImpl;
public class jdbc_test{
public void test() {
        // 驱动类
```

```
            String driver = "com.huawei.gauss.jdbc.ZenithDriver";
            // 数据库连接描述
            String sourceURL = "jdbc:zenith:@10.255.255.1:1888";
        Connection conn = NULL;
        try {
            // 加载数据库驱动类
            Class.forName(driver).newInstance();
        } catch (Exception e) {
            // 抛出异常
            e.printStackTrace();
        }
    try {
            // 数据库连接, test_1为用户名, Gauss_234为密码
            conn = DriverManager.getConnection
                        (sourceURL, "test_1", "Gauss_234");
        WHILE(TRUE) {
            // 执行SQL语句, 若在数据库中能查看到此条数据, 说明成功
            PreparedStatement ps = conn.prepareStatement
                                    ("INSERT INTO t1 values (1, 2)");
    ps.execute();
            // 若执行成功, 控制台会输出 "Connection succeed!"
            System.out.println("Connection succeed!");
                }
        } catch (Exception e) {
            // 抛出异常
            e.printStackTrace();
            }
        }
    }
```

6.1.3 ODBC

开放数据库互连（Open Database Connectivity, ODBC）是微软公司提出的, 是用于访问数据库的应用程序编程接口。ODBC连接数据库包括了申请句柄资源、设置环境属性、连接数据源、执行SQL语句、处理结果集、断开连接、释放句柄资源等流程, 如图6-3所示。

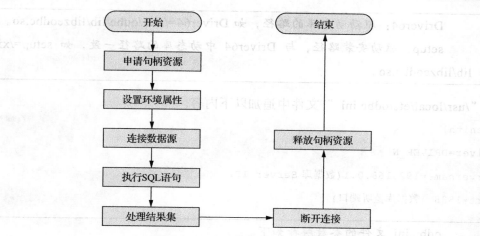

图 6-3 ODBC 连接数据库流程

应用程序通过 ODBC 提供的 API 与数据库进行交互，在避免了应用程序直接操作数据库系统的同时，增强了应用程序的可移植性、扩展性和可维护性。

安装 ODBC 驱动管理器的步骤如下。

（1）获取 unixODBC 源码包。

下载文件 unixODBC-2.3.7.tar.gz 或更高版本。

（2）编译安装 unixODBC。

在编译安装 unixODBC 的过程中，unixODBC 默认安装到"/usr/local"目录下，默认生成数据源文件到"/usr/local/etc"目录下，库文件生成在"/usr/local/lib"目录下。

```
tar -zxvf unixODBC-2.3.7.tar.gz
cd unixODBC-2.3.7
./configure --enable-gui=no
make
make install
```

（3）配置 ODBC 驱动文件。

GaussDB(for MySQL)ODBC 驱动包名为 GAUSSDB100-VxxxRxxxCxx-CLIENT-ODBC-SUSE11SP3-64bit.tar.gz，将其解压到 ODBC 驱动目录"/usr/local/lib"下。

```
tar -zxvf GAUSSDB100-VxxxRxxxCxx-CLIENT-ODBC-SUSE11SP3-64bit.tar.gz
```

在"/usr/local/etc/odbcinst.ini"文件中追加以下内容。

```
[GaussDB]
Driver64=/usr/local/odbc/lib/libzeodbc.so
setup=/usr/local/lib/libzeodbc.so
```

解释

odbcinst.ini 文件的参数解释如下。

[DriverName]：驱动器名称，对应数据源 DSN 中的驱动名，如[DRIVER_N]。

Driver64：驱动动态库的路径，如 Driver64=/xxx/odbc/lib/libzeodbc.so。

setup：驱动安装路径，与 Driver64 中动态库的路径一致，如 setup=/xxx/odbc/lib/libzeodbc.so。

在 "/usr/local/etc/odbc.ini" 文件中追加以下内容。

```
[zenith]
Driver=DRIVER_N
Servername=192.168.0.1(数据库 Server IP)
Port=1888 (数据库监听端口)
```

解释

odbc.ini 文件的参数解释如下。

[DSN]：数据源的名称，如[zenith]。

Driver：驱动名，对应 odbcinst.ini 中的 DriverName，如 Driver=DRIVER_N。

Servername：服务器的 IP 地址，如 Servername=192.168.0.1。

Port：服务器的端口号，如 Port=1888。

（4）配置环境变量。

```
export LD_LIBRARY_PATH=/usr/local/lib/:$LD_LIBRARY_PATH
export ODBCSYSINI=/usr/local/etc
export ODBCINI=/usr/local/etc/odbc.ini
```

表 6-3 所示为 ODBC 常用接口。

表 6-3 ODBC 常用接口

接口名称	功能简述
SQLAllocHandle	申请环境、链接、语句句柄
SQLFreeHandle	用于释放 ODBC 的句柄
SQLSetEnvAttr	用于设置 ODBC 的环境句柄属性
SQLSetConnectAttr	用于设置 ODBC 的链接句柄属性
SQLSetStmtAttr	用于设置 ODBC 的执行句柄属性
SQLConnect	使用链接句柄链接数据源
SQLDisconnect	断开和数据源的链接
SQLPrepare	准备执行的 SQL 语句
SQLBindParameter	往准备好 SQL 的执行句柄上绑定参数
SQLBindCol	绑定结果集列到缓冲区
SQLExecute	执行 SQL 语句
SQLFetch	获取下一行结果

部分 ODBC 接口的介绍如下。

（1）分配 ODBC 句柄的接口。

```
SQLRETURN SQL_API SQLAllocHandle(SQLSMALLINT HandleType,SQLHANDLE InputHandle,
```

```
SQLHANDLE *OutputHandle)
```

SQLAllocHandle 参数介绍如下。

输入参数：HandleType，待分配的句柄类型（SQL_HANDLE_ENV、SQL_HANDLE_DBC、SQL_HANDLE_STMT）；InputHandle，依赖句柄。

输出参数：OutputHandle，分配的句柄。

返回值：SQL_SUCCESS，成功；!=SQL_SUCCESS，失败。

（2）分配 ODBC 环境句柄的接口。

```
SQLRETURN SQL_API SQLAllocEnv(SQLHENV *EnvironmentHandle)
```

SQLAllocEnv 参数介绍如下。

输出参数：EnvironmentHandle，分配到的环境句柄。

返回值：SQL_SUCCESS，成功；!=SQL_SUCCESS，失败。

（3）分配 ODBC 链接句柄的接口。

```
SQLRETURN SQL_API SQLAllocConnect(SQLHENV EnvironmentHandle,SQLHDBC *ConnectionHandle)
```

SQLAllocConnect 参数介绍如下。

输入参数：EnvironmentHandle，环境句柄。

输出参数：ConnectionHandle，分配到的链接句柄。

返回值：SQL_SUCCESS，成功；!=SQL_SUCCESS，失败。

（4）分配 ODBC 执行句柄的接口。

```
SQLRETURN SQL_API SQLAllocStmt(SQLHDBC ConnectionHandle,SQLHSTMT *StatementHandle)
```

SQLAllocStmt 参数介绍如下。

输入参数：ConnectionHandle，链接句柄。

输出参数：StatementHandle，分配到的执行句柄。

返回值：SQL_SUCCESS，成功；!=SQL_SUCCESS，失败。

（5）释放 ODBC 句柄的接口。

```
SQLRETURN SQL_API SQLFreeHandle(SQLSMALLINT HandleType, SQLHANDLE Handle)
```

SQLFreeHandle 参数介绍如下。

输入参数：HandleType，待释放的句柄类型（SQL_HANDLE_ENV、SQL_HANDLE_DBC、SQL_HANDLE_STMT）；Handle，句柄。

返回值：SQL_SUCCESS，成功；!=SQL_SUCCESS，失败。

（6）释放 ODBC 环境句柄的接口。

```
SQLRETURN SQL_API SQLFreeEnv(SQLHENV EnvironmentHandle)
```

SQLFreeEnv 参数介绍如下。

输入参数：EnvironmentHandle，待释放的环境句柄。

返回值：SQL_SUCCESS，成功；!=SQL_SUCCESS，失败。

（7）释放 ODBC 链接句柄的接口。

```
SQLRETURN SQL_API SQLFreeConnect(SQLHDBC ConnectionHandle)
```

SQLFreeConnect 参数介绍如下。

输入参数：ConnectionHandle，待释放的链接句柄。

返回值：SQL_SUCCESS，成功；!=SQL_SUCCESS，失败。

（8）释放 ODBC 执行句柄的接口。

```
SQLRETURN SQL_API SQLFreeStmt(SQLHSTMT StatementHandle,SQLUSMALLINT Option)
```

SQLFreeStmt 参数介绍如下。

输入参数：StatementHandle，待释放的执行句柄；Option，释放的类型（SQL_DROP）。

返回值：SQL_SUCCESS，成功；!=SQL_SUCCESS，失败。

Windows 操作系统下的 ODBC 应用程序调试可以使用通用的 VC（Visual C++）编译环境进行。下面以 Linux 平台为例介绍 ODBC 应用程序的调试过程。

- 操作系统环境：Linux。
- 编译器：GCC 4.3.4。
- 调试器：CGDB 0.6.6/GDB 7.6。

ODBC 的运行调试步骤如下。

（1）编写 ODBC 应用程序。

编写相应代码，并将文档命名为 test_odbc.c。

（2）编译。

使用 gcc -o test -g test_odbc.c -L/home/test/ -lzeodbc -lodbc -lodbcinst 命令将 test_odbc.c 文档编译为 test 二进制程序。此处编译需要安装 GCC 编译器。

（3）运行。

执行 ./test 命令运行二进制程序。

（4）调试。

使用 gdb/cgdb test 命令进行调试。

编译运行 ODBC 应用程序的代码如下。

```
#if WIN32
#include <windows.h>
#endif
#include <stdlib.h>
#include <stdio.h>
#include "sql.h"
#include "sqlext.h"
int main()
```

```c
    {
        SQLHANDLE    h_env, h_conn, h_stmt;
        SQLINTEGER   ret;
        SQLCHAR      *dsn = (SQLCHAR *)"myzenith";/*数据源名称*/
        SQLCHAR      *username = (SQLCHAR *)"sys";/*用户名*/
        SQLCHAR      *password = (SQLCHAR *)"sys";/*密码*/
        SQLSMALLINT  dsn_len = (SQLSMALLINT)strlen((const CHAR *)dsn);
        SQLSMALLINT  username_len = (SQLSMALLINT)strlen((const CHAR *)username);
        SQLSMALLINT  password_len = (SQLSMALLINT)strlen((const CHAR *)password);
        h_env = h_conn = h_stmt = NULL;
        //申请句柄资源
        ret = SQLAllocHandle(SQL_HANDLE_ENV, SQL_NULL_HANDLE, &h_env);
        if ((ret != SQL_SUCCESS)&&(ret != SQL_SUCCESS_WITH_INFO)) {
            return SQL_ERROR;
        }
        //设置环境句柄属性
        if (SQL_SUCCESS != SQLSetEnvAttr(h_env, SQL_ATTR_ODBC_VERSION, (void*)SQL_OV_ODBC3, 0)) {
            SQLFreeHandle(SQL_HANDLE_ENV, h_env);
            return SQL_ERROR;
        }
        //分配链接句柄
        if (SQL_SUCCESS != SQLAllocHandle(SQL_HANDLE_DBC, h_env, &h_conn)) {
            return SQL_ERROR; }
        //设置链接句柄自动提交属性
        if (SQL_SUCCESS != SQLSetConnectAttr(h_conn, SQL_ATTR_AUTOCOMMIT, (void *)1, 0)) {
            SQLFreeHandle(SQL_HANDLE_DBC, h_conn); // 用于释放 ODBC 的句柄
            SQLFreeHandle(SQL_HANDLE_ENV, h_env);
            return SQL_ERROR; }
        //链接数据源
        if (SQL_SUCCESS != SQLConnect(h_conn, dsn, dsn_len, username, username_len, password,
            password_len)){
            SQLFreeHandle(SQL_HANDLE_DBC, h_conn);
```

```
                SQLFreeHandle(SQL_HANDLE_ENV, h_env);
                return SQL_ERROR; }
        //申请执行句柄
        if (SQL_SUCCESS != SQLAllocHandle(SQL_HANDLE_STMT, h_conn, &h_stmt)) {
                SQLFreeHandle(SQL_HANDLE_DBC, h_conn);
                SQLFreeHandle(SQL_HANDLE_ENV, h_env);
                return SQL_ERROR; }
        //创建表并插入一条记录
        SQLCHAR* create_table_sql = (SQLCHAR*)"CREATE TABLE test(col INT)";
        SQLExecDirect(h_stmt, create_table_sql, strlen(create_table_sql));
        // 直接执行SQL语句
        SQLCHAR* insert_sql = (SQLCHAR*)"INSERT INTO test (col) values(:col)";
        SQLPrepare(h_stmt, insert_sql, strlen(insert_sql));  // 准备要执行的SQL语句
        int col = 1;
        SQLBindParameter(h_stmt, 1, SQL_PARAM_INPUT, SQL_C_SSHORT, SQL_INTEGER,
sizeof(int), 0,
            &col, 0, NULL); // 往准备好SQL的执行句柄上绑定参数
        SQLExecute(h_stmt); // 执行SQL语句
        printf("Connection succeed!\n");
        //断开数据库链接
        SQLDisconnect(h_conn);
        //释放句柄资源
        SQLFreeHandle(SQL_HANDLE_DBC, h_conn);
        SQLFreeHandle(SQL_HANDLE_ENV, h_env);
        return SQL_SUCCESS;
}
```

6.1.4 其他

除了支持基于 JDBC 和 ODBC 驱动的开发，GaussDB(for MySQL)还支持基于 GSC(C-API)、Python 和 Go 驱动的开发。

（1）GSC(C-API)驱动：依赖的库为 libzeclient.so，头文件为 gsc.h。

使用 GSC(C-API)创建数据库连接时，需使用如下函数。

```
    int gsc_connect(gsc_conn_t conn, const CHAR * url, const CHAR * user, const CHAR
* password);
```

使用 GSC(C-API)创建连接对象的代码如下。

```
int test_conn_db(CHAR * url, CHAR * user, CHAR * password)
{
gsc_conn_t conn;
if (gsc_alloc_conn(&conn) != GSC_SUCCESS)
{
return GSC_ERROR;
}
if (gsc_connect(conn, url, user, password) != GSC_SUCCESS)
{
return GSC_ERROR;
}
gsc_free_conn(conn);
conn = NULL;
//to avoid using wild pointer, user should set conn NULL after free
return GSC_SUCCESS;
}
```

（2）Go 驱动。Go 驱动以源码的形式发布，上层应用将代码引入应用项目中，和应用程序编译到一起使用。从文件层面看 Go 驱动分为 3 个部分：Go API、C 驱动库和 C 头文件。Zenith Go 驱动基于 Zenith C 驱动，通过 cgo 技术封装得到。lib 子目录是 C 驱动动态库，include 子目录是 C 驱动 cgo 涉及的头文件。Go 驱动依赖 GCC 5.4 及以上版本。Go 驱动使用 GO 1.12.1 及以上版本。

（3）Python 驱动动态库：pyzenith.so。使用 Python 驱动连接数据库时，通过调用 pyzenith.connect 来获取 Connection 并建立连接。GaussDB(for MySQL)使用的 Python 版本为 2.7.x，操作系统环境为 Linux。Python 中支持时间对象，其获取时间的函数包括以下几种。

Date(year,month,day)——构造包含日期的对象。

Time(hour,minute,second)——构造包含时间的对象。

Timestamp(year,month,day,hour,minute,second,usec)——构造包含时间戳的对象。

DateFromTicks(ticks)——构造给定 ticks 值的日期值。

TimeFromTicks(ticks)——构造给定 ticks 值的时间值。

TimestampFromTicks(ticks)——构造给定 ticks 值的时间戳值。

执行 SQL 语句并获取所有元组的示例代码如下。

```
import pyzenith
conn=pyzenith.connect('192.168.0.1','gaussdba','database_123','1888')
c=conn.cursor()
c.execute("CREATE TABLE testexecute(a INT,b CHAR(10),c DATE)")
```

```
c.execute("INSERT INTO testexecute values(1,'s','2012-12-13')")
c.execute("SELECT * FROM testexecute")
row =c.fetchall()
c.close()
conn.close()
```

6.2 数据库工具

6.2.1 DDM

分布式数据库中间件（Distributed Database Middleware，DDM）服务是华为公有云提供的分布式关系型数据库的中间件服务。它以服务的方式为应用提供对多个数据库实例进行分布式透明访问的功能，彻底解决了数据库可扩展性问题，实现了海量数据的存储和高并发访问；具有简单易用、无限扩容和性能卓越的特点。简单易用是指兼容 MySQL 协议、应用代码零改动；无限扩容是指支持自动水平拆分，彻底解决了数据库单机限制问题，实现了业务部终端平滑扩容；性能卓越是指有高性能集群组网（公测期间为单极）、水平扩展功能，实现了性能的线性提升。DDM 服务流程如图 6-4 所示。

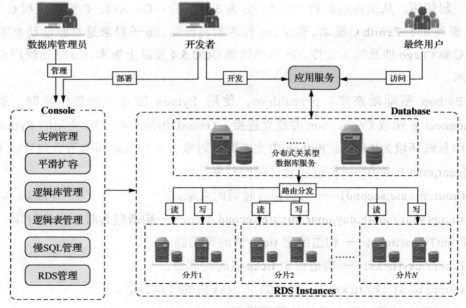

图 6-4　DDM 服务流程

DDM 服务在初级阶段将所有数据都放到一个数据库中，包括小规模、中规模和大规模以上的数据库。小规模（<500qps 或 100tps，读用户数<100，写用户数<10）：在单库中通过读/写分离的方式提升并发读的性能。中规模（<5000qps 或 1000tps，读用户数<5000，写用户

数<100）：垂直分库，将不同的业务分布到不同的数据库。大规模以上（10k+qps，10k+tps，读用户数10k+，写用户数1k+）：数据分片，按照一定的规则将数据集划分成相互独立、正交的数据子集，然后将数据子集分布到不同的节点上。

用数据分片来解决数据库扩展的瓶颈问题，常用的数据分片解决方案有应用层分片方案和中间件分片方案，如图6-5所示。

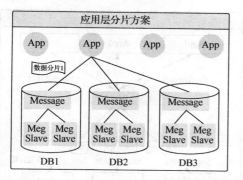 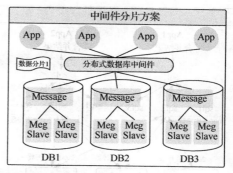

图6-5 常用的数据分片解决方案

应用层分片方案（如当当的 Sharding-JDBC、淘宝分布式数据框架等）的优势是直连数据库，额外开销少。其劣势是无法实现连接数收敛；采用应用侵入方式，后续升级更新的数量庞大，运维成本高；多数只支持 Java。中间件分片方案（如开源的 Mycat、Cobar，商用软件爱可生等）的优势是应用零改动，与语言无关；对应用完全透明地进行数据库扩展；通过连接共享有效收敛连接数。其劣势是可能存在额外的时延（<4%）。

DDM 的关键特性是读/写分离、数据分片、数据库平滑扩容。过去应用自己控制读/写分离，包括在客户端中配置所有数据库信息，并实现读/写分离；数据库调整需要同步修改应用，数据库故障需要修改应用，此时运维跟开发需同步调整配置。如今 DDM 实现读/写分离，包括：即插即用——自动实现读/写分离，支持配置不同节点的性能权重；应用透明——应用仍操作单节点，数据库的调整应用不感知；高可用——主从切换或从节点故障对应用透明，如图6-6所示。

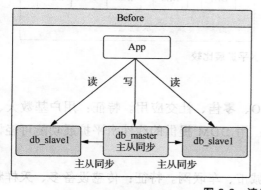 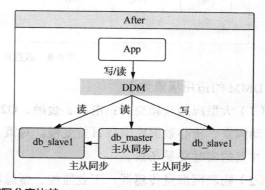

图6-6 读/写分离比较

由应用自己实现的分片应用逻辑复杂：由应用改写 SQL 语句，将 SQL 路由到不同的数据库,并聚合结果;数据库故障和调整都需要应用同步调整,运维难度剧增;应用升级、更新维护工作量大,大型系统不可接受。如今由 DDM 实现数据分片,应用零改动:大表分片,支持按哈希等算法实现自动分片;自动路由,根据分片规则将 SQL 路由至真正的数据源;连接复用,通过 MySQL 实例的连接池复用来大幅提升数据库并发访问能力。数据分片比较如图 6-7 所示。

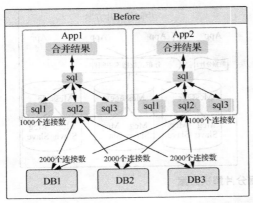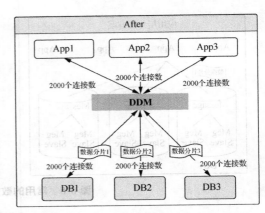

图 6-7 数据分片比较

由应用自己实现数据库水平扩展,扩容时易导致应用停机、业务中断,必须开发工具进行数据迁移。如今由 DDM 实现数据库水平扩展,可自动均衡数据,实现无限扩展(支持的分片个数无上限,轻松应对海量数据)、全自动化(一键式扩容,异常自动回滚),对业务影响小(秒级中断,其他时间业务无感知)。数据库水平扩展比较如图 6-8 所示。

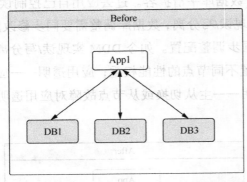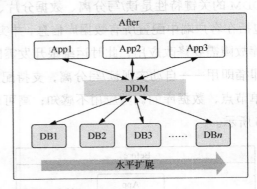

图 6-8 数据库水平扩展比较

DMM 的适用场景如下。

(1)大型应用高频交易:电商、金融、O2O、零售、社交应用。特征:用户基数大、营销活动频繁、核心数据库响应日益变慢。对策:用 DDM 提供的线性水平扩展功能可轻松应对高并发的实时交易场景。

(2)物联网海量传感器:工业监控、智慧城市、车联网。特征:传感设备多、采样频率高、数据规模大、突破单机数据库瓶颈。对策:用 DDM 提供的容量水平扩展功能可帮助用户低成本地存储海量数据。

（3）海量视频图片数据索引：互联网、社交应用等。特征：存在亿级数量的图片、文档、视频等数据，系统要为这些文件创建索引，提供实时的增、删、改、查操作，对性能要求极高。对策：用 DDM 提供的超高性能和分布式扩展功能可有效提高索引的检索效率。

（4）传统方案硬件政务机构：大型企业、银行。特征：传统方案对小型机和高端存储等高硬件成本的商业解决方案依赖性强。对策：用 DDM 提供的线性水平扩展功能可轻松应对高并发的实时交易场景。

DDM 使用方法——购买数据库中间件。

步骤 1："进入控制台 > 数据库 > 分布式数据库中间件 DDM 实例管理"页面。

步骤 2：单击"购买数据库中间件实例"按钮，如图 6-9 所示。

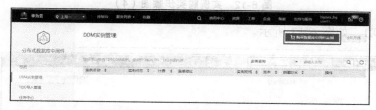

图 6-9　实例购买步骤图（1）

步骤 3：计费模式选择"按需付费"。区域、可用分区、实例规格如无特殊需求，保持默认，如图 6-10 所示。

图 6-10　实例购买步骤图（2）

步骤 4：输入实例名，选择对应虚拟私有云、子网及安全组，虚拟私有云需要选择与数据库实例相同的，单击"立即购买"按钮，如图 6-11 所示。

图 6-11　实例购买步骤图（3）

步骤 5：规格确认，勾选同意服务协议复选框，单击"提交"按钮，如图 6-12 所示。

图 6-12　实例购买步骤图（4）

实例购买成功，如图 6-13 所示。

图 6-13　实例购买成功结果图

DDM 使用方法——数据分片。

步骤 1："进入控制台 > 数据库 > 分布式数据库中间件 DDM 实例管理"页面。

步骤 2：选择需要分片的实例，单击"创建逻辑库"文字超链接，如图 6-14 所示。

图 6-14　数据分片（1）

步骤 3：选择拆分模式，设置逻辑库名称与事务模型，选择关联的 RDS 实例，如图 6-15 所示。

图 6-15　数据分片（2）

步骤 4：选择可以建立逻辑库的 RDS 实例（虚拟私有云相同），单击"创建"按钮，如图 6-16 所示。

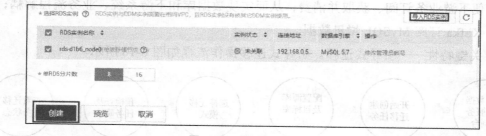

图 6-16　数据分片（3）

数据分片成功，如图 6-17 所示。

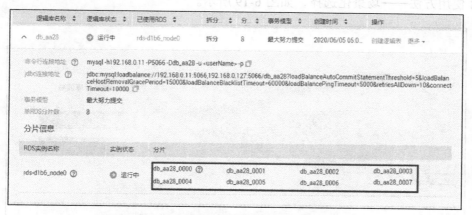

图 6-17　数据分片成功

6.2.2　DRS

数据复制服务（Data Replication Service，DRS）是一种易用、稳定、高效，用于数据库在线迁移和数据库实时同步的云服务。DRS 围绕云数据库，降低了数据库之间数据流通的复杂性，有效地降低了数据传输的成本。

DRS 具备的能力如下。在线迁移：支持通过多种网络链路，实现跨云平台数据库迁移、云下数据库迁移上云或云上跨区域的数据库迁移等多种业务场景。其特点是通过增量迁移技术，最大限度地允许迁移过程中业务能够继续使用，有效地将业务系统中断时间和对业务的影响最小化，实现数据库平滑迁移上云。数据同步：在截然不同的系统之间实现关键业务数据的实时流动。迁移数据库以整体搬迁为目的，而同步则是维持不同业务系统之间数据的持续流动，常见的场景是实时分析、报表系统、数仓环境。其特点是聚焦表和数据，满足多种同步灵活性的需要，如多对一、一对多、在不同表之间同步数据等。多活灾备：通过异地近实时的数据同步可以实现跨区、跨云、本地和云、混合云之间数据库灾备关系的建立，提供一键主备倒换、数据比对、时延监控、数据补齐等容灾特性，支持容灾演练、真实容灾等场景，支持主从灾备、主主灾备等多种灾备架构。其特点是异地远距离传输优化，围绕灾备提供特性，不同于业界基于简单的数据同步形成的方案。数据订阅：获取数据库中的关键业务的数据变化信息（常常是下游业务需要的），数据订阅将这类信息缓存，并提供统一的 SDK 接口，方便下游业务订阅、获取并消费，从而实现数据库和下游系统、业务流程解耦；常见的场景如 Kafka 订阅 MySQL 增量数据。

DRS 关键特性——引导式迁移。引导式迁移操作流程如图 6-18 所示。

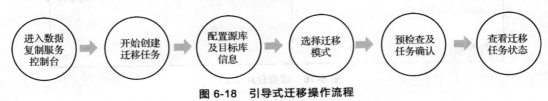

图 6-18　引导式迁移操作流程

DRS 使用方法——场景化选择，如图 6-19 所示。

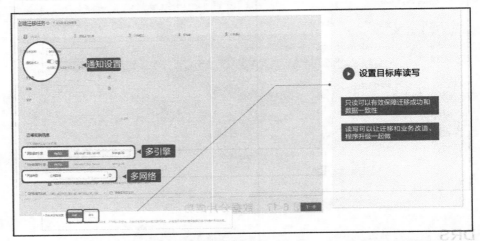

图 6-19　场景化选择

DRS 使用方法——网络与安全，如图 6-20 所示。

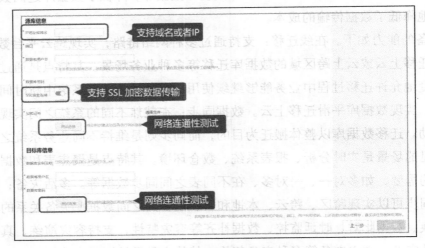

图 6-20　网络与安全

DRS 包含多种迁移模式。若业务可中断,选择全量迁移模式。该模式为数据库一次性迁移,适用于可中断业务的数据库迁移场景。全量迁移将非系统数据库的全部数据库对象和数据一次性迁移至目标数据库,包括表、视图、存储过程、触发器等。

若要求业务中断最小化,选择全量+增量迁移模式。该模式为数据库持续性迁移,适用于对业务中断敏感的场景。通过全量迁移完成历史数据迁移至目标数据库后,增量迁移阶段通过捕抓日志、应用日志等技术将源数据库和目标数据库数据保持一致。

可选择迁移对象:数据库、表、视图、存储过程、触发器,如图 6-21 所示。

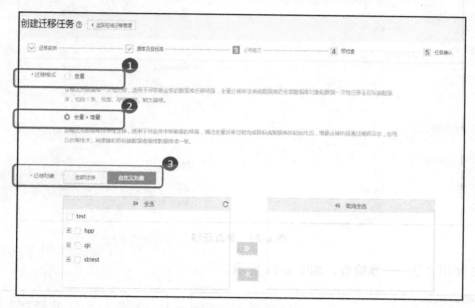

图 6-21 多种迁移模式

DRS 进行用户迁移时,将用户分为 3 类:可完整迁移的用户,需要降权处理的用户和无法迁移的用户,如图 6-22 所示。

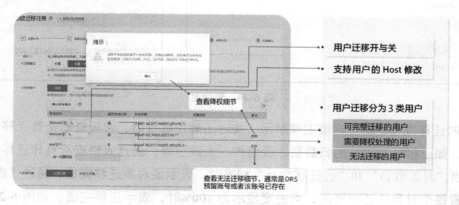

图 6-22 用户迁移

DRS 参数迁移中的大部分参数不迁移时,并不会导致迁移失败,但参数往往直接影响到业务的运行和性能表现。DRS 支持参数迁移,让数据库迁移后的业务和应用运行更流畅、更无忧。业务类参数包括字符集设置、最大连接数、调度相关设置、锁等待时间、Timestamp 默认行为和连接等待时间。性能参数包括*_buffer size 和 -_cache size，如图 6-23 所示。

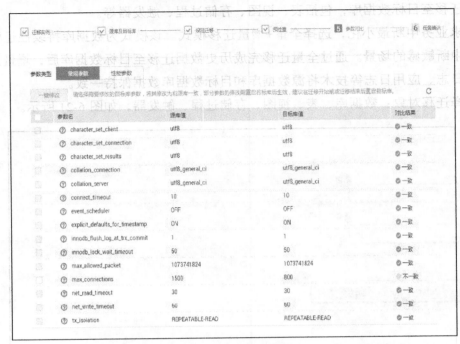

图 6-23　参数迁移

DRS 使用方法——预检查，如图 6-24 所示。

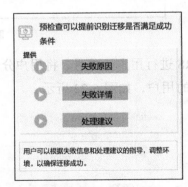

图 6-24　预检查

DRS 的迁移监控：通过观察宏观展示，实时了解迁移进展，宏观查看全量迁移对象的百分比进度，如迁移时长较长的表数据、表结构、表索引等；通过表格查看具体迁移对象的迁移进展，当"对象数目"和"已迁移数目"相等时，表示该对象迁移完成；通过"查看详情"超链接查看每个对象的迁移进度，当进度显示为 100%时，表示迁移完成，如图 6-25 所示。

DRS 的迁移对比：通过对象级对比，宏观对比数据对象是否缺失；通过数据级对比，详细校对数据。不同级别的行数和内容对比如图 6-26 所示。

第6章 数据库开发环境

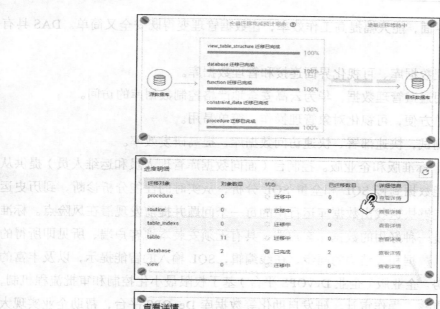

图 6-25 迁移监控

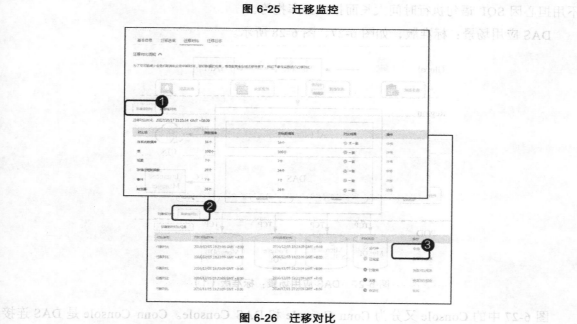

图 6-26 迁移对比

6.2.3 DAS

数据管理服务（Data Admin Service，DAS）是一款专业的简化数据库管理的工具。它提供良好的可视化操作界面,能大幅提高工作效率,让数据管理变得既安全又简单。DAS具有以下特点。

(1)实现云上管理数据库、可视化界面连接和管理数据库。

(2)通过云端专用通道管理数据,华为云高安全地严格控制数据库的访问。

(3)访问数据简单方便,可视化对象管理操作,简单易用。

(4)实现云研发测试,快速部署、快速访问数据库,提高研发效率。

DAS包括控制台、标准版和企业版。控制台(面向数据库管理人员和运维人员)提供从基本的主机和实例性能数据到慢SQL和全量SQL分析,从实时的性能分析诊断,到历史运行数据的综合分析,能够快速找出数据库运行中的每一个问题并提前发现潜在风险点。标准版(面向开发人员)是一种好用的数据库客户端,具有无须安装本地客户端、所见即所得的可视化操作体验,提供数据和表结构的同步、在线编辑,SQL输入的智能提示,以及丰富的数据库开发功能等优势。企业版(企业DevOPS平台)基于权限最小化控制和审批流程机制,提供数据保护、变更审核、操作审计、研发自助化等数据库DevOPS平台,帮助企业实现大规模数据库的标准化、规范化、高效率、超安全的管理手段。

DAS可以帮助用户像填表单一样建表,像编辑Excel一样查看、编辑、插入、删除表数据;自动化SQL输入提示可以帮用户写SQL语句,链式依赖图展示实时锁等待的会话关系,让用户也可以做一回专业数据库管理人员;自动帮用户生成表数据,让开发工作更加方便;误修改或删除数据时,发起一个回滚任务,就可以帮用户找回数据;自动超时机制,让用户不用担心因SQL语句执行时间太长而把数据库拖垮。

DAS应用场景:标准版,如图6-27、图6-28所示。

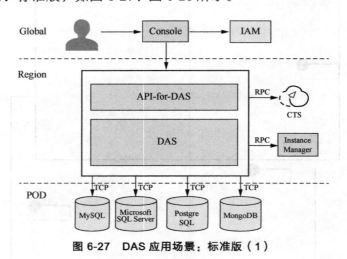

图6-27 DAS应用场景:标准版(1)

图6-27中的Console又分为Conn Console和DAS Console。Conn Console是DAS连接管理的控制台,DAS Console是数据管理服务的统一入口。API-for-DAS是对外API的统一入口,负责内外API协议的转换,同时进行权限控制和API审计。DAS提供数据库维护、管理服务,包括数据库、表、索引、字段、视图等对象的增、删、改、查等。

图 6-28 DAS 应用场景：标准版（2）

DAS 应用场景：企业版。

数据是企业的核心资产，如何控制敏感数据访问权限，实现数据库变更安全、操作可回溯审计，降低 DBA 人力成本，是数据库实例数量达到一定规模时企业的重要诉求。

企业版 DAS 的优点如下。

（1）保证数据访问安全：员工不接触数据库登录名和密码，对库的查询需要先申请权限；支持对每天查询的总次数、总数据行数、每次查询的最大返回行数等多维度的查询控制。

（2）敏感数据保护：敏感字段自动识别并进行打标；员工在执行查询和导出操作时，敏感数据将脱敏显示。

（3）变更安全：所有对库的操作均有审计日志记录，数据库操作行为可追溯。

（4）提供操作审计：变更 SQL 的风险识别、业务审核控制；变更执行时的数据库水位自动检测；大数据表的数据清理。

（5）提效率降成本：灵活的安全风险和审批流程自定义；库上的业务负责人和数据库管理员角色的赋权，将低风险的库变更操作下放到业务主管，降低企业的数据库管理员人力成本。

DAS 使用方法——新增数据库连接。步骤如下所示。

步骤 1："进入控制台 > 数据库 > 数据管理服务 DAS"页面。

步骤 2：单击"新增数据库登录"按钮，如图 6-29 所示。

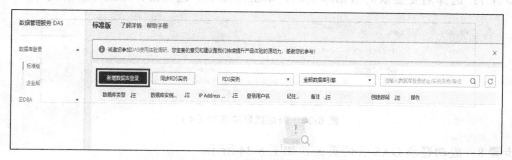

图 6-29 新增数据库连接（1）

步骤 3：选择数据库类型为 GaussDB(for MySQL)。

步骤 4：选择数据库来源（RDS 实例），并选择对应来源下的实例，如图 6-30 所示。

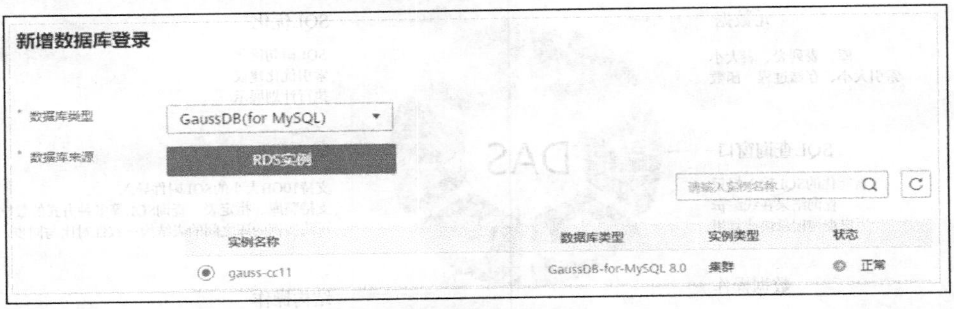

图 6-30 新增数据库连接（2）

步骤 5：填写选择的实例名下的登录用户名与密码，建议勾选"记住密码"复选框，如图 6-31 所示。

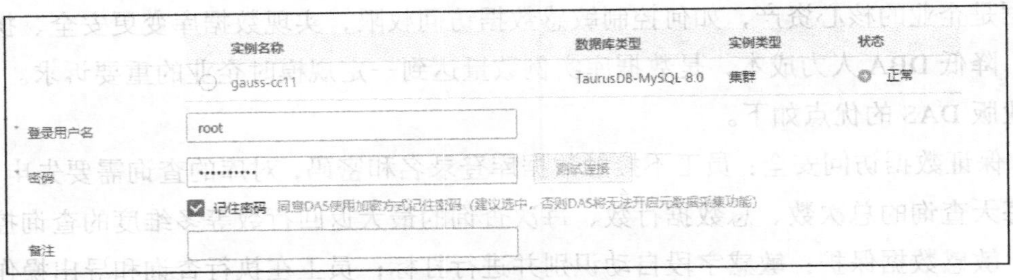

图 6-31 新增数据库连接（3）

步骤 6：单击"立即新增"按钮，如图 6-32 所示。

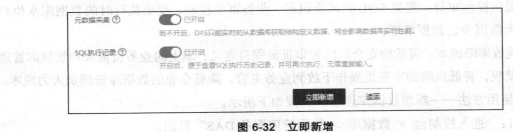

图 6-32 立即新增

步骤 7：选择需要登录的数据库实例，单击"登录"超链接，如图 6-33 所示。

图 6-33 新增数据库连接（4）

步骤 8：成功登录 DAS 管理页面，如图 6-34 所示。

DAS 使用方法——新建对象。

在库管理页面，我们可以创建及管理数据库对象，对 SQL 进行诊断、收集元数据，步骤如下。

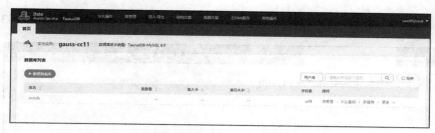

图 6-34 新增数据库连接（5）

步骤 1：在首页单击"新建数据库"按钮，填写数据库名称并单击"确定"按钮，如图 6-35 所示。

图 6-35 新建对象（1）

步骤 2：登录成功后，即可进入库管理页面，如图 6-36 所示。

图 6-36 新建对象（2）

步骤 3：单击"新建表"按钮，如图 6-37 所示。

图 6-37 新建对象（3）

步骤4：进入新建表页面，设置表的基本信息、字段、索引等信息，如图6-38所示。

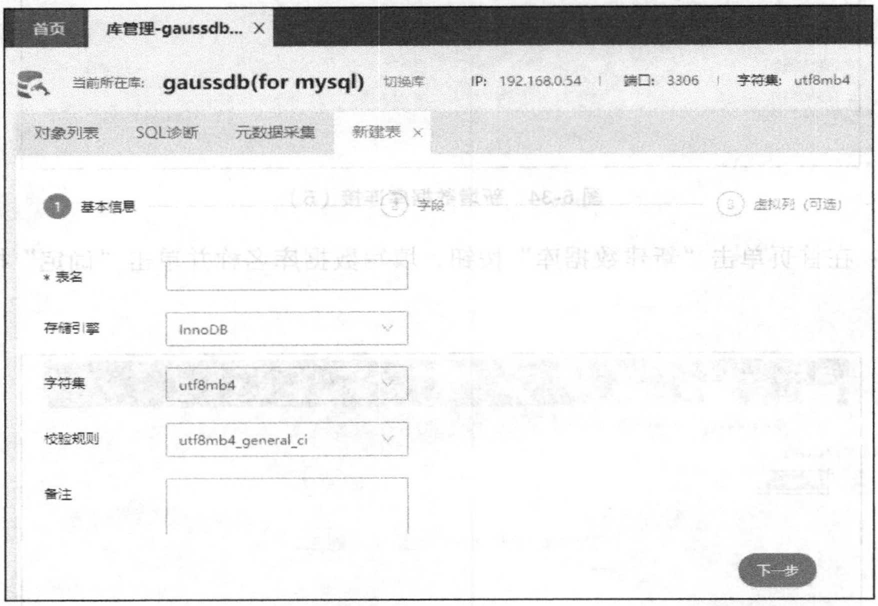

图6-38 新建对象（4）

步骤5：设置完成，单击"立即创建"按钮，如图6-39所示。

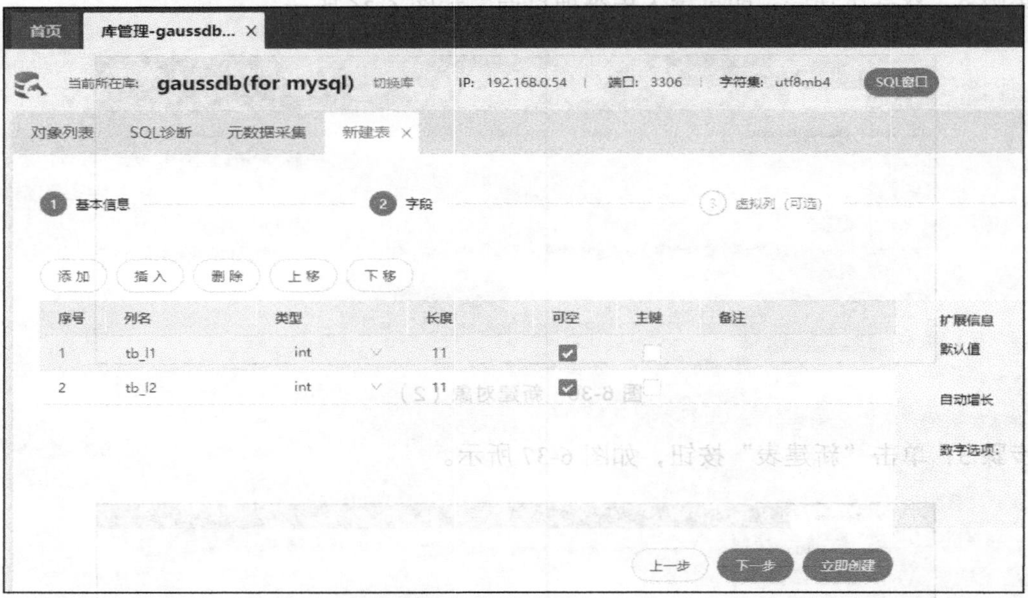

图6-39 新建对象（5）

步骤6：除了表之外，我们还可以新建视图、存储过程、事件等对象，如图6-40所示。
DAS使用方法——SQL操作。
打开SQL操作页面，会有自动SQL输入提示，用于协助完成SQL语句的编写。

图 6-40 新建对象（6）

步骤 1：单击页面上方的"SQL 窗口"按钮，或下方的"SQL 查询"超链接，打开 SQL 操作页面，如图 6-41 所示。

图 6-41 SQL 操作（1）

在 SQL 操作页面上，我们可以进行 SQL 操作，如查询等。

步骤 2：编写 SQL 语句。DAS 提供 SQL 提示功能，方便编写 SQL 语句，如图 6-42 所示。

图 6-42 SQL 操作（2）

步骤 3：SQL 语句执行结束后，可以在下方进行操作结果及执行记录的检查，如图 6-43 所示。

图 6-43　SQL 操作（3）

DAS 使用方法——导入导出。

在导入导出页面，我们可以将已有的 SQL 语句导入数据库中执行，对数据库文件或者 SQL 结果集进行导出保存。

步骤 1：新建导入任务。可以导入 SQL 文件或者 CSV 文件。

步骤 2：选择文件来源，既可以是本地导入，也可以从 OBS 中选择。

步骤 3：选择数据库。导入后的文件将在对应的数据库内执行，如图 6-44 所示。

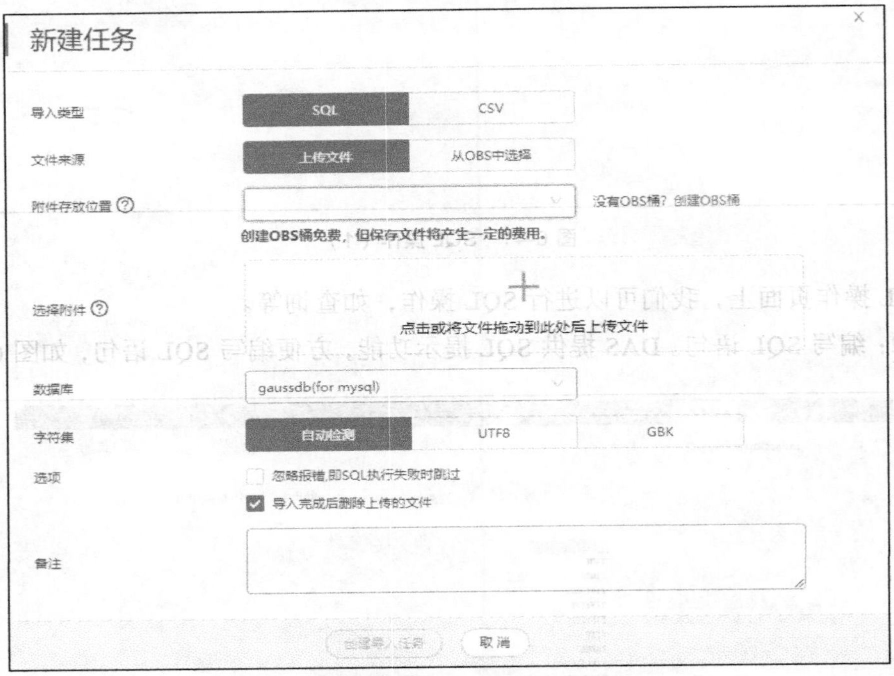

图 6-44　导入导出（1）

步骤 4：新建导出任务，选择导出的数据库文件，或者选择导出 SQL 结果集，如图 6-45 所示。

图 6-45　导入导出（2）

DAS 使用方法——表结构对比。

在结构方案页面，我们可以对比两个数据库内的表的结构，并且可以选择是否在对比之后进行同步，如图 6-46 所示。

步骤 1：创建表结构对比与同步任务。
步骤 2：选择基准库与目标库。
步骤 3：选择同步类型。
步骤 4：对比任务开始执行。
步骤 5：同步任务开始执行。

图 6-46　表结构对比

6.3　客户端工具

客户端工具的存在主要是为了让用户可以更加便捷地对数据库进行连接、各种操作及调试。

（1）gsql 是 GaussDB(DWS)在命令行运行的交互式数据库连接工具。

（2）Data Studio 是一个图形界面工具，用户可以通过 Data Studio 来连接 GaussDB(for MySQL)，调试执行 SQL 语句和存储过程。

6.3.1 zsql

安装 zsql 的前提条件如下。

（1）支持 Linux 操作系统。

（2）客户端所在的主机上需要部署 Python 2.7，主机上部署 Python 2.7.x 为强制要求。

（3）创建 zsql 客户端用户和用户组，权限≤0750。

（4）已获取客户端安装包，并已完成 zsql 客户端安装包的完整性校验。

例如，创建用户组 dbgrp 和用户 omm，并为 omm 添加密码。

```
groupadd dbgrp
useradd -g dbgrp -d /home/omm -m -s /bin/bash omm
passwd omm
```

zsql 客户端安装包的完整性校验方法如下。

（1）执行如下命令输出安装包的校验值。

```
sha256sum GAUSSDB100-V300R001C00-ZSQL-EULER20SP8-64bit.tar.gz
```

（2）查看 sha256 文件 GAUSSDB100-V300R001C00-ZSQL-EULER20SP8-64bit.sha256 的内容。

（3）将校验值和校验文件内容进行对比，一致则校验通过，否则校验不通过。

需要注意的是，如果重新安装 GaussDB100 zsql 客户端程序，需要确保 zsql 客户端目录已经删除，否则会导致重装失败的结果。不可以将客户端程序安装在服务端程序目录下。例如，"/home/omm/app" 目录下已经存放 GaussDB100 数据库服务端程序，就不能够在此目录下安装 zsql 客户端程序，需要将 zsql 客户端程序规划到其他目录下进行独立的安装。安装之后，需要执行 su 命令重新切换到客户端用户。

如果需要卸载 zsql 客户端程序，需要首先删除安装目录下的文件。例如，客户端安装程序的目录是 "/home/omm/app"，则删除此目录即可。配置用户环境变量，打开 "~/.bashrc" 环境变量（指令为 "vi ~/.bashrc"），删除如下内容。

```
export PATH=/home/omm/app/bin:$PATH
export LD_LIBRARY_PATH=/home/omm/app/lib:/home/omm/app/add-ons:$LD_LIBRARY_PATH
```

在完成 zsql 的安装之后，需要以 root 用户身份登录 GaussDB100 所在的服务器，即 zsql 客户端用户。以 omm 为例，将客户端安装包放至目录 "/home/omm" 下，并修改安装包用户组。

```
cd /home/omm
chown omm:dbgrp GAUSSDB100-V300R001C00-ZSQL-EULER20SP8-64bit.tar.gz
```

接着对用户组进行修改，执行 su 命令切换到 zsql 客户端运行的用户下。

```
su - omm
```

对安装包进行相应的解压。

```
cd /home/omm
tar -zxvf GAUSSDB100-V300R001C00-ZSQL-EULER20SP8-64bit.tar.gz
```

注意 若数据库用户的密码中包含特殊字符$，通过 zsql 连接数据库时必须使用\转义字符将其转义，否则会登录失败。

进入主机解压后的目录。

```
cd GAUSSDB100-V300R001C00-ZSQL-EULER20SP8-64bit
```

运行 install_zsql.py 脚本，安装 zsql 客户端。

```
python install_zsql.py -U omm:dbgrp -R /home/omm/app
```

这里的-U 是运行 zsql 客户端的用户，如 omm。-R 是安装 zsql 客户端的目录。

在完成 zsql 客户端的安装之后，需要使用 zsql 来进行连接。

以数据库管理员身份登录，代码格式如下。

```
zsql { CONNECT | CONN } / AS SYSDBA [ip:port] [-D /home/gaussdba/data1] [-q] [-s "silent_file"] [-w connect_timeout]
```

示例代码如下。

```
[gaussdba@plat1~]$ zsql / AS sysdba -q
Connected
```

CONNECT|CONN：连接数据库；其中[ip:port] 为可选项，若不指定则默认连接本地主机。

数据库系统管理员创建多个数据库实例时，为连接指定的数据库时，需要使用-D 参数指定数据库目录。-D 参数只有在数据库系统管理员创建多个数据库实例时才需要，如果不指定的话，则主机不知道连接哪个数据库。一般用户都只创建一个数据库实例，不需要指定。所以，-D 参数仅供 HCIA 用户了解，不需要深入学习。

（1）-q：取消 SSL 登录认证查看，可和-w 参数同时使用。

（2）-s：该参数用于设置无提示模式执行 SQL 语句。

（3）-w：客户端连接数据库时的等待超时时间，当前默认为 10s；可和-q 参数同时使用，等待超时时间的取值意义如下。

- -1：表示一直等待服务器响应，不超时。
- 0：表示不等待超时，直接返回结果。
- n：表示等待 n 秒。

使用-w 参数后，zsql 启动连接数据库时，设置等待超时时间为指定值，启动后，当前建立连接的等待响应超时时间、再次建立的新连接的等待响应超时时间及查询超时时间均为指定值；退出 zsql 进程后，设置失效。

以普通数据库用户身份登录时，有以下 3 种登录方式。

（1）交互登录方式 1。

```
zsql user@ip:port [-D /home/gaussdba/data1] [-q] [-s "silent_file"] [-w connect_timeout]
Please enter password:
```

（2）交互登录方式 2。

```
zsql conn user/user_password@ip:port [-D /home/gaussdba/data1] [-q] [-s "silent_file"] [-w connect_timeout]
```

（3）非交互登录方式。

```
zsql user/user_password@ip:port [-D /home/gaussdba/data1] [-q] [-s "silent_file"] [-w connect_timeout]
```

其中，user 为数据库用户名，user_password 为数据库用户密码。ip:port 为数据库所在主机的 IP 地址和端口号，默认端口号为 1888。

交互登录方式 1 无 conn，需要连接后再输入密码。交互登录方式 2 有 conn，可在连接的时候写上密码。非交互登录方式无 conn，但也可在连接的时候写上密码，只是连接方式不同。最常用的是非交互登录方式，交互登录方式只需要了解一下，它们的结果都一样。

示例：用户 gaussdba 本地登录数据库。

```
[gaussdba@plat1~]$ zsql
SQL> CONN gaussdba/Changeme_123@127.0.0.1:1611
connected.
//启动 zsql 进程时设置等待响应超时时间
[gaussdba@plat1~]$ zsql gaussdba/Changeme_123@127.0.0.1:1611 -w 20
connected.
//创建新用户 jim，并赋予新用户 CREATE SESSION 权限
SQL> DROP USER IF EXISTS jim;
CREATE USER jim IDENTIFIED BY database_123;
GRANT CREATE SESSION TO jim;
//切换用户，再次建立的新连接的等待响应超时时间也是 20s
CONN jim/Changeme_123@127.0.0.1:1611
connected.
EXIT
```

启动 zsql 进程时设置等待响应超时时间为 20s。启动后，当前建立连接的等待响应超时时间为 20s。退出 zsql 进程后，设置失效，之后新建立连接的等待响应超时时间仍然是默认值 20s。

在 zsql 进行连接的时候，可以设置相应的参数，不同的参数设置能够满足用户的特定功能需求。如设置参数 -s ，无提示模式下执行 SQL 语句，会将执行结果统一输出到指定文件

中，而不是回显到当前屏幕上。该参数需放置在命令末尾。

示例：用户 **hr**，以 **silent** 模式连接数据库，指定输出日志名称为 **silent.log**。

```
[gaussdba@plat1~]$ zsql hr@127.0.0.1:1611 -s silent.log
//创建表 training
CREATE TABLE training(staff_id INT NOT NULL,course_name CHAR(50),course_start_date DATETIME,course_end_date DATETIME,exam_date DATETIME,score INT);
INSERT INTO training(staff_id,course_name,course_start_date,course_end_date,exam_date,score) values(10,'SQL majorization','2017-06-15 12:00:00','2017-06-20 12:00:00','2017-06-25 12:00:00',90);
//退出数据库系统
EXIT
//查看日志 silent.log
cat silent.log
Succeed.
```

-c 参数指的是在启动时执行单条 SQL 语句，该参数需放置在命令末尾。

```
zsql user/password@ip:port -c "SQL_Statement"
```

在-c 参数中可以输入多条普通 SQL 语句，但语句间需要用分号（;）分隔。在-c 参数中输入存储过程语句时，只支持单条输入，并且存储过程需要用斜线/表示结束。

示例代码如下。

```
[gaussdba@plat1~]$ zsql gaussdba/Changeme_123@127.0.0.1:1611 -c "SELECT ABS(-10) FROM dual;"
connected.
SQL>
ABS(-10)
--------------------------------------------
10
1 rows fetched.
```

名称中含有$的对象,需要加转义字符\。单条可执行的 SQL 语句最大长度应不大于 1MB。

-f 指的是执行 SQL 脚本，-f 参数不能够和-c 或-s 参数同时使用。-f 参数的设置和-c、-s 参数的设置是一样的，都是放在命令的末尾。

```
zsql user@ip:port [-a] -f sql_script_file
```

或者如下。

```
zsql user@ip:port [-a] -f "sql_script_file"
```

-a 参数用于输出执行的 SQL 语句，-a 参数可以和-f 参数同时使用，-a 参数必须位于-f 参数前面,表示输出并且执行 SQL 脚本中的 SQL 语句;如果没有设置-a 参数则直接输出 SQL

脚本中的语句执行结果，不会输出 SQL 脚本。

```
[gaussdba@plat1~]$ zsql gaussdba/Changeme_123@127.0.0.1:1611 -a
connected.
SQL> SELECT ABS(-10);
SELECT ABS(-10);              /* 打印SQL脚本 */
ABS(-10)
--------------------------------------------
10
1 rows fetched.
```

执行文件 test.sql。

```
SELECT ABS(-10) FROM dual;
SELECT * FROM dual;
SELECT 123;
COMMIT;
```

执行 -f "test.sql" 命令。

```
[gaussdba@plat1~]$ zsql gaussdba/Changeme_123@127.0.0.1:1611 -f "test.sql"
```

执行 -a -f "test.sql" 命令。

```
[gaussdba@plat1~]$ zsql gaussdba/Changeme_123@127.0.0.1:1611 -a -f "test.sql"
```

执行 -f "test.sql" 命令的结果如下。

```
[gaussdba@plat1~]$ zsql gaussdba/Changeme_123@127.0.0.1:1611 -f "test.sql"
connected.
SQL>
ABS(-10)
--------------------------------------------
10
1 rows fetched.
SQL>
DUMMY
-----
X
1 rows fetched.
SQL>
123
------------
123
```

```
1 rows fetched.
SQL>
Succeed.
```

执行 -a -f "test.sql" 命令的结果如下。

```
[gaussdba@plat1~]$ zsql gaussdba/Changeme_123@127.0.0.1:1611 -a -f "test.sql"
connected.
SQL> SELECT ABS(-10) FROM dual;
ABS(-10)
----------------------------------------
10
1 rows fetched.
SQL> SELECT * FROM dual;
DUMMY
-----
X
1 rows fetched.
SQL> SELECT 123;
123
------------
123
1 rows fetched.
SQL> COMMIT;
Succeed.
```

查看数据库对象定义信息的语句格式如下。

```
DESCRIBE [-o | -O] object
```

或者如下。

```
DESC [-o | -O] object
```

-o 或 -O 表示 object，为可选项。

查询 SQL 语句：DESC -q SELECT expression（仅了解即可）。

显示使用 SELECT 语句查询时的列描述信息，包括 name、nullable、type、size(char or byte)。DESC 的列大小展示的是 SQL 解析时的推导值（最大推导值），执行返回列数据值不会超过该大小。

expression 为查询语句。

查询表 privilege 的定义信息。

```
SQL> DROP TABLE IF EXISTS privilege;
```

```
SQL> CREATE TABLE privilege(staff_id INT PRIMARY KEY, privilege_name VARCHAR(64)
NOT NULL,privilege_description VARCHAR(64), privilege_approver VARCHAR(10));
SQL> DESC privilege;
Name                                    Null?      Type
--------------------------------------  --------   -----------------------------
STAFF_ID                                NOT NULL   BINARY_INTEGER
PRIVILEGE_NAME                          NOT NULL   VARCHAR(64 BYTE)
PRIVILEGE_DESCRIPTION                              VARCHAR(64 BYTE)
PRIVILEGE_APPROVER                                 VARCHAR(10 BYTE)
```

执行 SPOOL 命令将执行结果输出到操作系统的文件中去。

指定输出文件,可以为相对路径,也可以为绝对路径。

```
SPOOL file_path
```

保存执行结果并关闭当前输出文件流。

```
SPOOL off
```

执行 SPOOL 命令。

```
SQL> SPOOL ./spool.txt
SQL> CREATE TABLE COUNTRY(Code INT,Name VARCHAR(20),Population INT);
SQL> SELECT Code, Name, Population
FROM COUNTRY
WHERE Population > 100000;
SQL> SELECT 'This SQL will be output into ./spool.txt' FROM SYS_DUMMY;
SQL> SPOOL OFF;
SQL> SELECT 'This SQL will not be output into ./spool.txt' FROM SYS_DUMMY;
```

指定 SPOOL 文件后,zsql 结果将输出到文件。文件的内容和 zsql 命令行显示的内容大致相同,只有在指定 SPOOL OFF 后才会关闭输出。

若 SPOOL 命令指定的文件不存在,则 zsql 会创建一个文件。若指定的文件已经存在,则 zsql 会将执行结果附加到原有结果后面。

退出 zsql,输入 cat spool.txt 可查看 spool.txt 文件的内容,具体如下。

```
SQL> CREATE TABLE COUNTRY(Code int,Name varchar(20),Population int);
Succeed.
SQL> SELECT Code, Name, Population
  2 FROM COUNTRY
  3 WHERE Population > 100000;
CODE         NAME                    POPULATION
-----------  ----------------------  -------------
```

```
0 rows fetched.
SQL> SELECT 'This SQL will be output into ./spool.txt' FROM SYS_DUMMY;
'THIS SQL WILL BE OUTPUT INTO ./SPOOL.TXT'
------------------------------------------
This SQL will be output into ./spool.txt
1 rows fetched.
SQL> SPOOL OFF;
```

注意，spool.txt 中并无 SELECT'This SQL will not be output into ./spool.txt' FROM SYS_DUMMY;语句，因为在执行该语句之前，已经执行了 SPOOL OFF 语句。

逻辑导入 IMP 和逻辑导出 EXP。

```
{EXP | EXPORT}[ keyword =param [ , … ] ] [ … ];
{IMP | IMPORT} [ keyword =param [ , … ] ] [ … ];
```

（1）逻辑导入和逻辑导出不支持 SYS 用户数据的导出。

（2）逻辑导入和逻辑导出数据时，需要对导出的对象有相应的操作权限。

（3）在逻辑导入和逻辑导出时，若 FILETYPE=BIN，会导出 3 类文件：元数据文件（用户指定的文件）、数据文件（.D 文件）和 LOB 文件（.L 文件）。

（4）逻辑导入和逻辑导出时若目录中有同名文件，则不做任何提示直接覆盖同名文件。

（5）逻辑导出数据时，会在指定的导出文件路径下生成一个元数据文件和一个名为 data 的子目录。如果未指定导出文件路径，则默认在当前路径下生成一个元数据文件和一个名为 data 的子目录。FILETYPE=BIN 时，生成的子文件（数据文件、LOB 文件）会放在二级目录 data 下；如果指定的元数据文件和生成的子文件已经存在，则会报错。

生成分析报告 WSR。

WSR（Workload Statistics Report）用于生成性能分析报告。默认只有 SYS 用户有权限执行相关操作。普通用户如需使用，需要 SYS 用户授权：grant statistics to user;表示将 statistics 角色授予普通用户。授权后，普通用户具有创建快照、删除快照、查看快照、生成 WSR 报告的权限，但是没有更改 WSR 参数的权限。普通用户执行操作时，需要携带 SYS 名去执行对应的存储过程，如 CALL SYS.WSR$CREATE_SNAPSHOT。

其他功能包括 SHOW（查询参数信息）、SET（设置参数）、DUMP（数据导出）、LOAD（数据导入）、COL（设置列宽度）、WHENEVER（设置脚本运行异常时是否继续或退出连接操作）等。

6.3.2 gsql

使用 gsql 配置数据库服务器，以 omm 用户身份登录 GaussDB(DWS)集群中的任意节点，执行 source ${BIGDATA_HOME}/mppdb/.mppdbgs_profile 相关命令，启动环境变量。

执行如下命令增加对外提供服务的网卡 IP 地址或者主机名（英文逗号分隔），其中

NodeName 为当前节点名称,10.11.12.13 是 CN 所在服务器对外提供服务的网卡 IP 地址。

```
gs_guc reload -Z coordinator -N NodeName -I all -c "listen_addresses='localhost,192.168.0.100,10.11.12.13'"
```

listen_addresses 也可以配置为*,此配置下将监听所有网卡,但存在安全隐患,不推荐用户使用。推荐用户按照需要配置 IP 地址或者主机名打开监听。

添加客户端 IP 地址认证信息(请将下面的 client_ip/mask 替换成真正的客户端 IP 地址)。

```
gs_guc SET -Z coordinator -N all -I all -h "host all client_ip/mask sha256"
```

解压 GaussDB-Kernel-VXXXRXXXCXX-XXXX-64bit-gsql.tar.gz 压缩包,将得到以下文件。

bin:存放 gsql 可执行文件的位置。

gsql_env.sh:环境变量文件。

lib:gsql 依赖的动态数据库。

加载刚才解压出来的环境变量文件 source gsql_env.sh,便可以正常使用 gsql 了。

```
gsql -d postgres -h 10.11.12.13 -U username -W password -p 25308
```

-d 参数指定的是数据库名。

-h 参数指定的是数据库 CN 地址。

-U 参数指定的是数据库用户名。

-W 参数指定的是数据库用户密码。

-p 参数指定的是数据库 CN 的端口。

gsql 下载:访问 https://console.huaweicloud.com/dws 登录 GaussDB(for DWS)管理控制台;在左侧导航栏中,单击"连接管理"按钮;在"gsql 命令行客户端"的下拉框中选择对应版本的 GaussDB(DWS)客户端;单击"下载"按钮可以下载与现有集群版本匹配的 gsql。

配置服务器:使用 PuTTY 登录 ECS(云服务器),在 PuTTY 登录页面中,Host Name 为 ECS 公网 IP 地址,Port 为 22,Connection type 为 SSH;单击"Open"按钮,在弹出框中单击"YES"按钮;login as 为 root;password 为 root 用户密码(该密码不明文显示,保证输入无误后按 Enter 键即可)。执行命令 cd <客户端存放路径>(请将<客户端存放路径>替换为实际的客户端存放路径);执行命令 punzip dws_client_1.5.x_redhat_x64.zip(dws_client_redhat_x64.tar.gz 是"RedHat x64"对应的客户端工具包名称,请替换为实际下载的包名);执行命令 source gsql_env.sh;若提示图 6-47 所示命令行信息则表示客户端已配置成功。

连接数据库:使用 gsql 客户端连接 GaussDB(DWS)集群中的数据库,执行语句格式为 gsql -d <数据库名称> -h <集群地址> -U <数据库用户> -p <数据库端口> -r。数据库名称为所要连接的数据库名称;首次使用客户端连接集群时,请指定为集群的默认数据库"postgres"。如果通过公网地址连接,请指定集群地址为公网访问地址或公网访问域名;如果通过内网地址连接,请指定集群地址为内网访问地址或内网访问域名。数据库用户为集群数据库的用户名。首次使用客户端连接集群时,请指定为创建集群时设置的默认管理员用户,如"dbadmin"。数据库端口为创建集群时设置的"数据库端口",如图 6-48 所示。

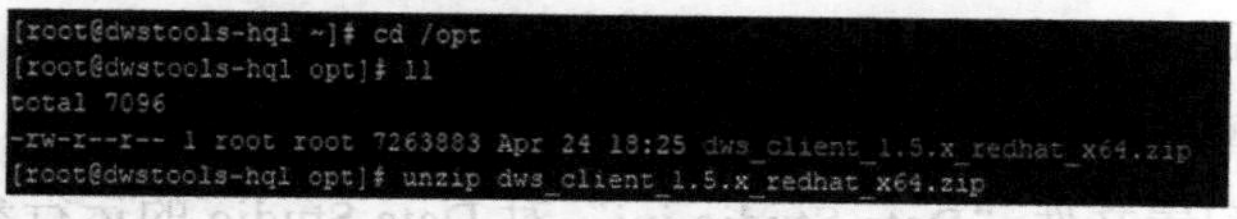

第6章 数据库开发环境

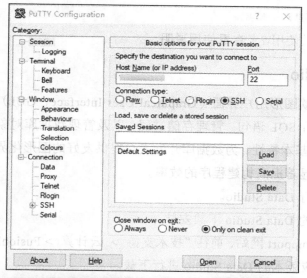

图 6-47 配置服务器

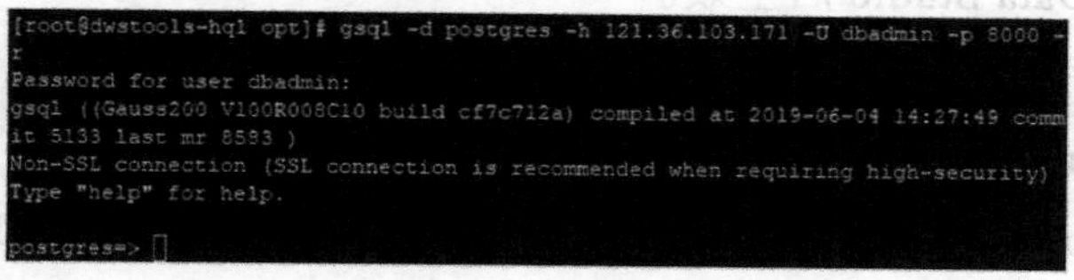

图 6-48 连接数据库

使用方法：gsql 可以直接将查询语句发给数据库执行，并返回执行结果。

```
postgres=# SELECT * FROM dual;
 dummy
-------
 X
(1 row)
```

gsql 工具还提供一些比较实用的元命令，用来快速与数据库交互。例如，快速查看对象定义，代码如下。

```
postgres=# \d dual
  View "pg_catalog.dual"
 Column | Type | Modifiers
--------+------+-----------
 dummy  | text |
Column：字段名；
Type：字段类型；
```

173

```
Modifiers: 约束信息;
```

更多元命令：可以使用\?来查看使用说明。

6.3.3 Data Studio

Data Studio 是一款图形用户界面（Graphical User Interface，GUI）工具，它可用于连接 GaussDB 数据库、执行 SQL 语句、管理存储过程，以及管理数据库对象。Data Studio 目前支持 GaussDB 的大部分基本特性，为数据库开发人员提供友好的图形化界面，简化数据库开发及应用开发任务，能显著提高构建程序的效率。

下载、安装并运行 Data Studio。

（1）Windows 下的 Data Studio 下载安装。

下载：登录华为 support 网站，前往"技术支持 > 云计算 > FusionInsight > FusionInsight Tool"页面，选择相应版本的 Data Studio 进行下载。

安装：下载完毕后，解压 Data Studio 安装包即可。

（2）Data Studio 配置文件设置（可选）。

用户可通过修改配置文件"Data Studio.ini"对 Data Studio 的运行参数进行个性化配置。修改后的参数在重启 Data Studio 后生效。

通过 Data Studio 用户手册可查看各参数的使用方法。

（3）运行 Data Studio。

双击"Data Studio.exe"文件运行即可（注意：需使用 Java 1.8.0_141 或更高版本）。

使用 Data Studio 来连接 GaussDB(for MySQL) 数据库时，需要对连接的数据库类型进行选择。输入自定义的名称、数据库的 IP 地址、数据库的端口、用户名、密码，如图 6-49 所示。

图 6-49 使用 Data Studio 连接 GaussDB(for MySQL)数据库

GaussDB(DWS)的连接也是类似的，只不过需要将数据库类型选择为 GaussDB(DWS)。

Data Studio 的主界面分成了 5 个部分，如图 6-50 所示。

区域 1 是顶部的菜单栏，区域 2 是对象浏览器，区域 3 是 SQL 的编辑窗口，区域 4 是 SQL 语句执行结果的查询窗口，区域 5 是 SQL 的语法助手区域。

对象浏览器以数据库连接为根节点，使用树状层级结构来展示数据库的对象；通过右键菜单的形式提供各类对象管理操作的入口，如创建数据库、断开连接、创建对象、编辑表数据、查看对象属性信息、执行存储过程等。

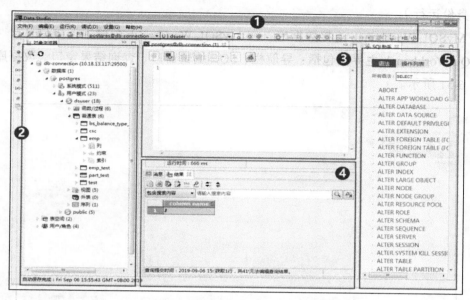

图 6-50　Data Studio 的主界面

SQL 编辑窗口可以为用户提供一个窗口来编辑、格式化和执行各类 SQL 语句。用户执行 SQL 语句之后，可以在查询窗口中查询语句返回的结果，同时也可以对结果进行排序、筛选、复制、导出。语法助手在 SQL 编辑过程中会根据用户输入进行自动联想并提供补全建议。

查询窗口用于展示查询语句返回的结果，用户可对结果执行排序、动态筛选、复制、导出、编辑等操作。

SQL 语法助手根据用户在 SQL 编辑窗口中的输入，动态匹配并展示相应的 SQL 语句。

存储过程的管理包括查看、修改和编译存储过程的代码，执行或者调试存储过程，针对 GaussDB 语法提供相应的存储过程创建模板。

首选项配置则使用户可针对自身的使用习惯对数据源的部分功能进行个性化设置，如自动保存的时间间隔、查询结果每次加载的记录数、SQL 语句高亮显示规则、自定义快捷键等。

6.3.4　MySQL Workbench

MySQL Workbench 是一款 GUI 工具，它用于设计和创建新的数据库图标，建立数据库文档，以及进行复杂的 MySQL 迁移。MySQL Workbench 是下一代的可视化数据库设计、管理的工具，它同时有开源和商业化的两个版本。该软件支持 Windows 和 Linux 操作系统。MySQL Workbench 能为数据库开发人员提供友好的图形化界面，简化数据库开发及应用开发任务，能显著提高构建程序的效率。

MySQL 提供了基于 Windows 平台的 MySQL Workbench 客户端。

MySQL Workbench 下载：登录 MySQL 官网，在网页底部的 DOWNLOADS 选项中选择

MySQL MySQL Workbench；解压下载的客户端安装包（32 位或 64 位）到需要安装的路径下（如 D:\MySQL Workbench）；打开安装目录，双击 MySQL Workbench.exe（或者单击鼠标右键，以管理员身份运行）。

使用 MySQL Workbench 连接数据库：在 MySQL Workbench 中输入连接信息。

MySQL Workbench 主界面包括：导航栏、SQL 编辑窗口、查询结果窗口、数据库基本情况，如图 6-51 所示。

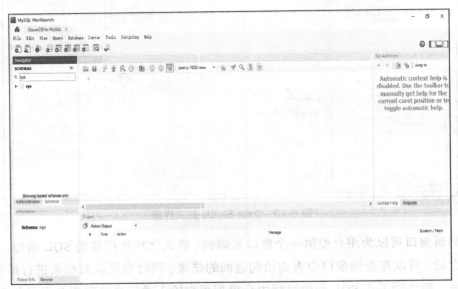

图 6-51　MySQL Workbench 主界面

MySQL Workbench 基本功能主要体现在如下几个方面。导航栏：展示数据库的管理功能，如检查状态、管理连接、用户管理、数据导入与导出；提供各类对象管理操作的入口，如启停实例、查询日志、查看操作文件；展示数据库的表现情况，可以进行设置或生成报表。SQL 编辑窗口：编辑、格式化和执行各类 SQL 语句；在 SQL 语句编辑过程中语法助手会根据用户输入进行自动联想并提供补全建议。查询结果窗口：展示查询语句返回的结果，用户可对结果执行排序、动态筛选、复制、导出、编辑等操作。数据库基本情况：展示已有的数据库和数据库下各级对象的基本情况。数据库备份：根据客户需求，MySQL Workbench 能提供企业级的在线备份和备份恢复功能。审核检查：搜索字段提供缩小显示的操作事件，包括类型的展会活动获取和查询类型的显示事件，并默认显示所有活动。自定义过滤器也可用。

6.4　本章小结

本章主要介绍了 GaussDB 数据库的相关工具，包括 JDBC、ODBC、gsql。GaussDB 数据库中的驱动包括 JDBC、ODBC 及其他的一些驱动，GaussDB 数据库提供了一些相关的连接工具，包括 zsql、gsql、Data Studio。

6.5 课后习题

1. （多选题）JDBC 常用接口可实现下列哪些功能？（　　）
   A. 执行 SQL 语句　　　　　　　　B. 执行存储过程
   C. 数据库卸载　　　　　　　　　　D. 数据库删除

2. （单选题）通过 ODBC 交互，在避免了应用程序直接操作数据库系统的同时，增强了应用程序的哪些特性？（　　）
   A. 可移植性、可兼容性和可维护性　　B. 可移植性、可兼容性和可扩展性
   C. 可维护性、可扩展性和可移植性　　D. 可兼容性、可维护性和可扩展性

3. （多选题）DDM 的关键特性包括（　　）。
   A. 平滑扩容　　B. 读/写分离　　C. 智能管理　　D. 数据分片

4. （判断题）DDM 数据库中间件购买时，虚拟私有云可以与其使用的数据库虚拟私有云不同。（　　）
   A. True　　　　　　　　　　　　B. False

5. （单选题）以下哪个能力不是 DRS 具备的能力？（　　）
   A. 在线迁移　　B. 数据同步　　C. 多活灾备　　D. 平滑扩容

6. （判断题）DRS 提供的迁移功能不支持业务中断功能。（　　）
   A. True　　　　　　　　　　　　B. False

7. （多选题）gsql 连接命令包含（　　）参数。
   A. 数据库名称　　B. 集群地址　　C. 数据库用户　　D. 数据库端口

8. （判断题）gsql 是 GaussDB(DWS)提供的在命令行运行的交互式数据库连接工具。（　　）
   A. True　　　　　　　　　　　　B. False

9. （多选题）MySQL Workbench 的基本功能包含（　　）。
   A. 导航栏　　　　　　　　　　　　B. 数据库情况展示
   C. 数据库备份　　　　　　　　　　D. 审核检查

10. （多选题）Data Studio 支持下列哪些功能？（　　）
    A. 浏览数据库对象　　　　　　　　B. 创建和管理数据库对象
    C. 管理存储过程　　　　　　　　　D. 编辑 SQL 语句

11. （简答题）简述 ODBC 开发应用的流程。
12. （简答题）简述 DDM 数据分片的流程。
13. （简答题）简述 DRS 数据迁移的流程。
14. （简答题）简述使用 gsql 连接数据库的流程，并解释其中的重要参数有哪些。

第7章 数据库设计基础

📖 **本章内容**
- 数据库设计概述
- 需求分析
- 概念设计
- 逻辑设计
- 物理设计
- 数据库设计案例

数据库设计是指根据数据库系统的特点,针对具体的应用对象构建合适的数据库模式,建立数据库及相应的应用,使整个系统能有效地采集、存储、处理和管理数据,从而满足各种用户的使用需求。

本章主要介绍数据库设计的相关概念、整体目标和需要解决的问题,并按照新奥尔良设计方法对需求分析、概念设计、逻辑设计和物理设计几个阶段的具体工作进行详细说明。最后结合相关案例对数据库设计的具体实现手段进行介绍。

通过本章的学习,读者能够描述数据模型的特点和用途、列举数据模型的类型、描述第三范式数据模型的标准、描述逻辑模型中的常见概念、区别逻辑模型和物理模型中对应的概念,以及列举物理设计过程中常见的反范式化处理手段。

7.1 数据库设计概述

数据库设计是指对于一个给定的应用环境,构造优化的数据库逻辑模式和物理结构,并据此建立数据库及其应用系统,使之能够有效地存储和管理数据,满足各种用户的应用需求。值得注意的是数据库设计没有"最优"标准,需要针对不同的应用进行不同的设计和优化。OLTP 和 OLAP 的场景存在很大的区别,在数据库设计的方法和优化手段上有所不同，读者需要首先了解最通用的方法和技巧是什么，再结合不同的实际场景来加以使用。

7.1.1 数据库设计的困难

在实际应用中，数据库设计会遇到很多困难，主要有以下几种。

（1）熟悉数据库的技术人员缺乏业务知识和行业知识。

数据库设计需要针对不同应用灵活调整，这就需要相关人员对应用的使用场景、业务背景有很好的认识，而熟悉数据库的技术人员往往缺乏业务知识和行业知识。

（2）熟悉业务知识的人往往缺乏对数据库产品的了解。

相对而言，熟悉业务知识、了解业务流程的人往往缺乏对数据库产品的了解，对数据库设计流程也不熟悉。所以在进行数据模型设计的过程中，双方人员需要充分交流、互相沟通才能做好数据库设计。

（3）在初始阶段没办法明确应用业务的数据库系统的业务需求范围。

在项目的初期阶段，应用业务不是特别明确，用户的需求也不是既定的，数据库系统是伴随用户需求逐渐完善的，这也是数据库设计的一个难点。

（4）用户需求在设计过程中会不断调整和修改，甚至在数据库模型落地后，还会有新需求出现，这会对已有的数据库结构造成冲击。

因为需求的不确定性，数据库调整是经常出现的，这些都会对数据库设计造成一定困扰，所以数据库设计是一个螺旋上升的前进式工作，需要不断调整、改进和优化以更好地满足应用的需求。

7.1.2 数据库设计的目标

数据库设计是建立数据库及其应用系统的技术，是信息系统开发和建设中的核心技术。数据库设计的目标是为用户和各种应用系统提供信息基础设施和高效的运行环境。高效的运行环境是指在数据库数据的存取、数据库存储空间的利用、数据库系统运行管理这些方面都要做到高效率。数据库设计的目标一定要设定时间范围和目标界限范围，无限制条件的设计目标会因范围过大而失败。合理制定数据库系统的目标是非常有难度的事情，目标过大、过高会导致无法实现，目标过小会让客户无法接受。所以应把目标分阶段、分级别进行合理规划，使建设过程形成可持续发展的方案，最终满足用户的需求，实现目标。

7.1.3 数据库设计的方法

1978年10月，来自30多个国家的数据库专家在美国新奥尔良市专门讨论了数据库设计方法。他们运用软件工程的思想和方法，提出了数据库设计规范，这就是著名的新奥尔良设计方法，是目前公认的比较完整和权威的一种数据库规范设计方法。在新奥尔良设计方法中，数据库设计被分为4个阶段，如图7-1所示。

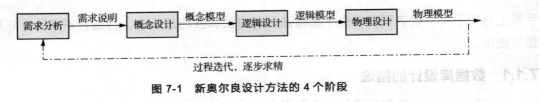

图 7-1 新奥尔良设计方法的 4 个阶段

这 4 个阶段分别是需求分析、概念设计、逻辑设计、物理设计。需求分析阶段主要分析用户需求，产出需求说明；概念设计阶段主要进行信息分析和定义，产出概念模型；逻辑设计阶段主要依据实体联系进行设计，产出逻辑模型；而物理设计阶段主要根据数据库产品的物理特性进行物理结构设计，产出物理模型。

除了新奥尔良设计方法外，还有基于 E-R 图的数据库设计方法、基于第三范式的设计方法。它们都是在数据库设计的不同阶段使用的具体技术和方法，在后面章节会进行详细的介绍。

7.2 需求分析

7.2.1 需求分析的意义

生活中，地基不打好，整个楼建起来都是歪的。经验证明，需求分析不完善会直接导致设计不正确。如果很多问题到系统测试阶段才被发现，再回过头纠正，会付出巨大的代价，所以必须高度重视需求分析阶段的工作。

需求分析阶段主要收集信息并进行分析和整理，为后续阶段提供充足信息。这个阶段是最困难、也是最耗时的阶段，但同时也是整个数据库设计的基础。需求分析没做好，可能会导致整个数据库设计返工。

在需求分析阶段应当做到以下几点。

（1）了解现有系统的运行概况，如现有系统的承载业务、业务流程及当前系统存在的不足。

（2）确定新系统的功能要求，即了解最终用户的想法、功能需求及想要实现的效果。

（3）收集能够实现目标的基础数据及相关的业务流程，为更好地理解业务流程和用户需求做好准备。

7.2.2 需求分析阶段的任务

需求分析阶段的主要任务首先是对用户业务行为和流程进行调查，然后进行系统调研、收集和分析需求，确定系统开发范围，最后编写需求分析报告。

对用户业务行为和流程进行调查的阶段需要了解用户对新系统的期望、目标及现有系统的主要问题。在系统调研、收集和分析需求阶段，确定系统开发范围阶段，主要任务分为以下 3 个部分。

（1）信息调研。需要确定所设计的数据库系统要用到的所有信息，明确信息来源、方式、数据格式和内容。需求分析阶段的主要目标是明确所设计的数据库中要存储哪些数据，哪些数据需要进行加工处理，哪些数据需要给下一个系统使用。

（2）处理需求。把用户的业务功能需求转化成需求说明，定义要设计的数据库系统的功能点。即要把用户用业务语言描述的需求转换成计算机系统或者开发人员能够理解的设计需求，所以要描述数据处理的操作功能，操作的先后次序，操作的执行频率、场合，操作和数据间的联系，同时还要明确用户要求的响应时间和处理方式等。这些内容就构成了用户需求规格说明书的必要部分。

（3）了解并记录用户在安全性和完整性方面的要求。在编写需求分析报告阶段，需经过系统调研、收集和处理过程，一般在这个阶段的输出产物是需求分析报告，包括用户需求规格说明书和数据字典。这里的数据字典是对现有业务的数据项和数据的总结文档，并不是数据库产品里面的数据字典。

7.2.3 需求分析的方法

需求分析的重点是梳理清楚用户的"信息流"和"业务流"。"业务流"是指业务现状，包括业务方针政策、组织机构、业务过程等。"信息流"是指数据流程，包括数据的源头、流向和重点，各种数据产生、修改的过程和频率，以及数据和业务的处理关系。在需求分析阶段要明确外部要求，包括但不限于数据保密性要求、查询响应时间要求、输出报表要求等。

根据实际情况及用户可能的支持情况，需求调查可以采用多种手段结合的方式，例如，查看现有系统的设计文档、报告，和业务人员座谈，问卷调查。如果条件允许，还应该采集现有业务系统的样本数据作为设计过程中对一些业务规则验证和数据质量的了解。

需求分析过程中切忌想当然，对用户的想法进行猜想和假设，如果有假设条件或者不清楚的地方，一定要和用户进行确认。

7.2.4 数据字典

数据字典是进行需求分析介绍、数据收集和数据分析后获得的成果，和数据库中的数据字典不同，这里的数据字典主要是指对数据的描述，并不是数据本身，包括以下内容。

（1）数据项：主要有数据项名称、含义、数据类型、长度、取值范围、单位和与其他数据项的逻辑关系等，是逻辑设计阶段模型优化的依据。

（2）数据结构：数据结构反映了数据项之间的组合关系，一个数据结构可以由若干数据项和数据结构混合组成。

（3）数据流：数据字典中要求表现数据流，也就是数据在系统中的传输路径，包括数据来源、流向、平均流量、高峰期流量等。

（4）数据存储：包括数据存取频度、保留时间长度、数据存取方式。

（5）处理过程：包括数据处理过程的功能及处理要求。功能是指处理过程用来做什么，要求包括单位时间内处理多少事务、多少数据量、时间响应要求等。

数据字典的格式没有固定的文档规范，在实际工作中，可以参考以上内容项，通过不同的说明性文档或者在模型文件中反映出来。所以数据字典是一个抽象层面的概念，是一个文档的集合。而且在需求分析阶段，最重要的输出是用户需求规格说明书。其中数据字典往往作为一种附件或者附录的形式存在，为模型设计人员在后续的工作中提供参考依据。

7.3 概念设计

7.3.1 概念设计和概念模型

概念设计阶段的任务是分析用户提出的需求，对用户需求进行综合、归纳和抽象，形成一个独立于具体数据库管理系统的概念层次抽象模型，即概念数据模型（下称概念模型）。概念模型是高层次的抽象模型，独立于任何一种特定的数据库产品，不会受到任何数据库产品特性的约束。在这一阶段，概念模型与任何一个特定数据库产品的物理属性无关。

概念模型的主要特点有以下 4 项。

（1）能真实、充分地反映现实世界，包括事物和事物之间的联系，是现实世界的真实模型。

（2）易于理解，可以和不熟悉数据库的用户进行讨论。

（3）易于更改，当应用环境和应用要求改变时可以对概念模型进行修改和扩充。

（4）易于向关系数据模型转换。

后面两项都是下一阶段工作顺利进行的基本条件。

7.3.2 E-R 方法

概念模型是分析用户提出的需求，对用户需求进行综合、归纳和抽象后，形成的一个独立于具体数据库管理系统的概念层次抽象模型。模型能够直接将现实世界按具体数据模型进行组织，但必须同时考虑很多因素，设计工作比较复杂，效果也不理想，所以需要一种方法来对现实世界的信息结构进行描述。

1976 年 E-R（Entity-Relationship，实体-联系）方法被提出。该方法因为简单实用，迅速成为概念模型中常用的方法之一，也是现在描述信息结构常用的方法。E-R 方法使用的工具叫作 E-R 图，主要由实体、属性和联系 3 个要素构成，在概念设计阶段使用得比较广泛。用 E-R 图表示的数据库概念非常直观，易于用户理解。

实体是具有公共性质并且可以相互区分的现实世界对象的集合，例如，教师、学生、课程都是实体，如图 7-2 所示。在 E-R 图中，一般用矩形框表示具体的实体。实体中每个具体的记录值，如学生实体中每个具体的学生，称为实体的一个实例。

属性是描述实体性质或特征的数据项，属于一个实体的所有实例都具有相同的性质。例如

图 7-3 所示的学生学号、姓名和性别等都是属性。在概念模型中，一般用圆角矩形框表示属性。

图 7-2 实体　　　　　　　　　　　　图 7-3 属性

注意

在实际工作中，概念模型也可以不详细设计到属性级别，而是到实体级别就可以了。如果概念模型把属性都详细规划出来，工作量就会比较大。概念模型的 E-R 图在实际应用项目中，应把实体和实体之间的联系划分清楚，并明确地表达出来。所以一般概念模型能够体现实体和实体之间的关系，达到这个层次就足够了。

实体内部及实体之间的联系通常用菱形框表示。大多数场合下，数据模型关注的是实体之间的联系。实体之间的联系通常分为 3 类。

（1）一对一联系（1:1）：实体 A 中的每个实例在实体 B 中至多有一个实例与之关联，反之亦然。例如，一个班级有一个班主任，这种联系记录形式为 1:1。

（2）一对多联系（1:n）：实体 A 中的每个实例在实体 B 中有 n 个实例与之关联，而实体 B 中的每个实例在实体 A 中最多只有 1 个实例与之关联，记为 1:n。例如，一个班级有 n 个学生。

（3）多对多联系（m:n）：实体 A 中的每个实例在实体 B 中都有 n 个实例与之关联，而实体 B 中的每个实例在实体 A 中也都有 m 个实例与之关联，记为 m:n。例如，学生与选修课程，一个学生可以选修多门课程，一门课程也可以被多个学生选修。

简单来说，概念设计就是把现实中的概念抽象和联系转换成 E-R 图的形式表现出来，如图 7-4 所示。

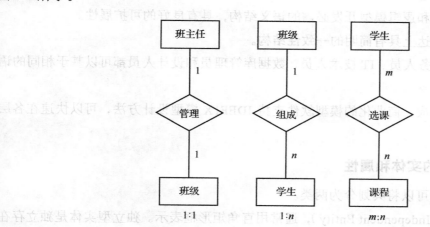

图 7-4 联系

7.4 逻辑设计

7.4.1 逻辑设计和逻辑模型

逻辑设计是将概念模型转换为具体的数据模型的过程,按照概念设计阶段建立的基本E-R图,将选定的目标数据模型(层次、网状、关系、面向对象)转换成相应的逻辑层目标数据模型,得到的就是逻辑数据模型(下称逻辑模型)。对于关系型数据库,这种转换要符合关系型数据模型的原则。

逻辑设计阶段的最主要工作是确定逻辑模型的属性和主键。主键能够标识表中唯一的主关键字,又称为码。主键可以由一个字段,也可以由多个字段组成。在逻辑设计工作中,比较常用的方式是使用E-R设计工具和IDEF1X方法来进行逻辑模型建立。常用的E-R图表示法包括IDEF1X、IE模型的Crow's Foot、统一建模语言(Unified Modeling Language,UML)类图等。

7.4.2 IDEF1X方法

本书的逻辑设计模型采用了IDEF1X(Integration DEFinition for Information Modeling)方法。IDEF是信息模型集成定义的意思,在美国空军ICAM(Integrated Computer Aided Manufacturing)项目中建立,最初开发出3种方法:功能建模(IDEF0)、信息建模(IDEF1)和动态建模(IDEF2)。后来随着信息系统的相继开发,又推出了IDEF簇方法,如数据建模方法(IDEF1X)、过程描述获取方法(IDEF3)、面向对象的设计方法(IDEF4)、使用C++的OO设计方法(IDEF4C++)、实体描述获取方法(IDEF5)、设计理论获取方法(IDEF6)、人—系统交互设计方法(IDEF8)、业务约束发现方法(IDEF9)、网络设计方法(IDEF14)等。IDEF1X是IDEF系列方法中IDEF1的扩展版本,在E-R方法的基础上增加了一些规则,使语义更为丰富。

使用IDEF1X方法进行逻辑建模时,有以下几个方面的特点。

(1)支持概念模型和逻辑模型开发必需的语义结构,具有良好的可扩展性。

(2)在语义概念表达上具有简明的一致性结构。

(3)便于理解,业务人员、IT技术人员、数据库管理员和设计人员都可以基于相同的语言进行交流。

(4)可以自动化生成,商业化的模型软件支持IDEF1X模型设计方法,可以快速在各层级模型中相互转换。

7.4.3 逻辑模型中的实体和属性

根据实体的特点,可以将其划分为两类。

(1)独立型实体(Independent Entity),通常用直角矩形框表示。独立型实体是独立存在的实体,不依赖于其他实体。

（2）依赖型实体（Dependent Entity），通常用圆角矩形框表示。依赖型实体必须依赖于其他实体存在，依赖型实体中的主键必须是独立型实体主键的一部分或者全部。

独立型实体的主键会出现在依赖型实体的主键中，成为依赖型实体主键的一部分，如图 7-5 所示，章实体依赖于书实体。例如，很多书都有第 2 章，如果没有书作为 ID 主键之一来区别不同书的第 2 章，那么在章实体中只会出现一个第 2 章的记录。但实际上不同书的第 2 章的标题、页数、字数都不相同，所以章实体依赖于书实体存在才有意义。

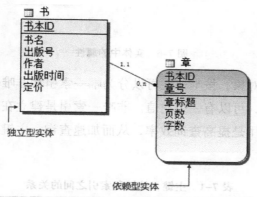

图 7-5　实体分类

属性是实体的特征，需要注意的类型如下。

（1）主键（PRIMARY KEY）。主键是识别实体实例唯一性的属性或属性组。例如，学生实体中姓名不能作为主键，因为可能有重名的情况，学号或者身份证号可以作为唯一识别学生的属性，即可以作为主键。

（2）可选键（OPTIONAL KEY）。能识别实体的其他属性或者属性组。

（3）外键（FOREIGN KEYS）。两个实体产生关联，一个实体的外键是另外一个实体的主键；也可以把主键实体称为父实体，拥有外键的实体称为子实体。

（4）非键属性（Non-key Attribute）。实体里面除主键和外键属性外的其他属性。

（5）派生属性（Derived Attribute）。一个可以被统计出来或者从其他字段推导出来的字段。

图 7-6 所示的实体书的主键是书本 ID，其他属性是非键属性，章主键是书本 ID 加上章号，其他属性是非键属性。章实体中的书本 ID 是外键。

区别主键、外键和索引的关系。主键的特点是唯一标识一个实例，无重复值，属于非空属性，不应该被更新。主键的作用是确定记录的唯一性，保证数据完整性，所以一个实体只能有一个主键。

外键一般都是另一个实体的主键，对本实体来说可以重复或为空。外键的作用是建立数据参考一致性与两个实体之间的关系。所以一个实体可以有多个外键，例如，属性 A 在 X 表中是外键，在 X 表中是可以重复的。因为是外键，所以一定是另外一个表的主键，假设有一个 Y 表，A 在 Y 表里作为主键的情况下，属性 A 不允许重复。

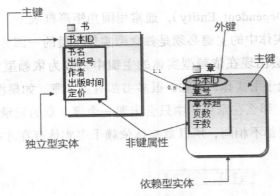

图 7-6 实体中的属性

索引是数据库的物理对象,按唯一性可以分为唯一索引和非唯一索引。唯一索引是建立在表上的对象,无重复值,可以有一个空值。非唯一索引是建立在表上的对象,可以为空,可以有重复值。索引的作用是提高查询效率,从而加速查询。主键、外键和索引之间的关系如表 7-1 所示。

表 7-1 主键,外键和索引之间的关系

	主键	外键	唯一索引	非唯一索引
特点	唯一标识一个实例,无重复值、非空。不应该被更新	另外一个实体的主键,可以重复,可以为空	建立在表上的对象,无重复值,可以有一个空值	建立在表上的对象,可以为空,也可以有重复值
作用	确定记录唯一性,保证数据完整性	建立数据参考一致性与两个实体之间的关系	提高查询效率	提高查询效率
数量	一个实体只能有一个主键	一个实体可以有多个外键	一个表可以有多个唯一索引	一个表可以有多个非唯一索引

 主键、外键是逻辑模型中的逻辑概念,而索引是物理对象。很多数据库在建表的时候可以创建主键,这时主键的属性就是唯一的非空索引。

确定了实体和重要的属性,还需要了解实体间的关系。关系用于描述实体间如何发生关联。例如,一本书"包括"若干个章,"包括"就是这两个实体之间的关系。关系有方向性,书"包括"章而不是章"包括"书,章与书的关系是"属于"的关系。

关系基数(Cardinality)是反映两个或多个实体间关系的业务规则,关系基数是用来表达 E-R 方法中"联系"这个概念的。

图 7-7 所示为 IDEF1X 中基数的图例,了解标注的含义有助于在看到模型结构后,快速明确实体间的关系。从左到右,第一个图例表示的是一对多关系,多方的基数是 0、1 或者 n 个。P 图例表示的是一对多关系,多方的基数是 1 或者 n 个。这两个关系的区别就在于是否有 0,如果有 0 就是一个可选的关系,表示关系可能存在,用英语表达为 may,反之是强制关系,表明关系一定存在,用英语表达为 must。Z 图例表示多方的基数是 0 或者 n 个,n 图例表示有且只有 n 个关系,例如,一个矩形有且只有 4 个直角,那么矩形和直角就是 1→4

的关系。n-m 图例表示的是一个范围区间关系，例如，月和天的关系，一个月有多少天，随着大小月和闰年的不同，月和天数的关系就是 1→(28～31)。{n}图例表示的基数关系不能用简单的数字说明，需要通过注释来说明这个 n 的取值范围。这种注释说明在实际项目中体现为一些业务规则，例如，一个月与证券交易日的关系。一个月里面含有多少个有效的证券交易日，要看证券交易所规定每个月可以进行上市交易的日期，每年随着政策变化而变化，需要另外说明。

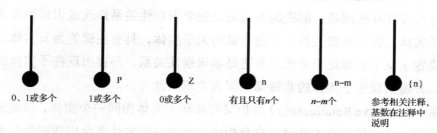

图 7-7 IDEF1X 中基数的图例

综上所述，对基数图例的说明也反映出了一个重要的点，就是基数反映了不同的关系，这种关系很可能反映出重要的业务规则或者约束。

0,n 是 may 的表达形式，是可选的要求。

1,n 是 must 的表达形式，是强制性的要求。

在实际应用中，可能出现 0 的基数情况，就表示两个表进行关联的时候可能会出现空值（NULL）。

基数的意义在于其可以反映关系，如图 7-8 所示。首先左右两边都是"包括"关系，关系的左边都是 1:1，表达的意思是一个章一定属于一本书，也就是属于且仅属于。对于左边的例子，取值 0～n 是可能的表达形式，为可选的要求，表达的规则是一本书可能包含一个或多个章。而基数等于 0 表达的意思是一本书不分章，实际应用中在这种基数等于 0 的情况下，两个表在进行外关联的时候，就可能会出现空值。右边的例子中取值 1～n，是一定的表达形式，为强制性的要求，基数不为 0 就说明一本书必须包含一个或多个章。

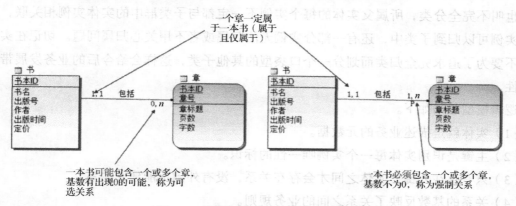

图 7-8 基数的不同反映了不同的关系

识别性关系（Identifying Relationship)发生在独立型实体和依赖型实体之间，子实体的实例唯一性识别与父实体相关联，父实体的主键属性成为子实体的主键属性之一。图 7-6 所示的父实体书本的主键书本 ID 成为章的主键属性组成部分。

非识别性关系（Non-identifying Relationship）是指子实体不需要与父实体的关系就可以确定实例的唯一性。这时候两个实体就是独立型实体，没有依赖关系。在图 7-6 中，章实体如果不依赖于书实体而变成独立实体，那么每个章号只能有一个记录，不同书本的相同章会互相覆盖，这种设计存在问题，解决的方式就是把非识别性关系修改成识别性关系。可以总结为：看父子实体是否有外键关系，具有外键的为子实体，具有主键的为父实体。其中，外键的位置又决定了父子实体是识别性关系还是非识别性关系，外键出现在子实体的主键即为识别性关系，外键出现在子实体的非键属性即为非识别性关系。

嵌套关系（Recursive Relationship）是指父实体和子实体为同一个实体，形成递归或者嵌套，实体的主键也成为其自身的外键。自身构成层级关系的实体就会出现嵌套关系。在实际应用中，这种嵌套关系实体很常见。例如，组织架构中的各级部门有上级部门和下级部门，一个部门可能有一个或多个下级部门，最底层的部门没有下级部门，一级部门没有上级部门，如图 7-9 所示。

图 7-9　嵌套关系

子类关系（Subtype Relationship）是指子类实体和所属父实体的关系。子类关系分为两种，一种是完全子类关系，也叫完全分类，所属父实体的每个实例都能够与子类群中的一个实体实例相关联，所有实例都可以在分类情况中找到，不存在例外情况。另一种是不完全子类，也叫不完全分类，所属父实体的每个实例不一定都与子类群中的实体实例相关联，只有部分实例可以归到子类中，还有一部分实例无法归属或者不用关心归属问题。切记在实践中一定不要为了追求完全归类而划分一个口袋型的其他子类，这样会给今后的业务发展带来不确定性。

逻辑模型总结如下。

（1）实体就是描述业务的元数据。

（2）主键是识别实体每一个实例唯一性的标识。

（3）只有存在外键，实体之间才会存在关系，没有外键不能建立关系。

（4）关系的基数反映了关系之间的业务规则。

逻辑模型示例如下。
- 一个客户只能拥有一类储蓄账户；
- 一个客户可以拥有多个储蓄账户；
- 一个订单只能对应一个发货运单；
- 一个产品包括多个零件。

7.4.4 范式理论

针对具体的业务需求，如何构造一个满足要求的数据库设计模式，需要生成几个实体，实体由哪些属性构成，实体间的关系如何，这些都是数据库设计需要解决的问题，确切地说是关系型数据库逻辑设计阶段需要解决的问题。关系模型具有严格的数学理论基础，所以以关系型数据库的规范化理论为基础，进行关系模型设计，能够构造出一个合理的关系模型。在数据库逻辑设计阶段，把属性放置在正确实体的过程称为范式化，满足不同程度的要求为不同层次的范式（Normal Form）。

1971年到1972年间，Codd博士系统地提出了第一范式到第三范式的概念，充分讨论了模型规范化问题。后来其他人不断深化提出了更高层次的范式化标准，但是对于关系型数据库而言，在实践应用中，能够实现第三范式就已经足够了。

遵循规范化理论设计出的关系数据模型有如下意义：
（1）能够避免冗余数据的产生；
（2）可降低数据不一致的风险；
（3）模型具有良好的可扩展性；
（4）可以灵活调整以反映出不断变化的业务规则。

相对于逻辑模型核查过程中的范式化，在物理模型建立的时候，范式化手段就是反范式化（Denormalizaion），即违反一些范式规则，通过增强物理规则属性来提升数据库应用时的性能。

在确定实体属性的时候，常面临的问题是：哪些属性属于对应的实体？这就是范式理论要解决的问题。例如，银行和个人会发生很多业务往来，同一个人可能会有储蓄存款、信用卡消费、购买金融产品进行投资理财和贷款买车购房等业务。对银行来说，不同的业务由不同的部门和业务系统开展，例如：用信用卡消费，个人就会拥有信用卡（信用卡号），在信用卡系统中有客户号；办理理财会开设理财账户；存款会开办储蓄账户。但对银行来说所面对的个人就是一个人。在建立模型的时候，如何归并个人到一个统一的客户实体上？统计一个客户的资产时是建立3个实体还是用一个实体？客户没有和银行发生贷款业务，如果未来发生贷款业务那么当前模型需要为这种变化进行哪些预先考虑？这些问题都是在逻辑设计时需要解决的问题，而能够解决这些问题的理论依据就是范式模型。

满足最低要求的叫作第一范式（1NF），在第一范式满足的基础上进一步满足要求的为第二范式（2NF），以此类推，一个低一级的范式关系模式可以通过模式分解（Schema

Decomposition）转换为若干个高一级范式的关系模式的集合。这个过程就叫作范式化，如图 7-10 所示。

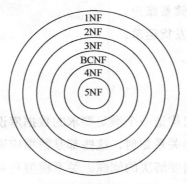

图 7-10　范式之间的关系

值域（Domain）是指属性的合法取值的集合（Set），定义了一个属性取值的有效范围。在值域里面的值都是合法数据，值域体现了相关规则。

例如，图 7-11 所示的员工号码的值域是大于 0 的整数，那么 0、-10 就是值域外的数据。例如，手机号码如果都是 11 位长度整数，12345678910 即为合法数据，而如果考虑实际情况，不同运营商有不同号码段的话，它就无法成为合法数据。

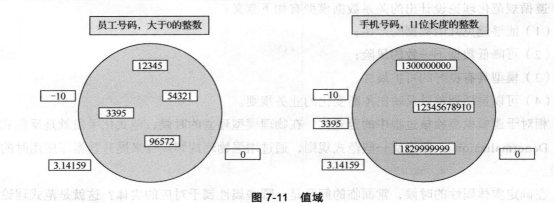

图 7-11　值域

一个关系（指表或实体）符合第一范式当且仅当每个属性只包含原子性取值（不可再分），而且每个属性的取值只能包含值域中的一个值（不能是子集）。

满足第一范式的规则包含以下特征。

（1）属性取值符合原子性（不可再分）。

（2）属性取值数量是单一的，不能是值域里面的子集。

（3）需要有主键，保证数据库内不会有重复记录。

（4）实体中的属性不存在重复组问题，因为重复组会使有些地方可能产生空值，结构不稳定，也就是实际应用中存在的业务发展会带来业务不稳定的情况；重复组也会导致使用的时候产生歧义。

例如，表 7-2 所示的电话号码列，电话号码属性存在很大问题：数值格式不统一，还包含非数值的字符。更大的问题是有两个人的电话号码数量超过一个，并且两个号码是电话号码值域里面的子集，违反了"属性取值数量是单一的，不能是值域里面的子集"特征。这种表结构在很多实际的场景中很常见，例如，社交类应用中一个账号关注的列表，对于这种动态变化的数据经常使用逗号把一串账号分隔开并作为一个字段设计。

表 7-2 客户信息表（1）

客户编号（PK）	姓名	年龄	电话号码
123	XXX	30	555-666-1234, 333-888-5678
456	YYY	40	555-777-8080 转 43, 155-0099-9900
789	ZZZ	50	777-808-9234

如果把两个电话号码拆分成两个字段，则如表 7-3 所示。

表 7-3 客户信息表（2）

客户编号（PK）	姓名	年龄	电话号码1	电话号码2
123	XXX	30	555-666-1234	333-888-5678
456	YYY	40	555-777-8080 转 43	155-0099-9900
789	ZZZ	50	777-808-9234	

看似解决了原子性问题，但又出现了重复组（Repeating Group）问题。重复组问题从技术上讲取值是原子性的，但在概念上对相同的属性进行了重复。之所以要避免重复组问题，是因为重复组会带来以下异常情况。

（1）有些记录会产生空值。例如，有些客户只有一个电话号码，并没有第二个电话号码，这样在电话号码2这个字段里就会出现空值。

（2）结构会产生不稳定性。例如，有些人有3个电话号码，甚至更多，所以可能要经常更新表结构来适应新的情况，从而会导致模型结构的不稳定，也就是实际应用中存在的业务发展对模型带来了不稳定性冲击的情况。

（3）会在使用数据的时候产生歧义。哪个号码应该放在第一位？哪个号码放在第二位？规则是什么？要获取客户的联系方式时以哪个电话为准？以上问题都会导致业务使用数据的时候产生语义上的混乱和不明确。

为了解决上述问题，采取的办法就是把重复组转成高表，把电话号码放在同一个属性当中。这样就符合第一范式了，如表 7-4 所示。

表 7-4 客户信息表（3）

客户编号（PK）	姓名	年龄	电话号码
123	XXX	30	555-666-1234
123	XXX	30	333-888-5678
456	YYY	40	555-777-8080 转 43
456	YYY	40	155-0099-9900
789	ZZZ	50	777-808-9234

原子性是指不可分割性，但是应分割到哪一个程度呢？很多人在实际应用中对原子性概念的理解容易出现偏差。一般来说具有编码规则的代码实际上都是复合型代码，规则上都是可分的。例如，身份证号和手机号码都可以进一步拆分出更小粒度的数据，如出生年月和性别。但从值域的角度来讲，身份证的值域只要符合编码规则就是合法的，即为原子性数据，不需要进一步拆分。

第二范式是指每个表必须有主键，其他数据元素与主键一一对应。通常称这种关系为函数依赖（Functional Dependence）关系，即表中其他数据元素都依赖于主键，或称该数据元素唯一地被主键所标识。第二范式强调的是完全函数依赖，简单地理解第二范式就是所有非主键字段都要依赖于整个主键，而不是其中的一部分。

满足第二范式有两个必要条件，首先要满足第一范式，其次是每一个非主属性都完全函数依赖于任何一个候选键。可以简单理解为所有的非主键字段都要依赖于整个主键，而不是其中的一部分。表 7-5 所示的内容不满足第二范式，因为订单日期只依赖于订单编号，和零件编号无关。所以该表中会随着订单编号的重复出现大量冗余数据。

表 7-5 订单零件表（1）

订单编号(PK,FK)	零件编号（FK）	订单日期	所需零件数量
1000	1234	2010-08-01	200
1000	5678	2010-08-01	100
2000	1234	2010-11-15	50
3000	7890	2010-09-30	300

一个简单的小技巧：如果一个实体的主键字段只有一个，那么基本上这个实体就是满足第二范式的。

修改表 7-5，将订单日期和依赖的订单编号作为主键，构成另外一个实体，则现在两个实体都符合第二范式，这就是范式化过程，一个第一级范式通过模式分解可以转换为若干个高一级范式的关系模式的集合，如表 7-6、表 7-7 所示。

表 7-6 订单零件表（2）

订单编号（PK，FK）	零件编号（FK）	所需零件数量
1000	1234	200
1000	5678	100
2000	1234	50
3000	7890	300

表 7-7 订单编号表

订单编号（PK）	订单日期
1000	2010-08-01
2000	2010-11-15
3000	2010-09-30

第三范式就是所有非主键字段都要依赖于整个主键，而不依赖于非主键的其他属性。满足第三范式有两个必要条件：首先要满足第二范式，其次是每一个非主属性都不会传递性依赖于主键。即第三范式的整个非主键字段都要依赖于整个主键，不依赖于非主键属性。表7-8所示的客户名称依赖于非主键属性客户编号，所以不满足第三范式。

表7-8 订单客户表

订单编号（PK）	订单日期	客户编号	客户名称
1000	2010-08-01	1230008	王先生
2000	2010-11-15	1290004	李先生
3000	2010-09-30	1280003	赵女士

第三范式主要是针对字段冗余性的约束，不能有派生字段在表中。如果表中有字段冗余，在更新数据时会因为冗余数据的存在，使更新效率降低，容易产生数据不一致的情况。解决办法就是拆表，拆成两个表后形成主外键关系即可，如表7-9、表7-10所示。

表7-9 订单表

订单编号（PK）	订单日期	客户编号(FK)
1000	2010-08-01	1230008
2000	2010-11-15	1290004
3000	2010-09-30	1280003

表7-10 客户表

客户编号（PK）	客户名称
1230008	王先生
1290004	李先生
1280003	赵女士

1970年，IBM研究员E.F.Codd博士发表了一篇论文，提出了关系模型的概念，奠定了关系模型的理论基础。发表这篇文章之后，他在70年代初定义了第一、第二、第三范式的概念。在实际应用中，关系模型做到满足第三范式就已经足够。

The KEY － 1st Normal Form (1NF)

The WHOLE Key － 2nd Normal Form (2NF)

And NOTHING BUT the Key － 3rd Normal Form (3NF)

—— E.F.Codd

注意　现在数据库设计最多满足第三范式。普遍认为，范式高虽然具有对数据关系更好的约束性，但也会因数据关系表增加而令数据库I/O更易繁忙，所以在现实项目中，基本没有实现到满足第三范式以上级别的案例。

在数据仓库中，应用层往往会遇到一种星形或者雪花形模型，雪花形模型是商业智能（Business Intelligence，BI）系统、报表系统常用的一种模型结构，因为事实表的维度展开以后和雪花相似而得名，如图 7-12 所示。该模型基本符合第三范式要求，至少在很多场景下是满足第二范式要求的。

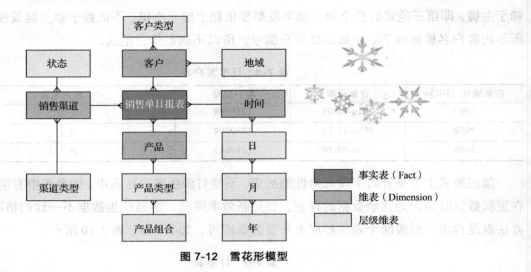

图 7-12　雪花形模型

7.4.5　逻辑设计注意事项

设计逻辑模型时，应当注意一些原则性问题。首先是建立命名规则，和其他语言开发类似，在逻辑建模时，最好也建立命名规则并遵守。建立命名规则主要是统一思想，便于大家交流和实现规范开发。例如，统一名称，金额的数量为 amount，简写为 amt，对应的物理类型一般是 DECIMAL(9,2)，这个字段计算时需要精确到小数点后两位。如果起名不一致，例如，有人把客户号定义为 cid，有人定义为 customer_id，就容易产生两个属性是否属于同一个对象的疑问，让不同角色对同一个模型的理解产生误差。

实体和属性的命名建议如下。

（1）实体名称：分类域大写+实体描述词（全称，首字母大写）。

（2）属性名称：使用全称，首字母大写，一些约定俗称的空格缩写。

（3）避免英语和拼音混用。

（4）如果是缩写，一定是英语单词的缩写，避免使用拼音的声母缩写。

同时要注意按照设计流程设计逻辑模型，确定实体和属性，例如，定义实体的主键（PK）、定义部分非主键属性（Non-Key Attribute）、定义非唯一属性组和添加相应的注释内容。

最后还要确定实体和实体之间的关系，例如，通过外键来体现、决定实体之间是否是可识别的关系及确定关系的基数是属于 1∶1、1∶n 还是 n∶m。在增加实体非键值属性的时候，要考虑到按照第三范式的规则，判定添加的属性是否符合第三范式的设计。如果新增属性违反第三范式，需要进行实体拆分，确定新的实体和原有实体之间的关系。注释内容一般为业务含义、代码取值等的文字性说明。

7.5 物理设计

7.5.1 物理设计和物理模型

物理设计是在逻辑模型的基础上，为了优化数据库性能，提高业务操作效率、应用程序效率，而进行的模型物理属性调整。物理设计要结合目标数据库产品的物理特性而调整，最终目的是生成目标数据库的可部署的 DDL。

主要内容包括但不限于以下几项。
（1）实体的非正则化处理。
（2）表和字段的物理命名。
（3）确定字段的类型，包括长度、精度、大小写敏感等属性。
（4）增加逻辑模型中不存在的物理对象，如索引、约束、分区等。

表 7-11 所示为同一个概念在不同阶段的称谓。例如，关系型理论中的关系，在逻辑模型中称为实体，在物理模型中则称为表。关系型理论的元组，在逻辑模型里是实例，在物理模型里则是行。关系型理论中的属性，在逻辑模型中也称为属性，而在物理模型中就是表的字段。

表 7-11 同一个概念在不同阶段的名称

操作型文件系统	关系型理论	逻辑模型	物理模型
文件（File）	关系（Relation）	实体（Entity）	表（Table）
行记录（Record）	元组（Tuple）	实例（Instance）	行（Row）
列记录（Field）	属性（Attribute）	属性（Attribute）	字段（Column）

在表 7-12 所示的逻辑模型和物理模型对比中，在包含内容方面，逻辑模型中的是实体和属性，对应在物理模型中就是表和字段。而对于键值，物理模型一般不使用主键，更多的使用唯一加非空约束来实现。因为若用主键约束，对数据质量要求过高，所以在物理实现上一般会降低约束性要求，主键主要反映在逻辑概念上。在名称定义上逻辑模型取名按照业务规则和现实世界对象的命名规范来取名，物理模型则需要考虑数据库产品限制，如不能出现非法字符、不能使用数据库关键词、不能超长等。在正则化方面，逻辑模型设计应尽量做到满足第三范式，进行规范化设计；物理模型追求高性能，可能要进行反范式化，就是非正则化处理。

表 7-12 逻辑模型和物理模型对比

	逻辑模型	物理模型
包含内容	实体、属性	表、字段
键值	主键	索引、唯一约束
名称定义	业务名称	物理命名（受数据库产品限制）
正则化	符合第三范式	依据性能进行非正则化处理
冗余数据	无冗余数据	含冗余数据
派生数据	无派生数据	含派生数据
面向用户	业务人员和建模人员	数据库管理员和开发人员

7.5.2 物理模型反范式化处理

反范式化处理也叫非正则化处理,是和范式化过程相反的过程和技术手段,例如,把模型从第三范式降级到第二范式或者第一范式的过程。在物理模型设计过程中,要从性能和应用需求出发,兼顾数据库物理限制。理论上如果存在如 CPU 无限快、内存无限多、存储空间无限大、带宽无限大这种硬件条件无限制的情况,则不需要进行非正则化处理。而正是因为资源有限,有限的硬件条件提出了物理模型反范式化的要求,但反范式化处理需要适度进行,因为反范式化处理会带来数据冗余问题,会有数据不一致的潜在风险。

可通过增加冗余列来避免频繁发生的表关联操作,如表 7-13、表 7-14、表 7-15 所示。订单表和客户表之间有主外键关系,如果一个报表只能看到客户编号,那么对使用人员来说就很不方便。所以需要进行关联操作,把客户名称放在一起进行展现、输出,这样对使用人员来说比较方便。但是进行关联操作需要消耗资源,而且在实际应用中,一个查询中出现十几个代码表关联的情况是很常见的。如果不进行数据冗余处理,就会消耗大量的实时计算资源来进行关联操作,很影响查询效率。所以增加冗余列,进行预关联操作,能够提高查询效率。

表 7-13 订单表

订单编号(PK)	订单日期	客户编号(FK)
1000	2010-08-01	1230008
2000	2010-11-15	1290004
3000	2010-09-30	1280003

表 7-14 客户表

客户编号(PK)	客户名称
1230008	王先生
1290004	李先生
1280003	赵女士

表 7-15 订单客户表

订单编号(PK)	订单日期	客户编号	客户名称
1000	2010-08-01	1230008	王先生
2000	2010-11-15	1290004	李先生
3000	2010-09-30	1280003	赵女士

可通过增加冗余列、利用重复组来降低 SQL 的复杂度,如表 7-16、表 7-17 所示。这个例子是从上方的高表到下方的宽表的转换,是前端报表查询过程中经常使用的一种手段,比较适合固定类报表,样式需求提前确定。

表 7-16 部门销售月报表

部门编号(PK)	销售月份(PK)	销售额/元
1000	2019-01	1000000
1000	2019-02	1400000
1000	2019-03	1800000
2000	2019-01	900000
2000	2019-02	1300000
2000	2019-03	2000000

表 7-17 客户表

部门编号（PK）	一月销售额/元	二月销售额/元	三月销售额/元	一季度月均销售额/元
1000	1000000	1400000	1800000	1400000
2000	900000	1300000	2000000	1400000

表 7-18、表 7-19 所示为通过增加派生列来减少函数计算，这种应用场景也是很常见的。例如，在身份证号码中提取客户年龄信息；根据用户消费金额，将其分为 VIP 客户、白金客户、普通客户等；在反洗钱系统中对可疑交易、可疑账户进行评判后给予标记处理。这种方法一般在客户关系管理项目中使用。表 7-19 中就是把用户按照年龄分成了老年、中年和青年不同的组别。

表 7-18 客户原表

客户编号（PK）	客户名称	客户年龄
123008	王先生	65
129004	李先生	50
128003	赵女士	45
128009	张女士	20

表 7-19 客户派生表

客户编号（PK）	客户名称	客户年龄	客户分组
123008	王先生	65	老年组
129004	李先生	50	中年组
128003	赵女士	45	中年组
128009	张女士	20	青年组

反范式化常见的处理手段有以下几种。

（1）增加重复组。

（2）进行预关联。

（3）增加派生字段。

（4）建立汇总表或临时表。

（5）对表进行水平拆分或者垂直拆分。

反范式化处理的负面影响对 OLAP 系统来说比较大，但反范式化对 OLTP 系统来说则是比较常见的处理手段，一般用来提升系统高并发性能，用于需要进行大量事务处理的场景。在 OLAP 系统中需要更多地考虑反范式化带来的影响，主要理由如下。

（1）反范式化并非对所有处理过程都能带来性能提升，需要综合考虑负面影响进行平衡。

（2）反范式化处理会降低数据模型的灵活性。

（3）反范式化处理会带来数据不一致的风险。

7.5.3 维护数据完整性

反范式化处理后,增加了冗余数据,需要一定的管理措施来维护数据完整性,常见的处理手段有3种。

(1)通过批处理维护。这种方式是对复制列或派生列的修改,在一定的时间后,执行一批处理作业或者存储过程,对复制列或派生列进行修改。这只能在对实时性要求不高的情况下进行使用。

(2)在应用实现同一事务过程中对所有设计的表进行增、删、改操作。但是一定要注意数据的质量,因为在需求变化频繁时容易出现遗漏,从而导致数据出现质量问题。

(3)使用触发器。触发器实时处理效果好,应用更新 A 表数据后数据库会自动触发去更新 B 表数据,但是使用触发器的代价就是会对数据库造成压力。实际应用中触发器的使用会对性能产生很大的负面影响,所以使用场景越来越少。

7.5.4 建立物理化命名规范

在物理化的时候要制定命名规范,首先根据数据库物理特性进行命名,然后应该避免非法字符出现在名称中,避免使用物理数据库的保留关键字。命名尽量采用富有意义、易于记忆、描述性强、简短,以及具有唯一性的英语词汇,不推荐使用汉语拼音。制定的命名规范应该在项目组内进行统一并严格遵守。名称缩写要达成约定。物理特性一般是指是否对大小写敏感、表名的长度限制。例如,在 GaussDB(DWS)中,规定名称不能超过 63 个字符。

使用数据库的保留关键字可能在语法层面上能通过,但是会给后续的运维工作、其他自动化管理工作及未来的系统升级带来不可控的风险。一般数据库对象名在物理层面上实现的时候是对大小写不敏感的,所以不要使用双引号的特殊用法来强制区分大小写。

表前缀可以统一使用 t,视图前缀统一使用 v,索引前缀统一使用 ix。在取名时都要加上对应的前缀,后面是带有意义的具体名称,整个名称都使用小写,如表 7-20 所示。这里的例子仅供参考,并不是强制性规范,在实际应用中应该根据项目情况自行制定统一的标准。

表 7-20 对象命名规范

对象	前缀	范例	说明
表	t_	t_tablename	t_表名
普通视图	v_	v_viewname	v_视图名
索引	ix_	ix_tablename_columnname	这是最常用的索引,用前缀 ix_表示。如果表名或字段名过长,则用表名和字段名的缩写表示,尽量使用通用缩写或去元音的缩写方式
触发器	trg_	trg_triggername	trg_触发器名
存储过程	p_	p_procedurename	p_存储过程名
函数	f_	f_functionname	f_函数名

7.5.5 表和字段的物理化

这里列举的表级物理化操作也只是一部分工作，并不能涵盖所有的表级物理化工作。表的物理化有如下几个方法。

（1）使用前面介绍的方法进行反范式化操作。

（2）决定是否要进行分区，对大表进行分区，能够减少 I/O 扫描量，缩小查询范围。但是分区粒度也不是越细就越好，例如，日期分区，如果查询一般都只是到月汇总或者按月查询，那么只要分区到月即可。

（3）决定是否要拆分历史表和当前表。历史表都是一些使用频度低的冷数据，可以使用低速存储；当前表是指查询频度高的热数据，可以使用高速存储。历史表还可以使用压缩的办法来减少占用的存储空间。

对于字段级的物理化工作，首先尽量使用短字段的数据类型。长度较短的数据类型，不仅可以减小数据文件的大小，提升 I/O 性能，还可以减小相关计算时的内存消耗，提升计算性能。例如，对于整型数据，如果可以用 SMALLINT，就尽量不要用 INT；如果可以用 INT，就不要使用 BIGINT。其次是使用一致的数据类型，尽量使用相同的数据类型进行表关联操作。因为如果表关联列的数据类型不同，数据库就必须动态地将它们转换为相同的数据类型进行比较，这种转换会带来一定的性能消耗。最后是使用高效数据。一般来说整型数据运算（包括=、>、<、≥、≤、≠等常规的比较运算，以及 GROUP BY）的运算效率比字符串、浮点数要高。

使用高效数据的前提是数据类型必须符合业务上的值域要求，例如，业务背景是金额字段，有小数，那就不能因为追求高效率而强制使用整数。

整型数据相对字符串来说是高效类型，TINYINT 只占用 1 字节，取值范围是 0~255，效率最高，但是其属于 GaussDB 数据库自带的数据类型。目前 GaussDB 数据库的 ODBC 是开源 odbc 驱动，对 tinydb 的兼容性存在问题。SMALLINT 占用 2 字节，取值范围是-327 68~+32 767，但是该字段未来也只能使用数字，不能使用 abc 这种字符扩充。INT 占用 4 字节，取值范围是 -2 147 483 648 ~ +2 147 483 647；BIGINT 占用 8 字节，取值范围是 -9 223 372 036 854 775 808~+9 223 372 036 854 775 807；CHAR(1)占用 1 字节，效率低于整数，但是字符 0~9、A~Z 都可以使用；VARCHAR(1)因为有引导字符，至少也要占用 3 个字符以上。所以没有绝对的标准，根据实际场景来决定即可。

某个标识类字段的取值为 0,1。如果要给这个字段设定数据类型，哪种合适？

对字段级的约束常见的有 DEFAULT 约束、非空约束、唯一约束、主键约束及检查约束。如果能够从业务层面补全字段值，就不建议使用 DEFAULT 约束，避免数据加载时产生不符合预期的结果。建议给明确不存在空值的字段加上非空约束。主键约束其实就等于唯一约束加上非空约束，所以如果条件允许就应该增加该约束。检查约束是对数据质量提出的要求，不满足约束的数据在插入数据表时会导致 SQL 执行失败。

检查约束对 GaussDB(for MySQL)的整体影响不大。在 OLTP 系统中，若部分数据因为约束不满足而无法插入，可以记录这些失败信息，转而通过其他方式处理。但是在 GaussDB(DWS)系统中，则会影响整个作业加工体系，相对来说影响更大。在 OLAP 系统中，大数据量的运算加工，会因为某些数据记录不符合检查约束，而使整个 SQL 语句或者作业失败，从而影响整体仓库的数据加工作业流程。因此在 OLAP 系统里边，局部数据的数据质量尽量通过数据应用程序来进行约束，不要在物理的表和字段上增加约束。

对于索引的创建和使用，这里列举的是可以增加索引的情况，而不是强制性要求。因为尽管增加了索引，但是否能使用索引是由数据库系统自行进行优化判断的。当使用索引效率更高、速度更快的时候就会使用；如果使用索引代价更大，效率并没有得到明显提高，则不会强制使用索引。

常见的索引使用场景如下。

（1）在经常需要搜索查询的列上创建索引，可以加快搜索的速度。

（2）在作为主键的列上创建索引，强调该列的唯一性和组织表中的数据排列结构。

（3）在经常使用连接的列上创建索引，这些列主要是一些外键，所以可以加快关联的速度。

（4）在经常需要根据范围进行搜索的列上创建索引，因为索引已经排序，其指定的范围是连续的。

（5）在经常需要排序的列上创建索引，同样因为索引已经排序，这些查询可以利用索引的排序来缩短排序的查询时间。

（6）在经常使用 WHERE 子句的列上创建索引，加快条件的判断速度。

以上场景是可以使用索引，但不是必须，增加索引后是否能使用是由数据库系统自行判断的。

但是，索引创建多了会有负面影响，如需要更多的索引空间；在插入基表数据的时候，因为同时要插入索引数据，所以会使插入操作的效率降低。因此对无效的索引应当及时删除，避免空间的浪费。

其他的物理化手段是根据情况来判断是否需要使用的，例如，对数据是否进行进一步压缩，是否要对数据进行加密或者脱敏等。

7.5.6　使用建模软件

在物理设计过程当中，一般我们会使用建模软件来进行逻辑建模和物理建模。使用自动化软件有很多好处，如能够正向生成 DDL、反向解析数据库、全面满足建模中的各种需求，从而可进行高效的建模工作。

使用建模软件来进行逻辑建模和物理建模的优势如下。

（1）功能强大而丰富。
（2）正向生成 DDL，反向解析数据库。
（3）在逻辑模型和物理模型中自由切换视图。
（4）全面满足建模中的各种需求，可高效地进行建模。

下面介绍几种常用的建模软件。

（1）ERwin 的全称是 ERwin Data Modeler，是 CA 公司的数据建模工具，支持各主流数据库系统。

（2）PowerDesigner 是 SAP 公司的企业建模和设计解决方案，采用模型驱动方法，将业务与 IT 结合起来，可帮助部署有效的企业体系架构，并可为研发生命周期管理提供强大的分析与设计技术。PowerDesigner 独具匠心地将多种标准数据建模技术（UML、业务流程建模及市场领先的数据建模）集成为一体，并与.NET、WorkSpace、PowerBuilder、Java、Eclipse 等主流开发平台集成起来，为传统的软件开发周期管理提供业务分析和规范的数据库设计解决方案。

（3）ER/Studio 是一套模型驱动的数据结构管理和数据库设计产品，帮助企业发现、重用和文档化数据资产。它通过可回归的数据库支持，使数据结构具备完全地分析已有数据源的能力，并根据业务需求设计和实现高质量的数据库结构。易读的可视化数据结构方便了业务分析人员和开发人员之间的工作沟通。ER/Studio Enterprise 能够使企业和任务团队通过中心资源库展开协作。

（4）dbeaver 是免费、开源的，开发人员和数据库管理员通用的数据库工具。

（5）pgModeler 是 PostgreSQL 数据库专用的建模工具，使用 Qt 开发，支持 Windows、Linux 操作系统和 OS X 平台，它使用经典的实体联系图表。

7.5.7 物理模型产物

在物理模型设计阶段应当输出的产物包括以下几项。
（1）物理数据模型，通常是某个自动化模型软件的工程文件。
（2）物理模型命名规范，这是在项目中大家都应当遵守的标准规范。
（3）物理数据模型设计说明书。
（4）目标数据库的 DDL 建表语句。

7.6 数据库设计案例

7.6.1 场景说明

这个场景是客户下单购买设备，图 7-13 所示为一个订单表的样例。客户购买设备后，需要在订单里边填写相关信息。

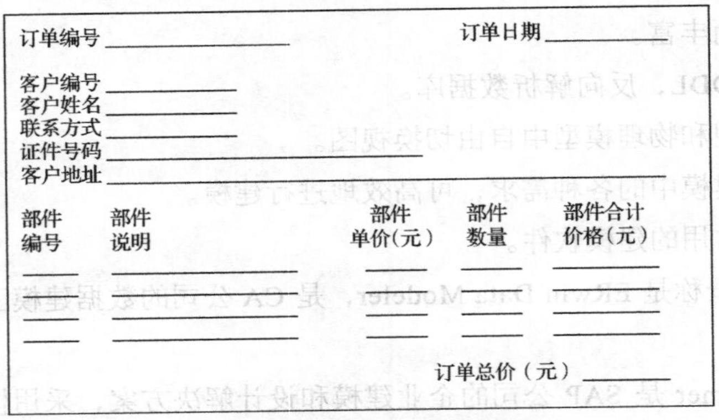

图 7-13 客户下单购买设备的订单

现在的需求是根据这种订单样式设计底层数据库的模型,要考虑到的需求有以下 3 点。

(1)在数据库中记录相关的数据信息。

(2)能够通过数据库系统查询到订单的相关信息。

(3)能够做一些销售量的统计报表。

7.6.2 正则化处理

从图 7-13 所示的订单里边能提出的实体和属性为订单编号、订单日期、客户编号、客户姓名、联系方式、证件号码、客户地址、部件编号、部件说明、部件单价、部件数量、部件合计价格、订单总价。

如果将这些信息直接生成一个实体,设计结果是一张表,需要涵盖所有信息,那么部件编号、部件说明、部件单价、部件数量、部件合计价格就称为重复属性组,在实体中要反复出现多次,如图 7-14 所示。例如,部件编号 1、部件说明 1、部件单价 1、部件数量 1、部件编号 2、部件说明 2、部件单价 2 等,这种情况不满足第一范式。

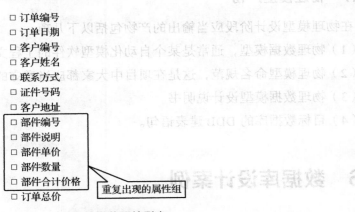

图 7-14 可提取的属性列表

针对部件信息出现的重复组问题,把部件的相关信息提取出来形成一个单独的实体,每个订单有若干个部件,那么新实体的主键就是订单编号加上部件编号,如图 7-15 所示。

第 7 章 数据库设计基础

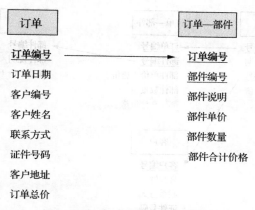

图 7-15 订单与订单—部件实体

思考 消除了重复组之后,现在的模型符合第几范式呢?

现在的模型里部件的信息还存在部分依赖问题,所以应当继续进行范式化处理,解决部分依赖问题。把只依赖部件编号的部分信息提取出来,形成新的实体——部件实体,如图 7-16 所示。

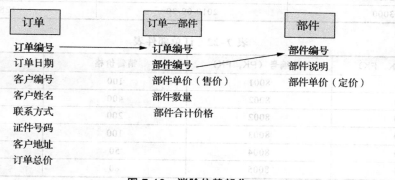

图 7-16 消除依赖部分

思考 消除部分依赖后,现在的模型符合第几范式呢?

现在的模型存在的问题是:客户信息依赖于客户编号,而客户编号依赖于订单编号,这种依赖有传递性,并不直接依赖。所以要实现第二范式向第三范式的转换,以消除这种传递性依赖。
消除传递性依赖就是把客户信息生成为一个独立实体——客户,如图 7-17 所示。

思考 消除传递依赖性后,现在的模型符合第几范式呢?

至此,逻辑模型基本上完成。但要注意一个小问题,这里的订单总价和部件总价属于派生字段,严格意义上还不能算满足第三范式的要求,所以应该"擦除"。

正则化处理完成以后,得到第三范式模型的实体,在二维表格里标明主键、外键。体会一下第三范式的模型,如表 7-21、表 7-22 所示。

203

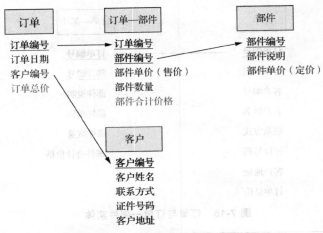

图 7-17　将客户信息分离

表 7-21　订单表

订单编号（PK）	订单日期	客户编号（FK）
1000	2010-08-01	123008
2000	2010-11-15	129004
3000	2010-09-30	128003

表 7-22　订单部件表

订单编号（PK, FK）	部件编号（PK, FK）	销售价格	部件数量
1000	8001	100	3
1000	8002	400	5
2000	8002	200	2
2000	8003	100	1
3000	8004	50	4
3000	8005	80	8

因为在订单部件表中去除了部件合计价格属性，所以如果现在想得到部件合计价格，就需要根据订单部件表来进行运算，用销售价格去乘部件数量。伪 SQL 代码如下。

SELECT 订单编号，部件编号，(销售价格*部件数量) AS 部件合计价格 FROM 订单部件表；

如果现在想得到订单总价，伪 SQL 代码如下。

SELECT 订单编号，SUM (销售价格*部件数量) AS 订单合计金额 FROM 订单部件表；

7.6.3　数据类型和长度

完成逻辑模型设计之后，开始进行物理模型设计。首先按照一定的规范，对表名和字段名命名，避免使用数据库关键字，进行一定的大小写规范设计；然后确定字段级别的数据类型，如果涉及字符、字段定义的长度，那么根据实际数据可能的值域范围确定其上限；再确定每个字段是否需要增加非空约束、唯一约束等约束，具体如表 7-23、表 7-24、表 7-25、表 7-26 所示。

表 7-23 ORDER 表

字段名称	字段类型	约束
Order_Num	INTEGER	NOT NULL、UNIQUE
Order_Date	DATE	NOT NULL
Customer_Id	INTEGER	NOT NULL

表 7-24 CUSTOMER 表

字段名称	字段类型	约束
Customer_Id	INTEGER	NOT NULL、UNIQUE
Cust_Name	VARCHAR(60)	NOT NULL
Mobile_Num	VARCHAR(30)	
Id_Num	VARCHAR(20)	
Cust_Address	VARCHAR(120)	

表 7-25 ORDER_ITEM 表

字段名称	字段类型	约束
Order_Num	INTEGER	NOT NULL
Item_Id	INTEGER	NOT NULL
Sale_Price	DECIMAL(5,2)	NOT NULL
Item_Quantity	SMALLINT	NOT NULL

表 7-26 ITEM 表

字段名称	字段类型	约束
Item_Id	INTEGER	NOT NULL、UNIQUE
Description	VARCHAR(120)	
Retail_Price	DECIMAL(5,2)	NOT NULL

以上表中的样例是一种范例，实际工作中可以根据实际情况进行有特征的调整。

如果设定价格的数值类型是 DEIMAL(5,2)，那么值域范围是多少？

7.6.4 反范式化

表 7-27、表 7-28 所示的反范式化，通过增加一些派生字段来解决一些业务问题。例如，Total_Price 能够说明某订单的订单总额是多少。Item_Total 能够说明某订单里边某部件的销售额是多少。

表 7-27 订单表

字段名称	字段类型	约束
Order_Num	INTEGER	NOT NULL、UNIQUE
Order_Date	DATE	NOT NULL

续表

字段名称	字段类型	约束
Customer_Id	INTEGER	NOT NULL
Total_Price	DECIMAL(9,2)	NOT NULL

表 7-28 订单详细表

字段名称	字段类型	约束
Order_Num	INTEGER	NOT NULL
Item_Id	INTEGER	NOT NULL
Sale_Price	DECIMAL(5,2)	NOT NULL
Item_Quantity	SMALLINT	NOT NULL
Item_Total	DECIMAL(9,2)	NOT NULL

是否继续派生字段或者进行其他预关联操作,要看具体解决什么业务问题、计算复杂度如何、进行反范式化是否能够加速这些查询等。

思考 一季度月均销售额是多少?按销量计算,排在前 3 位的部件都有哪些?读者可以根据一些业务问题进一步自行完善派生字段。

7.6.5 索引选择

以表 7-23、表 7-25 为例,增加索引的操作结果如表 7-29、表 7-30 所示。这里增加了一些分区索引和查询索引,增加索引并没有标准答案,同样需要根据实际场景和数据量来进行判断。对 OLTP 来说,每个表都需要增加主键,如果没有自然主键,那么可以使用 sequence 这种字段来作为代理主键。对 OLAP 分布式数据库来说,每个表还要选择分布键,这些都是需要仔细考量的。

表 7-29 索引选择(1)

字段名称	字段类型	约束	索引选择
Order_Num	INTEGER	NOT NULL、UNIQUE	
Order_Date	DATE	NOT NULL	可以考虑分区
Customer_Id	INTEGER	NOT NULL	
Total_Price	DECIMAL(9,2)	NOT NULL	

表 7-30 索引选择(2)

字段名称	字段类型	约束	索引选择
Order_Num	INTEGER	NOT NULL	
Item_Id	INTEGER	NOT NULL	增加索引
Sale_Price	DECIMAL(5,2)	NOT NULL	
Item_Quantity	SMALLINT	NOT NULL	
Item_Total	DECIMAL(9,2)	NOT NULL	

7.7 本章小结

本章围绕着数据库建模的新奥尔良设计方法，对需求分析、概念设计、逻辑设计和物理设计这 4 个阶段进行了讲解，对每一个设计阶段的任务都进行了明确说明；对需求分析阶段的重要意义进行了阐述；在概念设计阶段引入了 E-R 方法；在逻辑设计一节中阐述了重要的基本概念和第三范式模型，并结合实例对各范式进行了深入讲解；在物理设计阶段重点讲解了反范式化手段和工作中需要关注的重点。本章最后结合一个小型的实际案例对逻辑建模和物理建模的主要内容进行了说明。

7.8 课后习题

1. （单选题）在新奥尔良设计方法中逻辑设计阶段完成后接下来需要完成的阶段是（　　）。

   A. 需求分析　　B. 物理设计　　C. 概念设计　　D. 逻辑设计

2. （多选题）数据库运行环境的高效性表现在哪些方面？（　　）

   A. 数据存取效率　　　　　　B. 数据存放的时间周期
   C. 存储空间利用率　　　　　D. 数据库系统运行管理的效率

3. （多选题）进行需求调查的过程中，可以使用的方法包括以下哪些？（　　）

   A. 问卷调查　　　　　　　　B. 和业务人员座谈
   C. 采集样本数据，进行数据分析　　D. 评审《用户需求规格说明书》

4. （多选题）模型设计中 E-R 图的 3 要素包括下面哪些选项？（　　）

   A. 实体　　B. 联系　　C. 基数　　D. 属性

5. （多选题）属于实体间联系的选项有（　　）。

   A. 一对一联系(1∶1)　　　　B. 一对空联系(1∶0)
   C. 一对多联系(1∶n)　　　　D. 多对多联系(m∶n)

6. （判断题）具有公共性质并且可以相互区分的现实世界对象的集合是 E-R 方法中的属性。（　　）

   A. True　　　　　　　　　　B. False

7. （多选题）在逻辑模型设计过程中进行范式化建模的意义有（　　）。

   A. 提高数据库使用效率　　　B. 减少冗余数据
   C. 使模型具有良好的可扩展性　　D. 降低数据不一致的可能性

8. （判断题）满足第三范式的模型就一定是满足第二范式的。（　　）

   A. True　　　　　　　　　　B. False

9. （多选题）相对于逻辑模型而言，物理模型具备的特点有（　　）。

A. 严格遵循第三范式 B. 可以含有冗余数据
C. 主要面向数据库管理员和开发人员 D. 可以含有派生数据

10. （多选题）数据反范式化处理的方式包括下列哪些？（ ）
A. 增加派生字段 B. 建立汇总表或临时表
C. 进行预关联 D. 增加重复组

11. （多选题）使用索引带来的影响有（ ）。
A. 会占用更多的物理存储空间
B. 索引生效的情况下，能够大幅提高查询的效率
C. 插入基表的效率会降低
D. 建立索引后，数据库优化器就一定会在查询中使用索引

12. （判断题）因为分区能够减少数据查询时的 I/O 扫描开销，所以在物理化处理过程中，分区建立得越多越好。（ ）
A. True B. False

13. （判断题）外键是识别实体中每一个实例的唯一性的标识。（ ）
A. True B. False

14. （判断题）满足第一范式的原子性就是把每个属性都细分到不可再分的最小粒度。（ ）
A. True B. False

15. （判断题）只有存在外键，实体之间才会存在关系，没有外键不能建立两个实体之间的关系。（ ）
A. True B. False

16. （多选题）建立逻辑模型过程中，下面哪些选项属于确定实体中的属性的工作范围？（ ）
A. 定义实体的主键 B. 定义部分非键属性
C. 定义非唯一属性组 D. 定义属性的约束

17. （判断题）在新奥尔良设计方法中需求分析阶段的数据字典与数据库产品中的数据字典是一个意思。（ ）
A. True B. False

第8章 华为云数据库产品 GaussDB介绍

📖 本章内容
- GaussDB 数据库总览
- 关系型数据库产品介绍
- NoSQL 数据库产品介绍

数据库在企业中有着重要的地位和作用，华为 GaussDB 数据库在鲲鹏生态中是"主力军"之一。

数据库总体可以分为关系型数据库和非关系型数据库。关系型数据库有用于企业生产与交易的 OLTP 数据库和用于企业分析的 OLAP 数据库。针对 OLTP 应用场景华为推出云数据库 GaussDB(for MySQL) 和 GaussDB(openGauss)；针对 OLAP 场景则推出数据仓库服务 GaussDB(DWS)。而非关系型数据库（NoSQL），华为目前有 GaussDB(for Mongo)和 GaussDB(for Cassandra)。

数据库技术革新正在打破现有秩序，云化、分布式、多模处理是未来的主要趋势。本章重点介绍华为 GaussDB(for MySQL)云数据库的特性和应用场景，并介绍部分应用案例。

学完本章后，读者将会掌握以下内容。

（1）GaussDB 数据库的特性。
（2）华为关系型数据库的相关知识。
（3）华为 NoSQL 的相关知识。

8.1 GaussDB 数据库概述

8.1.1 GaussDB 数据库家族

任何一种事物从无到有、由弱变强，都需要时间的积累和经验的沉淀，十年磨一剑。华为在 2019 年 5 月 15 日正式发布 GaussDB 数据库系列产品，华为为了向德国数学家高斯（Gauss）致敬，将自主研发的数据库命名为 GaussDB。鲲鹏生态有 3 个技术方向：芯片/介质、操作系统、数据库。其中华为 GaussDB 数据库在鲲鹏生态中是"主力军"之一。

数据库市场总体分为关系型、非关系型。非关系型数据库包括专业文档数据库、图数据库等，面向细化场景、更具针对性，但其应用领域较窄，市场占比比较小（<20%）。未来 5 年，数据库主要市场仍聚焦在关系型数据库，关系型数据库的市场占比达 80%以上。目前的主流数据库在面向业务时，主要可分为 OLTP 和 OLAP 两大类，华为也对标这两类业务，分别推出了面向 OLTP 场景的事务性数据库 GaussDB(for MySQL)和面向 OLAP 场景的分析型数据库 GaussDB(DWS)。另外，华为 GaussDB 数据库还具有两大重要创新。

（1）它是业界首个 AI-Native 分布式数据库，将 AI 融入数据库内核，让数据库更智能地实现自运维、自管理、自调优、故障自诊断和自愈。在交易、分析和混合负载场景下，基于最优化理论，首创基于深度强化学习的自调优算法。

（2）它支持异构计算架构，能够充分发挥 X86GPU、NPU 等多种算法的优势，通过释放多样化的算力，让数据库变得更加高效。同时它也是业界首个支持 ARM 的企业级数据库。

图 8-1 所示为 GaussDB 数据库升级为全场景服务，依托华为云与华为云 Stack。华为在全球范围内有七大研究所从事数据库基础研究，在数据库领域有 10 多年的技术积累，拥有 1000 多名数据库专项人才，超过 30000 的全球数据库应用量。品牌升级为华为自研数据库品牌，覆盖关系型与非关系型数据库服务。业务升级依托华为云与华为云 Stack，以云服务方式持续为用户服务，旨在提高交付与运维效率，帮助用户聚焦核心业务创新，较快提供创新技术和新服务。丰富生态选择，除致力于打造华为生态外，也兼容广泛应用的开放生态，如 MySQL 等，便于用户的应用迁移和开发，保证用户投资和业务连续性。

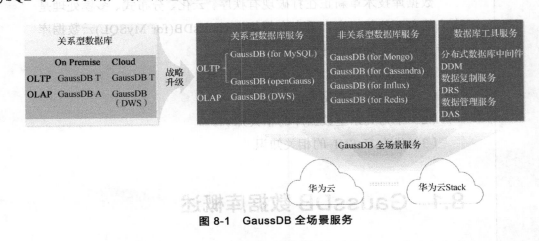

图 8-1 GaussDB 全场景服务

8.1.2 典型的企业 OLTP 和 OLAP 数据库

OLTP 指的是联机事务处理。OLTP 作为传统的关系型数据库的主要应用，主要通过存储查询业务应用中活动的数据来支撑企业日常的基本的事务处理和业务活动。典型的 OLTP 系统有电子商务、银行和证券交易等系统，美国 eBay 的业务数据库就是很典型的 OLTP 数据库。OLAP 指的是联机分析处理，也叫作 DSS 决策支持系统，就是常说的数据仓库（Data Warehouse）。OLAP 作为数据仓库系统的主要应用通过存储历史数据来支持复杂的分析操作，侧重于决策支持，并且提供直观易懂的查询结果。

像业务系统、财务系统、销售系统和客服系统这样的对事务性要求较高的系统，推荐使用 GaussDB(for MySQL)数据库；若基于业务产生的大量数据需要利用数据仓库进行存储，以供后续的数据分析、数据挖掘，以及支持业务决策，则推荐使用 GaussDB(DWS)数据库，如图 8-2 所示。

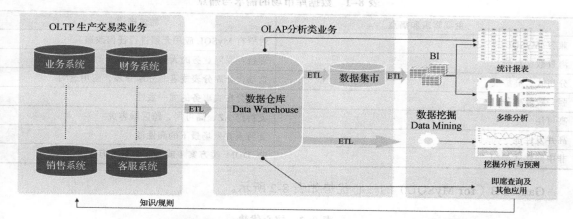

图 8-2 典型的企业 OLTP 和 OLAP 数据库

8.2 关系型数据库产品及相关工具

8.2.1 GaussDB(for MySQL)

云数据库 GaussDB(for MySQL)是华为自研的新一代企业级高扩展海量存储分布式数据库，完全兼容 MySQL。GaussDB(for MySQL)基于华为新一代 DFV 存储，采用计算存储分离架构，拥有 128TB 的海量存储空间，无须分库分表，能做到数据零丢失；既拥有商业数据库的高可用性能，又具备开源数据库的低成本特点。

GaussDB(for MySQL)采用多节点集群的架构，集群中有一个写节点（主节点）和多个读节点（只读节点），各节点共享底层的 DFV。一般情况下，GaussDB(for MySQL)集群应该和弹性云服务器实例位于同一位置，以实现最高的访问性能。

- GaussDB(for MySQL)具有很高的用户价值。
- 有 128TB 存储空间、免分库分表，可解决海量数据问题。
- 简单易用，完全兼容 MySQL，无须应用改造。
- 有 15 个只读节点，读/写分离，可解决性能扩展问题。
- 可跨 AZ 部署、异地容灾、解决高可靠性问题。

可用区（Availability Zone，AZ）。一个 AZ 是一个或多个物理数据中心的集合，AZ 内从逻辑上再将计算、网络、存储等资源划分成多个集群。AZ 是指在某个地域内拥有独立电力和网络的物理区域。AZ 之间内网互通，不同 AZ 之间物理隔离。每个 AZ 都不受其他 AZ 故障的影响，并提供低价、低延迟的网络连接，可以连接到同一地区其他 AZ。使用独立 AZ 内的 GaussDB(for MySQL)，可以保护用户的应用程序不受单一位置故障的影响。同一区域的不同 AZ 之间没有实质性区别。

目前数据库市场中有很多需求和痛点，如表 8-1 所示。

表 8-1 数据库市场的需求与痛点

主要需求和痛点	需求描述
兼容 MySQL	对原有 MySQL 应用无须进行任何改造
海量数据存储	支持互联网业务的大数据量
分布式、高扩展	自动化分库分表或者非分库分表，应用透明
强一致性事务	支持分布式事务的强一致性
高可用	支持跨 AZ、高可用、跨区域容灾
高并发性能	支持大并发场景下的高性能
非中间件式架构	非 DDM 类方案（或者非 DRDS 方案）

GaussDB（for MySQL）的核心优势如表 8-2 所示。

表 8-2 核心优势

优势	描述
超高性能	百万级 qps
高扩展性	1 写 15 只读节点，128TB 存储空间
高可靠性	跨 AZ 部署，数据 3 副本
高兼容性	兼容 MySQL
低成本	1/10 的商用数据库成本

云时代背景下，企业 IT 业务跨地区、全球化部署，IT 应用软件逐渐云化、分布式化，所以要求数据库也要基于云场景架构设计，具备跨地区分布式部署的能力。华为 Cloud Native 分布式数据库正是这样的一款新型数据库。华为 Cloud Native 数据库具有以下 5 大设计原则。

（1）解耦：计算与存储分离；主从解耦。

（2）近数据计算下推：I/O 密集型负载下推到存储节点完成，如 redo 处理、页重构。

（3）充分利用云存储的能力：存储层实现独立容错和自愈服务；共享访问（单写多读）。

（4）发挥固态盘（Solid State Disk，SSD）的优势：避免随机写带来的写放大，减少磨损，减小时延；充分利用 SSD 的随机读性能。

（5）性能瓶颈已经从计算和存储转向网络：减少网络流量；采用新的网络技术和硬件，如远程直接存储器访问（Remote Direct Memory Access，RDMA）。

在设计 Cloud Native 数据库的时候，华为就考虑到灵活性需求，包括主备的切换和节点的增加等，把更多操作下沉。华为 Cloud Native 在硬件方面有很强大的团队，和华为存储部门有深度合作，存储部门提供了专用平台，把数据库本身的操作下沉到存储节点。华为 Cloud Native 最大化地利用了 SSD 的属性，提升了数据库的性能；另外，还有基于多租户的考虑。其利用新的网络技术，包括 AI 技术，帮助用户提高数据中心的吞吐量，提升网络应用的可伸缩性，并且能自动调优。

实际上，华为把数据库分成了 3 部分：SQL 层、抽象层和存储层。从物理层面看，可分为两层：一层是 SQL 层，采取的是一主多备的模式；另一层是存储抽象层，可维护不同租户的数据库服务，包括构建页面、日志处理等相关功能，如图 8-3 所示。

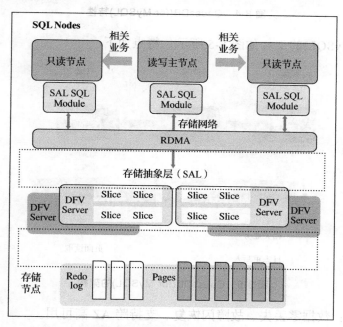

图 8-3　数据库 3 部分

针对 SQL 层，可通过管理客户端连接和解析 SQL 请求，把计划、查询和管理事务隔离，采用的是一个读写和多个只读副本的形式。同时，华为还有 HWSQL，并基于 HWSQL 做了很多性能提升，包括 Query result cache、Query plan cache 及 Online DD 等。

整个设计的独特之处是：通过多个节点的 SQL 复制，可减少频繁从存储器读取页面的操作。当主服务器上发生更新时，Replicas SQL 数据库也会收到事务，提交更新列表。

另外还有一个存储抽象层（Storage Abstract Layer，SAL）。SAL 是一个逻辑层，可在存储单元里隔离 SQL 前端、事务和查询。在操作数据库页面时，SAL 可支持访问同一页面的多个版本。基于 spaceID、pageID，SAL 可将所有数据分片，并且其存储和内存资源也按照比例增长。

在性能方面，GaussDB(for MySQL)充分利用了华为自身的一些特点。系统容器用的是华为的 Hi1882 高性能芯片，所以，在性能上比一般容器要好；通过 RDMA 应用大大降低了计算成本；Co-Processor 用尽量少的资源实现了数据处理，减少了 SQL 节点的工作负载，具体如图 8-4 所示。

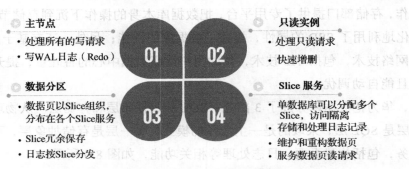

图 8-4　GaussDB(for MySQL)特性

GaussDB(for MySQL)的架构如图 8-5 所示，特点如下。

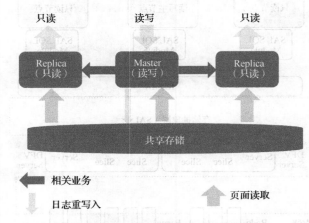

图 8-5　GaussDB(for MySQL)的架构

（1）极致可靠：数据零丢失、故障闪恢复、支持跨 AZ 高可用。

（2）多维扩展：计算节点双向扩展。横向扩展：支持 1 写 15 读方式的横向扩展。纵向扩展：在线弹性扩容，按需计费。

（3）海量存储：单实例扩容数据达 128TB，无须分库分表，业务急速上云。

（4）创新自研：Cloud Native 分布式数据库架构，基于华为新一代 DFV 实现计算存储分离，保证扩展性价比；数据库逻辑下推存储，实现最小网络负载，极致性能。

（5）卓越性能：性能最高提升至原生 MySQL 的 7 倍，100%兼容 MySQL，业界领先。

（6）尖端硬件：基于 V5 CPU+Optane DC SSD+RDMA 网络，有行业领先硬件组合，数据处理既稳又快。

GaussDB(for MySQL)内核优化主要体现在以下几个方面。

（1）去掉二次写入。

（2）Query Cache/Plan Cache 优化。

（3）Innodb Lock Management 优化。

（4）Audit Plugin 效率优化。

(5)社区 Bug 修复。

硬件提升主要体现在以下几个方面。

(1)容器化。

(2)Hi1822 卸载。

(3)使用 NVMe SSD。

(4)RDMA。

通过弹性云服务器或可访问 GaussDB(for MySQL)数据库的设备,用相应客户端连接 GaussDB(for MySQL)数据库实例,将导出的 SQL 文件导入 GaussDB(for MySQL)数据库。

集群的 CPU、内存规格可根据业务需要进行变更,若集群的状态由"规格变更中"变为"正常",则说明变更成功。GaussDB(for MySQL) 8.0 集群规格变更成功后,系统将根据新内存大小调整如下参数的值:"innodb_buffer_pool_size""innodb_log_buffer_size""max_connections""innodb_buffer_pool_instances""query_cache_size"。

用户可以通过云监控提供的 API 来检索云数据库 GaussDB(for MySQL)产生的监控指标和告警信息。

gaussdb_mysql010_innodb_buf_usage:缓冲池利用率,该指标用于统计 InnoDB 缓存中脏数据与数据的比例,取值范围为 0~1。

gaussdb_mysql011_innodb_buf_hit:缓冲池命中率,该指标用于统计读命中与读请求数的比例,取值范围为 0%~100%。

gaussdb_mysql012_innodb_buf_dirty:缓冲池脏块率,该指标用于统计使用的页与 InnoDB 缓存中数据总数的比例,取值范围为 0~1。

gaussdb_mysql013_innodb_reads:InnoDB 读取吞吐量,该指标用于统计 InnoDB 平均每秒读字节数,取值范围为 ≥0 Bytes/s。

gaussdb_mysql014_innodb_writes:InnoDB 写入吞吐量,该指标用于统计 InnoDB 平均每秒写字节数,取值范围为 ≥0 Counts/s。

gaussdb_mysql017_innodb_log_write_req_count:InnoDB 日志写请求频率,该指标用于统计平均每秒的日志写请求数,取值范围为 ≥0 Counts/s。

若实例的备份策略被开启,则会立即触发全量的自动备份,binlog 备份不需要用户设置,GaussDB(for MySQL)系统会自动每隔 5 分钟进行一次,无论是全量备份还是 binlog 备份,都存储在对象存储服务上。

GaussDB(for MySQL)横向扩展快,与传统添加只读副本相比,需要同步的数据不同。GaussDB(for MySQL) 由于共享存储,只需添加计算节点,无论多大数据量,都只需 5 分钟左右。

GaussDB(for MySQL)采用分布式存储,存储容量最大达 128TB,存储采用按需付费,不需要提前规划存储容量,降低了用户成本。

GaussDB(for MySQL)主备倒换时间更快,消除了 binlog 复制延迟,RTO 有保证。

GaussDB(for MySQL)数据库 crash 恢复快，存储层在不断地异步、分布式地对日志进行推进。

GaussDB(for MySQL)数据库备份恢复快，专为 GaussDB(for MySQL)引擎定制的分布式存储系统，极大提升了数据备份和恢复性能。有强大的数据快照处理能力，AppendOnly vs. WriteInPlace，数据天然，按多时间点多副本存储，快照秒级生成，支持海量快照。任意时间点快速回滚，基于底层存储系统的多时间点特性，不需增量日志回放，可直接实现按时间点回滚。并行高速备份、恢复，备份及恢复逻辑下沉到各存储节点，本地访问数据直接与第三方存储系统交互，高并发，高性能。快速实例恢复，通过异步数据复制+按需实时数据加载机制，GaussDB(for MySQL)实例可在数分钟内达到完整功能可用。

在性价比方面，GaussDB(for MySQL)具有更高性价比，共享 DFV 存储，与传统的 RDS for MySQL 相比，只有一份存储。添加一个只读节点时，只需添加一个计算节点，无须再额外购买存储。只读节点越多，节省的存储成本越多。Active-Active 架构：与传统的 RDS for MySQL 相比，不再有备库的存在，所有的只读都是 active 状态，并且承担读流量，使得资源利用率更高。日志即数据架构：与传统的 RDS for MySQL 相比，不再需要刷新页面，所有的更新操作仅记录日志，不再需要二次写入，减少了对宝贵的网络带宽的消耗。

GaussDB(for MySQL)实例规格如表 8-3 所示。

表 8-3 GaussDB(for MySQL)实例规格

规格	vCPU/个	内存/GB
通用增强型	16	64
	32	128
	60	256
鲲鹏通用增强型	16	64
	32	128
	48	192

目前金融行业是轻资产，快速扩容是其使用云数据库的驱动力。而整个行业的痛点是无法预测用户流量及产生的数据量，业务高峰时用户体验会受到影响，甚至要停服扩容。

GaussDB(for MySQL)计算节点支持双向扩展，基于云虚拟化，单节点可变更规格，支持 1 写 15 读，扩展比为 0.9。同时支持存储池化，最大支持 128TB 存储空间，计算节点扩容不会带来存储成本上升，存储按需计费，扩容不会中断业务。

SaaS 应用切入企业级市场，大型互联网公司、传统大企业的业务痛点是业务庞大、吞吐量很高，开源数据库无法解决，需采取分库分表等复杂化方案；企业用户一般偏好使用商用数据库（SQL Server、Oracle），许可费用高。

GaussDB(for MySQL)采用存储池化，使用 MySQL 原生优化，在硬件上也具有优势，如 RDMA、V5CPU、Optance，在架构方面也具有优势：数据库逻辑下推，释放算力，减少网络开销。

8.2.2 GaussDB(openGauss)

GaussDB(openGauss)是华为结合自身技术积累推出的全自研新一代企业级分布式数据库,支持集中式和分布式两种部署形态;在支撑传统业务的基础上,为企业面向 5G 时代的挑战提供了无限可能。

GaussDB(openGauss)数据库优势如下。

(1)高性能。支持高吞吐、强一致性事务能力。支持鲲鹏两路服务器;32 个节点 1200 万 tpmC 实现分布式强一致。

(2)高可用。双活和两地三中心高可用。集群内高可用,数据不丢失,业务秒级中断;同城跨 AZ 容灾,数据不丢失,分钟级恢复;支持两地三中心部署。

(3)高扩展。容量和性能按需水平扩展。具有 256 节点扩展能力,卓越线性比;支持在线扩容。

(4)易管理。易迁移、易监控、易运维。兼容 SQL2003 标准语法+企业扩展包;支持数据复制、监控运维、工具开发。

华为在数据库领域十年磨一剑,openGauss 集中式版本内核全开源。其发展经历了内部自用孵化阶段→联创产品化阶段→openGauss 集中式版本开源阶段。openGauss 的发展流程及作用如表 8-4 所示。

表 8-4 openGauss 发展流程及作用

2001~2011 年	企业级内存数据库
2011~2019 年	G 行核心数据仓库、GaussDB(DWS)华为云商用;Z 行核心业务系统替换商业数据库。支撑公司内部 40 多种主力产品,全球运营商规模达 70 多家,有商用数据库 3 万多套,服务全球 20 多亿人
2019~2020 年	2019-5-15GaussDB 数据库全球发布;构筑合作伙伴生态;兼容行业主流生态,完成与金融等行业的对接
2020 年至今	openGauss 集中式版本开源

openGauss 是一款开源的关系型数据库管理系统,深度融合华为在数据库领域多年的经验。华为希望通过开源的魅力吸引更多的贡献者,共同构建一个能够融合多元化技术架构的企业级开源数据库社区。openGauss 内核长期演进、回馈社区,华为公司内部配套和公有云的 GaussDB 数据库服务均基于 openGauss 开发,该内核将保持长期演进。

openGauss 内核源自 PostgreSQL,并着重在架构、事务、存储引擎、优化器等方向持续增强竞争力,在 ARM 架构的芯片上深度优化,并兼容 X86 架构,实现了以下技术特点。

(1)基于多核架构的并发控制技术、NUMA-Aware 存储引擎、SQL-Bypass 智能选路执行技术,释放处理器多核扩展能力,实现两路鲲鹏 128 核场景 150 万 tpmC 性能。

(2)支持 RTO<10s 的快速故障倒换,全链路数据保护,满足安全及可靠性要求。

(3)通过智能参数调优、慢 SQL 诊断、多维性能自监控、在线 SQL 时间预测等功能,让运维由繁至简。

openGauss 采用木兰宽松许可证（Mulan PSL v2），允许所有社区参与者对代码进行自由修改、使用和引用。openGauss 社区同时成立了技术委员会，欢迎所有开发者贡献代码和文档。

华为始终秉持"硬件开放、软件开源、使能伙伴"的整体发展战略，支持合作伙伴基于 openGauss 打造自有品牌的数据库商业发行版，支持合作伙伴持续增强商业竞争力，具体如图 8-6 所示。

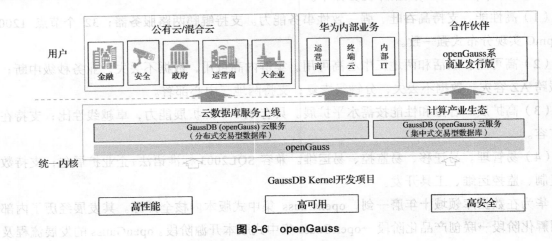

图 8-6 openGauss

openGauss 为合作伙伴提供了如下支持。

（1）培训：构建培训认证体系、开展内核技术沙龙、组建用户组。

（2）支持：提供社区支持团队。

（3）开发者生态：共建开发者生态；推进高校课程、出书。

GaussDB 数据库助力华为用户云实现智慧化业务运营，在业务诉求和挑战上，华为用户云大数据平台集中存储和管理业务侧数据，采用 Hadoop+MPP 数据库混搭架构。其面临的挑战如下。

（1）业务飞速发展，数据年增长 30%以上。

（2）用户智慧化体验要求数据分析平台提供实时分析能力。

（3）支持自主报表开发和可视化分析。

GaussDB 数据库解决方案如下。

（1）按需弹性扩容支撑业务飞速发展。

（2）SQL on HDFS 支持即席探索场景实时分析，Kafka 流数据高速入库，支持实时报表生成。

（3）多租户负载管理和近似计算等关键技术实现了高效报表开发和可视化分析。

用户收益如下。

（1）按需扩容，业务不中断。

（2）新的数据分析模型上线后，可实时获得分析结果，营销精准率提高 50%以上。

（3）典型可视化报表查询分析响应时间从过去的分钟级降至 5 秒以内，报表开发周期从过去的 2 周降至 0.5 小时。

GaussDB 数据库适合各中小银行互联网类交易系统，如移动 App 类、网站类等，具备兼容业界主流商业数据库生态、高性能、安全可靠等特点。

GaussDB 数据库的优势如下。

（1）安全可靠。支持 SSL 加密连接和 KMS 数据加密等功能，确保数据安全；支持数据库主备架构，主机故障时，备机自动升级成主机，确保业务连续性。

（2）超高性能。具备高性能、低延时的事务处理能力，典型配置下 Sysbench 数据性能高出开源数据库 30%～50%。

8.2.3 GaussDB(DWS)

数据仓库服务（Data Warehouse Service，DWS）是一种基于公有云基础架构和平台的在线数据处理数据库，提供即开即用、可扩展且完全托管的分析型数据库服务。GaussDB(DWS)是基于华为云原生融合数据仓库 GaussDB 数据库产品的服务，兼容标准 ANSI SQL 99 和 SQL 2003，为各行业 PB 级海量大数据分析提供有竞争力的解决方案。

GaussDB(DWS)可广泛应用于金融、车联网、政企、电商、能源、电信等多个领域，2017 年至 2019 年连续 3 年入选 Gartner 发布的数据管理解决方案"魔力象限"，相比传统数据仓库，GaussDB(DWS)的性价比要高出数倍，具备大规模扩展能力和企业级可靠性。

GaussDB(DWS)是分布式、按需扩展的，具备分布式架构、组件主备/多活高可靠设计、存算分离、按需独立扩展的优势。其兼容标准 SQL 2003，支持事务 ACID 特性，提供数据强一致保证；支持 X86、ARM 平台服务器，基于鲲鹏芯片垂直优化，相比同代 X86 性能提升 30%，如图 8-7 所示。

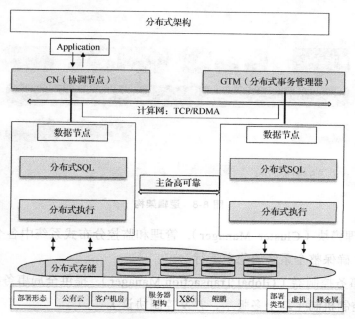

图 8-7 分布式架构

GaussDB(DWS)基于无共享分布式架构,具备 MPP 大规模并行处理引擎,由众多拥有独立且互不共享的 CPU、内存、存储等系统资源的逻辑节点组成。在这样的系统架构中,业务数据被分散存储在多个节点上,数据分析任务被推送到数据所在位置就近执行,可并行地完成大规模的数据处理工作,实现对数据处理的快速响应。

应用层。数据加载工具、ETL(Extract-Transform-Load)工具、BI 工具、数据挖掘和分析工具,均可以通过标准接口与 GaussDB(DWS)集成。GaussDB(DWS)兼容 PostgreSQL 生态,且 SQL 语法进行了兼容 MySQL、Oracle 和 Teradata 的处理。应用只需做少量改动即可向 GaussDB(DWS)平滑迁移。

接口。支持应用程序通过标准 JDBC 4.0 和 ODBC 3.5 连接 GaussDB(DWS)。

GaussDB(DWS)(MPP 集群)。一个 GaussDB(DWS)集群由多个在相同子网中的相同规格的节点组成,共同提供服务。集群的每个 DN 负责存储数据,其存储介质是磁盘。协调节点(Coordinator Node,CN)负责接收来自应用的访问请求,并向客户端返回执行结果。此外,CN 还负责分解任务,并调度任务分片在各 DN 上并行执行。

自动数据备份。支持将集群快照自动备份到 EB 级 OBS,方便利用业务空闲对集群做周期备份以保证集群异常后的数据恢复。快照是 GaussDB(DWS)集群在某一时间点的完整备份,记录了这一时刻指定集群的所有配置数据和业务数据。

工具链提供了数据并行加载工具 GDS(General Data Service)、SQL 语法迁移工具 DSC、SQL 开发工具 Data Studio,并支持通过控制台对集群进行运维监控。

GaussDB(DWS)逻辑架构如图 8-8 所示。

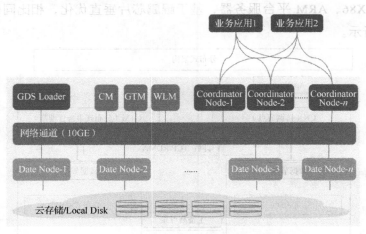

图 8-8　逻辑架构

CM:集群管理模块(Cluster Manager),管理和监控分布式系统中各个功能单元和物理资源的运行情况,确保整个系统的稳定运行。

GTM:全局事务控制器(Global Transaction Manager),提供全局事务控制所需的信息,采用多版本并发控制机制(基于多版本,并发控制协议)。

WLM:工作负载管理器(Workload Manager),控制系统资源的分配,防止过量业务负载对系统的冲击，导致业务拥塞和系统崩溃。

Coordinator Node：整个系统的业务入口和结果返回；接收来自业务应用的访问请求；分解任务并调度任务分片的并行执行。

Data Node：执行查询任务分片的逻辑实体。

GDS Loader：并行数据加载，可配置多个；支持文本文件格式与错误数据自动识别。

GaussDB(DWS)与传统数据仓库相比，主要有以下特点与显著优势，可解决多行业超大规模数据处理与通用平台管理问题。

（1）易使用。

一站式可视化便捷管理：使用GaussDB(DWS)管理控制台，完成应用程序与数据仓库的连接、数据备份、数据恢复、数据仓库资源和性能监控等运维管理工作。

与大数据无缝集成：可以使用标准SQL查询HDFS、OBS上的数据，数据无须搬迁。

提供一键式异构数据库迁移工具：提供配套的迁移工具，可支持将MySQL、Oracle和Teradata的SQL脚本迁移到GaussDB(DWS)。

（2）易扩展。

按需扩展：无共享开放架构，可随时根据业务情况增加节点，提升系统的数据存储能力和查询分析性能。

扩容后性能线性提升：容量和性能随集群规模线性提升，线性比为0.8。

扩容不中断业务：扩容过程中支持对数据的增、删、改、查操作，以及DDL操作（DROP/TRUNCATE/ALTER TABLE）；表级别在线扩容技术，扩容期间业务不中断、无感知。

（3）高性能。

云化分布式架构：GaussDB(DWS)采用全并行的MPP架构，业务数据被分散存储在多个节点上，数据分析任务被推送到数据所在位置就近执行，并行地完成大规模的数据处理工作，实现对数据处理的快速响应。

查询高性能，万亿数据秒级响应：GaussDB(DWS)后台通过算子多线程并行执行、向量化计算引擎实现指令在寄存器的并行执行，还通过底层虚拟机（构架编译器的框架系统）动态编译减少查询时冗余的条件逻辑判断，助力数据查询性能提升。GaussDB(DWS)支持行列混合存储，可以同时为用户提供更优的数据压缩比（列存）、更好的索引性能（列存）、更好的点更新和点查询（行存）性能。

数据加载快：GaussDB(DWS)提供了GDS极速并行大规模数据加载工具。

列存下的数据压缩：对于非活跃的早期数据可以通过压缩来减少其空间占用，降低采购和运维成本；能够根据数据特征自适应选择压缩算法，平均压缩比为7:1；压缩数据可直接访问，对业务透明，从而极大缩短历史数据访问的准备时间。

（4）高可靠。

ACID：支持分布式事务ACID特性，提供数据强一致保证。

全方位HA设计：GaussDB(DWS)所有的软件进程均有主备保证，集群的协调节点（CN）、数据节点（DN）等逻辑组件全部有主备保证；在任意单点物理故障的情况下，系统依然能够保证数据可靠、一致，同时还能对外提供服务；硬件级高可靠包括磁盘 Raid、交换机堆叠及网卡 bond、不间断电源（Uninterruptible Power Supply，UPS）。

安全：GaussDB(DWS)支持数据透明加密，同时可与数据库安全服务对接，基于网络隔离及安全组规则，保护系统和用户隐私及保证数据安全；GaussDB(DWS)还支持自动数据全量、增量备份，提高数据可靠性。

（5）低成本。

按需付费：GaussDB(DWS)按实际使用量和使用时长计费；用户需要支付的费用很低，只需为实际消耗的资源付费。

门槛低：用户前期无须投入较多固定成本，可以从低规格的数据仓库实例起步，以后随时根据业务情况弹性调整所需资源，按需开支。

8.2.4 Data Studio

Data Studio 图形化的集成开发环境可帮助数据库开发人员快捷地进行数据库开发。

Data Studio 提供了各种数据库开发调试功能，包括如下部分。

（1）创建和管理数据库对象（数据库、模式、表、视图、索引、函数和存储过程等）。

（2）数据库 DML、DDL、DCL 操作。

（3）创建、运行及调试 PL/SQL 过程。

数据仓库迁移是 Data Studio 应用场景，如图 8-9 所示。

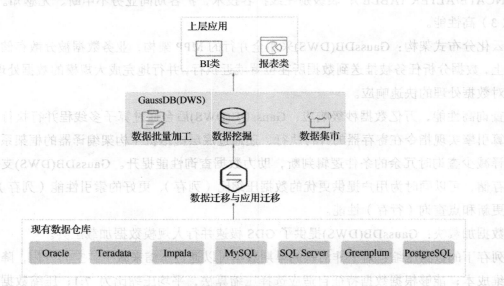

图 8-9　数据仓库迁移

平滑迁移：GaussDB(DWS)提供配套的迁移工具，可支持 TeraData、Oracle、MySQL、SQL Server、PostgreSQL、Greenplum、Impala 等常用数据分析系统的平滑迁移。

兼容传统数据仓库：GaussDB(DWS)支持 SQL 2003 标准，兼容 Oracle 的部分语法和数据结构，支持存储过程，可与常用 BI 工具无缝对接，业务迁移时修改量极小。

安全可靠：GaussDB(DWS)支持数据加密，同时可与数据库安全服务对接，保证云上数据安全。

大数据融合分析也是 Data Studio 的应用场景，如图 8-10 所示。

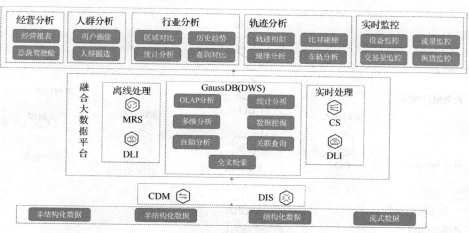

图 8-10　大数据融合分析

统一分析入口：以 GaussDB(DWS)的 SQL 作为上层应用的统一入口，应用开发人员使用熟悉的 SQL 即可访问所有数据。

实时交互分析：针对即时的分析需求，分析人员可实时从大数据平台中获取信息。

弹性调整：增加节点即可扩展系统的数据存储能力和查询分析的性能，可支持 PB 级数据的存储和计算。

Data Studio 应用场景还有增强型 ETL 和实时 BI 分析，如图 8-11 所示。

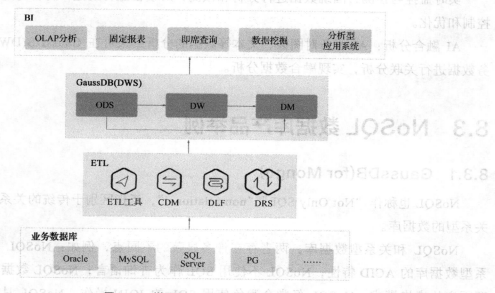

图 8-11　增强型 ETL 和实时 BI 分析

数据迁移：支持多数据源，以及高效批量、实时数据导入。

高性能：支持 PB 级数据低成本的存储与万亿级数据关联分析秒级响应。

实时：业务数据流实时整合，帮助用户及时对经营决策进行优化与调整。

Data Studio 的应用场景还有实时数据分析，如图 8-12 所示。

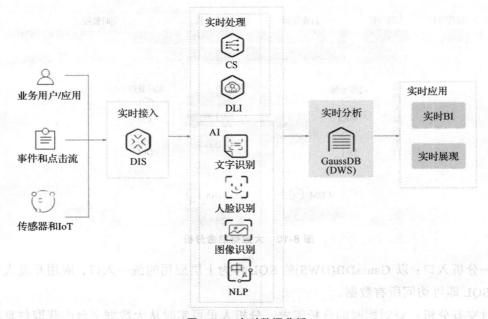

图 8-12 实时数据分析

流式数据实时入库：IoT、互联网等数据经过流计算及 AI 服务处理后，可实时写入 GaussDB(DWS)。

实时监控与预测：围绕数据进行分析和预测，对设备进行监控，对行为进行预测，实现控制和优化。

AI 融合分析：AI 服务对图像、文本等数据的分析结果可在 GaussDB(DWS)中与其他业务数据进行关联分析，实现融合数据分析。

8.3 NoSQL 数据库产品举例

8.3.1 GaussDB(for Mongo)

NoSQL 也称作"Not Only SQL""non-relational"，泛指区别于传统的关系型数据库的非关系型的数据库。

NoSQL 和关系型数据库，两者存在许多显著的不同点，例如：NoSQL 不保证具有关系型数据库的 ACID 特性；NoSQL 不使用 SQL 作为查询语言；NoSQL 数据存储可以不需要固定的表格模式；NoSQL 经常会避免使用 SQL 的 JOIN 操作。NoSQL 具有易扩展、高性能等特点。

华为自主研发的计算存储分离架构的分布式多模 NoSQL 数据库服务，包括 GaussDB(for Mongo)、GaussDB(for Cassandra)、GaussDB(for Redis)和 GaussDB(for Influx)这 4 款主流 NoSQL 数据库服务，如图 8-13 所示。

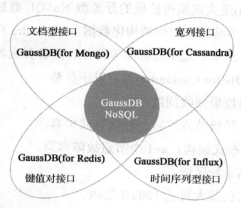

图 8-13　GaussDB NoSQL

GaussDB NoSQL 支持跨 3AZ 高可用集群，相比社区版具有分钟级计算扩容、秒级存储扩容、数据强一致、超短时延、高速备份恢复的优势，具有高性价比，适用于 IoT、气象、互联网、游戏等领域。

云数据库 GaussDB(for Mongo)是一款兼容 MongoDB 生态的云原生 NoSQL 数据库。云数据库 GaussDB(for Mongo)具有企业级性能、灵活、高可靠、可视化管理等特点。

GaussDB(for Mongo)计算存储分离、极致可用、支持海量存储，主要有以下特点。

（1）存算分离：存储层采用 DFV 高性能分布式存储，计算资源与存储资源按需独立扩展。

（2）极致可用：支持 3～12 个节点分布式部署，容忍 $n-1$ 个节点故障，有 3 副本数据存储，保障数据安全。

（3）海量存储：最大支持 96TB 存储空间。

（4）自主可控：支持鲲鹏架构。

（5）兼容性：兼容 MongoDB 协议，开发体验一致。

GaussDB(for Mongo)计算存储分离，计算存储分别按需扩展，有效降低成本；基于共享存储，Rebalance 不迁移数据；支持 3AZ 容灾。

GaussDB(for Mongo)将复制集卸载到分布式存储，减少了存储副本数量；所有 ShardServer 均可处理业务；分布式存储基于分片复制，能更好地聚合 I/O 性能和故障重构性能；RocksDB 存储引擎保障良好的写性能；本地 SSD 读 Cache（缓存）用于优化读性能；基于快照的物理备份，避免了逻辑备份导出数据，性能更好；有明确的备份时间点；持续性地优化性能，包括基础设施、线程池、存储 RDMA；自动根据业务负载扩缩容集群规模，降低用户 50%以上成本；支持瞬时恢复、增量备份、表级备份、任意时间点恢复。

用户案例：江淮汽车的车联网场景。满足每秒近百万并发查询，响应及时，业务持续稳定运行；同等并发相比基于 ECS 自建或者开源服务化的方案在同等成本下性能提升 3 倍。

8.3.2 GaussDB(for Cassandra)

GaussDB(for Cassandra)是大规模可扩展的开源型 NoSQL 数据库，适合管理跨多个数据中心和云的大量的结构化、半结构化和非结构化数据。Cassandra 在多台商用服务器上具备持续可用、线性可扩展、操作简单、无单点故障等特点，具备强大的动态数据模型，可以实现灵活性和快速响应。GaussDB(for Cassandra)具有以下优势。

（1）集群稳定：无完整垃圾回收问题。

（2）计算存储分离：分钟级节点扩容；秒级存储扩容。

（3）Active-Active：分布式架构；$n-1$ 个节点故障容忍。

（4）高性能：性能倍高于社区版。

（5）海量数据：单套实例最大可达 100TB 数据。

（6）高可靠：分钟级备份恢复；数据强一致性。

GaussDB(for Cassandra)数据库能够支持弹性扩容、超强读写、高可用、故障容忍、强一致性、持续查询语言(Continous Query Language，CQL)、计算存储分离等，无 Full GC 问题。其特性如表 8-5 所示。

表 8-5 GaussDB(for Cassandra)数据库特性

兼容版本	Cassandra 3.11
备份恢复	备份:支持自动备份（默认保留 7 天）、手动数据备份 恢复:支持备份还原到新实例
数据迁移	支持 DynamoDB 迁移到 Cassandra（工具）
弹性扩容	分钟级计算资源扩容、秒级存储节点扩容
监控	节点级监控，包括 CPU 使用率、内存使用率、网络输入输出吞吐量、活动连接数
安全	多种安全策略保护数据库和用户隐私，如 VPC、子网、安全组、SSL 等
计费	按需+包周期
性能	超强写入性能，数倍纯读性能提升
高可用	支持 3AZ 与单 AZ
节点规格	4U16G｜18U32G｜16U64G｜32U128G
节点数量	3~200

图 8-14 所示是工业制造和气象业的 GaussDB(for Cassandra)用户案例。大规模集群部署适用于工业制造和气象业海量数据存储的场景；基于一致性哈希的完全 P2P 架构，保证了业务高可用、节点易扩展；支持 7×24 小时多传感器终端数据实时写入；分钟级扩容，轻松应对作业或项目高峰。

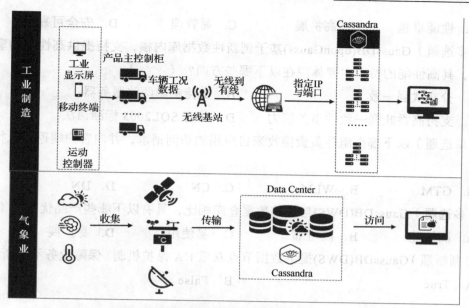

图 8-14 工业制造和气象业的 GaussDB(for Cassandra)用户案例

8.4 本章小结

本章主要介绍了数据库的特性，包括华为关系型数据库 GaussDB(for MySQL)、GaussDB(openGauss)与华为 GaussDB(DWS)，并介绍了 NoSQL 数据库的产品特性和业务价值，包括 GaussDB(for Mongo)和 GaussDB(for Cassandra)。

8.5 课后习题

1．（判断题）GaussDB(for MySQL)支持计算存储分离。（　　）

　　A．True　　　　　　　　　　　　B．False

2．（多选题）GaussDB(for MySQL)数据库产品的主要优势有哪些？（　　）

　　A．高可靠性　　B．高扩展性　　C．超高性能　　D．高兼容性

3．（单选题）GaussDB(for MySQL)集群最多可以添加几个只读节点？（　　）

　　A．12　　　　　B．13　　　　　C．14　　　　　D．15

4．（简答题）GaussDB(for MySQL)如何自动进行故障切换？

5．（判断题）GaussDB(openGauss)是全球首款支持鲲鹏硬件架构的全自研企业级 OLAP 数据库。（　　）

　　A．True　　　　　　　　　　　　B．False

6．（多选题）一家电子商务公司的业务使用 GaussDB(openGauss)数据库。以下哪些属于 GaussDB(openGauss)数据库的产品优势？（　　）

A. 性能卓越　　　B. 高扩展　　　C. 易管理　　　D. 安全可靠

7. （多选题）GaussDB(openGauss)基于创新性数据库内核，支持提供高性能的事务实时处理能力，其高性能的特点主要体现在以下哪些方面？（　　）

　　A. 分布式强一致　　　　　　　　　B. 支持鲲鹏两路服务器
　　C. 支持高吞吐强一致性事务能力　　D. 兼容 SQL2003 标准语法

8. （单选题）以下哪个组件负责接收来自应用的访问请求，并向客户端返回执行结果？（　　）

　　A. GTM　　　B. WLM　　　C. CN　　　D. DN

9. （多选题）GaussDB(DWS)与传统数据仓库相比，具有以下哪些产品优势？（　　）

　　A. 高性能　　　B. 高可靠　　　C. 易使用　　　D. 易扩展

10. （判断题）GaussDB(DWS)提供数据节点双重 HA 保护机制，保障业务不中断。（　　）

　　A. True　　　　　　　　　　　　B. False